职业教育计算机专业改革创新示范教材

Visual FoxPro 程序设计项目教程

主　编　李林孖

副主编　刘晓峰　吴利华　高　华

参　编　杨艳卉　李晓平

机械工业出版社

本书基于 Microsoft Visual FoxPro 6.0 软件开发工具，全面介绍了学生信息管理系统规划、开发、测试和打包等全部流程，内容编排参考了软件项目的实际开发流程设计完成。本书的内容不是以程序设计语言本身的学习为主线组织教学，而是紧紧围绕职业工作岗位的典型工作任务选择课程内容，注重培养学生的实际工作能力，提高课程内容的实用性与工作任务的衔接。

本书包括导学和 11 个项目，导学部分主要介绍数据库基础知识、Visual FoxPro 语言基础知识及程序设计结构和方法；项目 1 介绍应用系统的功能规划、项目文件的相关操作、数据库和数据表的操作以及数据的操作方法等；项目 2～项目 9 介绍学生信息管理系统的各功能模块的设计开发及相关控件的属性、事件和方法；项目 10 介绍系统安装模块的设计方法；项目 11 介绍软件用户手册的制作方法。

本书内容丰富、简洁明了、通俗易懂、图文并茂、步骤清晰，不仅适合职业院校计算机相关专业及培训学校学生学习，也适合数据库爱好者自学使用。

本书配有教师授课电子课件，可登录机械工业出版社教材服务网站 www.cmpedu.com 以教师身份免费注册并下载，或联系编辑（010-88379194）咨询。

图书在版编目（CIP）数据

Visual FoxPro 程序设计项目教程/李林孖主编．—北京：机械工业出版社，2012.4
职业教育计算机专业改革创新示范教材
ISBN 978-7-111-38013-9

Ⅰ．①V… Ⅱ．①李… Ⅲ．①关系数据库—数据库管理系统，Visual FoxPro—程序设计—职业教育—教材 Ⅳ．①TP311.138

中国版本图书馆 CIP 数据核字（2012）第 066204 号

机械工业出版社（北京市百万庄大街 22 号 邮政编码 100037）
策划编辑：梁 伟 责任编辑：蔡 岩
封面设计：鞠 杨 责任印制：杨 曦 责任校对：薛 娜
北京中兴印刷有限公司印刷
2012 年 6 月第 1 版第 1 次印刷
184mm×260mm · 17.75 印张 · 437 千字
0 001—3 000 册
标准书号：ISBN 978-7-111-38013-9
定价：39.00 元

前　言

Visual FoxPro 6.0 关系数据库系统是新一代小型数据库管理系统的杰出代表。它以强大的性能、丰富的工具、高速度的处理、友好的界面以及完备的兼容性能等特点，备受广大用户的欢迎，很多小型的应用系统都是在 Visual FoxPro 6.0 基础上开发出来的。本书基于 Visual FoxPro 6.0 软件开发工具，全面介绍了数据库操作、数据库编程以及在可视化环境下运用面向对象的思想开发具有良好用户界面的应用程序的方法。

本书对内容的选择标准作了根本性的改革，不是以程序设计语言本身的学习为主线组织教学，而是紧紧围绕职业工作岗位的典型工作任务选择课程内容，注重培养学生的实际工作能力，提高课程内容的实用性与工作任务的衔接。

本书以一个学生信息管理系统作为主线，贯穿全书。通过本书的学习，学生可以掌握软件项目的规划、开发、测试和打包等全部流程，各章节内容编排参考了软件项目的实际开发流程设计。

本书以任务驱动方式，突出实际应用，通过具体任务讲解使读者掌握“学生信息管理系统”各个功能模块的组成、设计及相关知识。在编写过程中，尽量做到简洁明了、通俗易懂、图文并茂、步骤清晰。读者在学习之后，可以设计开发应用管理系统。

本书由李林孖担任主编。其中，导学、项目 1 和项目 2 由李林孖编写，项目 4 和项目 5 由刘晓峰编写，项目 8 和项目 9 由吴利华编写，项目 6 和项目 7 由高华编写，项目 3 和项目 10 由杨艳卉编写，项目 11 和附录由李晓平编写。全书由李林孖负责统稿。

本书是作者根据多年的实际教学经验编写而成，由于技术的不断发展，加之作者水平有限，书中难免有疏漏和不妥之处，敬请读者和专家给予批评指正。

编　者

目　录

导　学

职业能力目标

1）能够了解数据库应用领域和发展方向。
2）能够掌握 Visual FoxPro 的安装、启动、系统组成和退出方法。
3）能够掌握 Visual FoxPro 语言的基础知识。
4）能够掌握 Visual FoxPro 程序设计结构和程序设计方法。

随着数据库应用技术的飞速发展，其应用已经渗透到日常工作生活的方方面面。Visual FoxPro 作为数据库和开发应用程序而设计功能强大的、面向对象的、可视化的中小型数据库系统，无论是组织信息、运行查询、创建集成的关系型数据库系统，还是为最终用户编写数据库应用程序，都提供管理数据所需要的工具。本导学部分主要介绍数据库应用领域和发展方向，Visual FoxPro 的安装、启动、退出，Visual FoxPro 语言的基础知识及程序设计结构和方法。

职业应用

计算机技术的发展是一个不断创新的过程，没有任何一种技术的发展速度能够赶上计算机技术的发展，其中，软件技术的飞速发展是极为显著的。而近几年，数据库技术是计算机科学技术发展最快的领域之一，同时也是应用最广泛的技术之一。在信息管理自动化程度日益提高的今天，数据库技术的应用领域已渗透到了我们学习和生活的每个方面。

一、Visual FoxPro 的应用领域

1. 数据库的发展过程

数据库理论的发展经历了文件数据库、网络数据库、层次数据库、关系数据库、面向对象的数据库、网格数据库等多种模式的发展过程，至今多种模式并存，但以关系数据库的应用范围最广，应用程度最深。

（1）人工管理阶段　20 世纪 50 年代中期以前，外存储器只有卡片、纸带、磁带，没有像磁盘这样的可以随即访问、直接存取的外部存储设备。软件方面，没有专门管理数据的软件，数据由计算或处理它的程序自行携带。这一时期的特点是：①数据库与程序不具有独立性，一组数据库只对应一组程序。②数据库不长期保存。③存在大量重复数据。④数据冗余。

（2）文件系统阶段　20 世纪 50 年代到 60 年代后期，计算机开始大量处理管理中的数据，大量的数据存储、检索和维护成为迫切需要，可直接存储的磁盘成为联机的主要外存储器。软件方面出现了高级语言和操作系统。

（3）数据库系统阶段　20 世纪 60 年代后期需要计算机管理的数据急剧增长，并且对数据共享的要求日益增强。为了实现计算机对数据的统一管理，达到数据共享的目的，发展了数据库技术。

（4）分布式数据库系统　它是数据库技术和计算机网络技术紧密结合的产物。20 世纪 70 年代后期之前，多数数据库系统是集中式的。网络技术的发展为数据库提供了分布式运行环境，从主机—终端系统结构发展到客户机—服务器系统结构。

（5）面向对象数据库系统　它是数据库技术与面向对象程序结合的产物，是面向对象方法在数据库领域中的实现和应用，既是一个面向对象的系统，也是一个数据库系统。

2. Visual FoxPro 的发展过程

数据库应用是计算机应用中最重要的应用领域之一。Visual FoxPro 是 Microsoft 公司推出的优秀小型数据库管理系统。它不仅具有强大的数据管理功能，还提供了面向对象程序设计的强大功能和更大的灵活性。其完善的性能、丰富的工具、友好的界面等特点，使其成为小型数据库系统的重要开发工具。同时成就了 Visual FoxPro 在数据库系统的开发、面向对象程序设计和应用软件开发等诸多领域的应用。

Visual FoxPro 原名 FoxBase，最初是由美国 Fox Software 公司于 1988 年推出的数据库产品，在 DOS 上运行，与 xBase 系列兼容。FoxPro 是 FoxBase 的加强版，最高版本曾为 2.6。1992 年，Fox Software 公司被 Microsoft 收购，为了使其更快地发展，并使其可以在 Windows 上运行，更名为 Visual FoxPro，其发展经历了 3.0、5.0、6.0、7.0、8.0 和 9.0。虽然 Visual FoxPro 已经发展到了 9.0，但大多数用户还在广泛使用 6.0 版本。FoxPro 比 FoxBase 在功能和性能上有了很大的改进，主要是引入了窗口、按钮、列表框和文本框等控件，进一步提高了系统的开发能力。

3. Visual FoxPro 的应用领域

Visual FoxPro 作为一种小型数据库管理系统，其应用虽然受到其他数据库开发软件的影响，但依靠其小型化、应用系统占用资源少、采用可视化及面向对象的程序设计方法，大大简化了应用系统的开发过程，并提高了系统的模块性和紧凑性。

利用 Visual FoxPro 可以设计小型的数据库管理系统，广泛应用于各行各业的信息管理。利用它可以进行数据存储、查询、统计和分析，为决策提供各种有益的信息。比如，与我们生活密切相关的各种档案管理系统、工资管理系统、商品库存管理系统、图书馆管理系统等都可以使用它进行设计开发。同时它还可以与其他数据库实现数据共享，以及利用其自身的功能在不需要编程的情况下就可以设计各种信息卡、准考证等。

因此，只要充分理解掌握 Visual FoxPro 的使用方法，就可以为我们的工作、学习和生活带来极大的便利。

二、Visual FoxPro 的就业方向

职业院校所培养的学生必须具有很强的实践操作能力，才能适应社会发展的需要。学习 Visual FoxPro 这门课程之后，对于提升今后的就业能力是非常必要的，涉及的就业方向

十分广泛，大致可以分为以下几个方面：

1）各企业、事业单位以及社会团体和其他组织的信息管理工作。

2）数据库程序员，主要从事编程工作。

3）中小型信息采集系统的开发与维护等具体工作。

4）应用程序的开发。

5）计算机软件测试。

三、Visual FoxPro 所培养的专业能力

任何一种程序设计语言对于学习者来说，是非常有益的，不但可以提高分析问题、解决问题的能力，而且可以提升综合素质。

1）培养学生进行方案设计，分析比较和设计、计算的能力。

2）培养学生调试程序的能力。

3）培养学生进行技术总结和撰写说明书的能力。

4）培养学生认真负责、一丝不苟、团结协作的精神以及对事物的考察能力。

5）培养学生严谨推理、实事求是、用实践验证理论、全面考虑问题等综合能力。

6）培养学生综合运用所学知识独立完成项目的能力。

7）培养学生根据条件变化而调整工作重点的应变能力。

新兵训练营

对于所有初学者来说，要了解掌握一门新技术、新技能，必须消化基础理论知识，才能学好这门技术，在今后的实际应用中才能得心应手。

一、数据库的基本概念

1. 数据处理的基本概念

数据、信息和数据处理是非常基本的概念，它们贯穿于计算机数据处理的始终。因此，正确理解它们的内涵，掌握它们的联系与区别是非常有必要的。

（1）数据　数据是指能够被计算机接收、存储和处理的字符、数字等各种符号的集合。它包含两个方面的概念：一是描述事物特性的数据内容，二是存储在媒体上的数据形式。数据形式可以是多种多样的，不仅包括由数字、字母、文字及其他特殊字符组成的文本数据，而且还包括图形、图像、影像、声音和动画等多媒体数据。但是，使用最多的、最基本的仍然是文本数据。

（2）信息　信息是一种被加工成特定形式的数据，这种数据形式对于数据接收者来说是有意义的。例如，把某个班级英语成绩数据保存在计算机中，教师可通过计算机查询得到该班英语课程的平均成绩、优秀率、不及格率等信息。

（3）数据处理　数据处理是指将数据转换成信息的过程。它包括对各种形式的数据进

行收集、存储、加工和传播等。其目的是从大量、杂乱的原始数据中抽取、推导出对人们有价值的信息作为行动和决策的依据，并且借助计算机科学地保存和管理大量复杂的数据，以便人们能方便而充分地利用这些宝贵的数据资源。

2. 数据库技术

数据库技术的基本概念包括数据库、数据应用系统、数据库管理系统及数据库系统。其主要目的是有效地管理和存取大量的数据资源，包括提高数据的共享性，使多个用户能够同时访问数据库中的数据；减少数据的冗余度，以提高数据的一致性和完整性；提供数据与应用程序的独立性，从而减少应用程序的开发和维护代价。

（1）数据库　数据库是指存放在计算机存储设备中，相互关联的数据文件的集合。这些数据文件具有特殊的结构，以达到允许多个应用程序存取其数据，使数据的冗余最小，及允许对数据的增加和修改等目的。并且，这些数据文件由一个系统软件统一管理。

（2）数据库应用系统　数据库应用系统是指系统开发人员利用数据库系统资源开发出来的，面向某一类实际应用的应用软件系统，是以数据库为基础和核心的计算机应用系统。

（3）数据库管理系统　数据库管理系统是用来帮助用户在计算机上建立、使用和维护数据库而配置的软件，需要在操作系统的支持下运行，是数据库系统的核心。数据库管理系统的主要功能包括以下几个方面。

1）数据库定义功能。此功能提供了数据定义功能语言，用于定义数据库的结构，描述数据及数据之间的联系，建立、修改或删除数据库。

2）数据库操作功能。此功能提供数据操纵语言，实现对数据库数据的检索、插入、修改和删除。

3）数据库控制和管理功能。此功能由数据库管理系统向用户提供的数据控件语言实现，是数据库管理系统运行时的核心部分，包括多用户环境下的并发控制、存取控制、完整性约束条件的检查和执行、数据库内部的维护等。所有数据库的操作都要在这些控制程序的统一管理下进行，以保证程序的正确运行，保证数据库的正确有效。

4）数据的组织、存储和管理。数据库管理系统要分门别类地组织、存储和管理各类数据，包括数据字典、用户数据和存取路径等；确定以何种文件和存取方式在存储器上组织这些数据；如何实现数据之间的联系。数据组织和存储的基本目标是提高存储空间利用率，并通过选择合适的存取方法提高存取效率。

此外，还包含与网络中其他软件系统通信的功能等。

（4）数据库系统　数据库系统是指引进数据库技术后的计算机系统，包括计算机硬件系统、数据库、数据库管理系统及相关软件（如操作系统、编辑系统、数据库应用系统）、数据库管理员和用户。

3. 数据模型

在数据库技术中，数据库中数据的组织方式称为数据模型，包括层次模型、网状模型和关系模型。任何一个数据库管理系统都是基于某种数据模型的。

（1）层次模型　层次模型是数据库系统中最早出现的数据模型。其代表产品是美国 IBM 公司的数据库管理系统。它以树状结构表示各实体以及实体之间的联系，这种数据结构就像一棵倒置的树，并具有如下特点：

1）有且仅有一个元素没有父辈，这个元素称为根元素。

2）其他所有元素有且仅有一个父辈。

支持层次模型的数据库管理系统称为层次数据库管理系统，在这种系统中建立的数据库称为层次数据库。

（2）网状模型　利用网状结构表示实体及其之间联系的模型称为网状模型。网状模型突破了层次模型的两点限制。

1）可以有一个以上的结点没有父结点。

2）允许结点有多于一个的父结点。

支持网状模型的数据库管理系统称为网状数据库管理系统，在这种系统中建立的数据库称为网状数据库。

网状模型与层次模型相似，都是用链接指针来实现实体间的联系，这使得层次模型和网状模型存在难以实现系统的修改与扩充等缺陷。

（3）关系模型　用二维表来表示实体及实体之间联系的模型称为关系模型。支持关系模型的数据库管理系统称为关系型数据库管理系统，在这种系统中建立的数据库称为关系型数据库。

4. 关系型数据库

自从 20 世纪 80 年代以来，新推出的数据库管理系统几乎都支持关系模型，Visual FoxPro 就是一种关系型数据库管理系统。关系型数据库以其结构简单、描述性强、使用方便、具有完备的理论基础等优点，已成为当今使用最为广泛的数据库。主要的关系型数据库相关术语为：

（1）关系　一个关系就是一张二维表，每个关系有一个关系名。在 Visual FoxPro 中，一个关系存储为一个文件，扩展名为.DBF，称为表（Table）。

对关系的描述称为关系模式，一个关系模式对应一个关系结构。

其格式为：关系名（属性名 1，属性名 2，……，属性名 n）

在 Visual FoxPro 中则表示为如下的表结构：

表名（字段名 1，字段名 2，……，字段名 n）

（2）元组　在一张二维表中，水平方向的行称为元组，每一行是一个元组，在 Visual FoxPro 中对应为一个具体的记录。

（3）属性　二维表中垂直方向的列称为属性，每一列有一个属性名，属性和属性名在 Visual FoxPro 中分别对应为字段和字段名。每个字段名、数据类型、数据宽度、小数位数等在创建表结构时定义。例如，学生基本信息表中的学号、姓名、性别等字段名及其相应的数据类型组成表的结构。

（4）域　属性的取值范围称为域，即在不同元组对同一个属性的取值所限定的范围。例如，“性别”字段为字符型且只占 2 字节，取值范围只能是“男”或“女”。

（5）关键字　属性或属性的组合称为关键字，其值能唯一地标识一个元组。在 Visual FoxPro 中表示为字段或字段的组合，学生基本信息表中的学号可以作为标识一条记录的关键字。由于具有某一政治面貌的可能不止一个人，因此政治面貌字段就不能作为唯一标识一条记录的关键字。在 Visual FoxPro 中，主关键字和候选关键字就起唯一标识一个元组的作用。各术语在关系数据表中的具体反映，如图 0-1 所示。

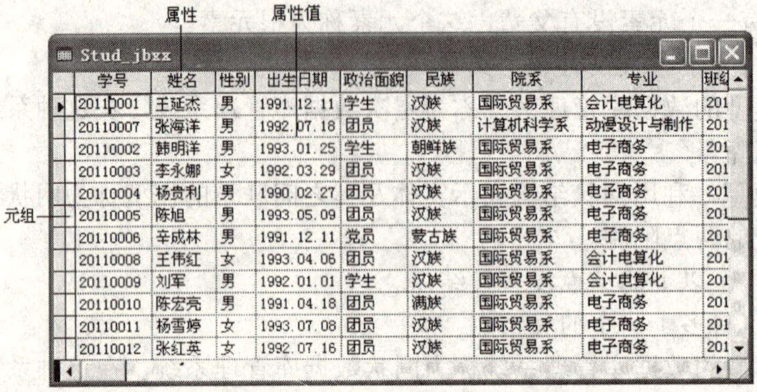

学号	姓名	性别	出生日期	政治面貌	民族	院系	专业	班
20110001	王延杰	男	1991.12.11	学生	汉族	国际贸易系	会计电算化	201
20110007	张海洋	男	1992.07.18	团员	汉族	计算机科学系	动漫设计与制作	201
20110002	韩明洋	男	1993.01.25	学生	朝鲜族	国际贸易系	电子商务	201
20110003	李永娜	女	1992.03.29	团员	汉族	国际贸易系	电子商务	201
20110004	杨贵利	男	1990.02.27	团员	汉族	国际贸易系	电子商务	201
20110005	陈旭	男	1993.05.09	团员	汉族	国际贸易系	电子商务	201
20110006	辛成林	男	1991.12.11	党员	蒙古族	国际贸易系	电子商务	201
20110008	王伟红	女	1993.04.06	团员	汉族	国际贸易系	会计电算化	201
20110009	刘军	男	1992.01.01	学生	汉族	国际贸易系	会计电算化	201
20110010	陈宏亮	男	1991.04.18	团员	满族	国际贸易系	电子商务	201
20110011	杨雪婷	女	1993.07.08	团员	汉族	国际贸易系	电子商务	201
20110012	张红英	女	1992.07.16	团员	汉族	国际贸易系	电子商务	201

图 0-1　关系数据表

5. 关系的特点

关系模型看起来简单，但是我们不能简单地把日常手工管理所使用的各种表格直接拿过来，而是按照一张表一个关系地直接放到数据库中。在关系模型中对关系是有一定约定的，一个关系必须具有以下特点：

1）关系必须规范化。

2）在同一个关系中不能出现相同的属性名。

3）在同一个关系中各属性名的次序可以任意。

4）在一个关系中不允许有完全相同的元组，即冗余。

5）在一个关系中元组的次序可以任意。

6. 关系运算

对关系型数据库进行查询统计时，需要查询到用户感兴趣的数据，这就需要对关系以及关系间进行一定的运算。

（1）选择　选择又叫筛选。选择运算是指从关系中选取满足给定条件的记录的操作，结果构成新的关系。选择是从行的角度进行的运算，即从水平方向抽取记录，其结果仍是一个关系。

（2）投影　投影运算是指从关系模型中指定若干个属性组成新的关系的操作。投影运算提供了垂直调整关系的手段，是从列的角度进行的运算，相当于对关系进行垂直分解，产生新的关系，并且新关系的属性个数、排列顺序都可以与原关系不同。

（3）联接　联接运算是关系的横向结合，是将两个关系模型拼接成一个新的、更宽的关系模型的操作。联接过程是通过联接条件来控制的，而联接条件必须表现出两个表中的公共属性名或者具有相同语义、可比的属性。

二、Visual FoxPro 简介

Visual FoxPro 中文版（简称 VFP 中文版）是 Microsoft 公司于 1998 年发布的可视化编程语言集成包 Visual Studio 6.0 中的一员，是可以运行于 Windows 9X、Windows NT 平台的 32 位数据库开发系统。与以前版本相比，其主要特点体现在以下几个方面：

（1）增强的项目及数据库管理　VFP 支持真正的数据库，即表格的集合。它可以借助"项目管理器"创建和集中管理应用程序中的任何元素，访问所有向导、设计器、生成器、

工具栏和其他易于使用的工具。Rushmore 是一种从表中快速地选取记录集的技术，VFP 6.0 使用优化应用程序的 Rushmore 技术，将查询的响应时间从数小时或数分钟降低到数秒，显著地提高了查询速度。

（2）提高了应用程序的开发效率　VFP 6.0 增加了面向对象的语言和编程方式。

（3）互操作性和支持 Internet　VFP 6.0 支持对象的链接与嵌入。它可以在 VFP 6.0 和其他应用程序之间（如 Microsoft Excel 和 Microsoft Visual Basic）及在 VFP 6.0 应用程序内部移动数据，可以很容易地创建与 Internet 一起使用的应用程序。

（4）充分利用已有数据　VFP 6.0 为用户升级提供了一个方便的转换器工具，可将以前版本的各种文件转换为 VFP 6.0 文件。

三、Visual FoxPro 6.0 的安装、启动与退出

1. 安装环境

Visual FoxPro 6.0 中文版对硬件和软件环境的要求如下：

1）操作系统为 Windows 95/98 或 Windows NT4.0 以上中文版。

2）PC 及其兼容机，内存在 16MB 以上。

3）最小化安装需要 15MB 以上硬盘空间，典型安装至少需要 85MB 硬盘空间，若要安装 MSDN 帮助手册，则需要 200MB 以上硬盘空间。

2. 安装过程

Visual FoxPro 6.0 中文版在 Windows 95/98 操作系统下的安装过程如下：

1）启动计算机之后，将 Visual FoxPro 6.0 中文版光盘放入光驱中。

2）Visual FoxPro 6.0 中文版的自动启动程序开始工作，屏幕出现 Visual FoxPro 6.0 中文版的“安装向导”界面，如图 0-2 所示。在安装过程中，可以选择“典型安装”和“自定义安装”两种类型，如图 0-3 所示。“典型安装”是比较常用的安装类型，而“自定义安装”可以简化安装项目，进而节省磁盘空间。

若不通过光盘安装，则打开 Visual FoxPro 6.0 中文版所在的盘符，单击安装程序“SETUP”图标，再单击“下一步”按钮，即可按照安装向导的提示逐步进行安装，直到安装结束。Visual FoxPro 6.0 将自动装入 Windows 程序组中。

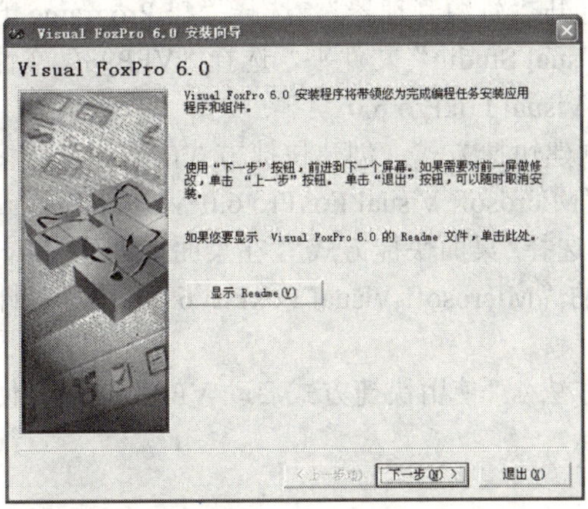

图 0-2　安装向导

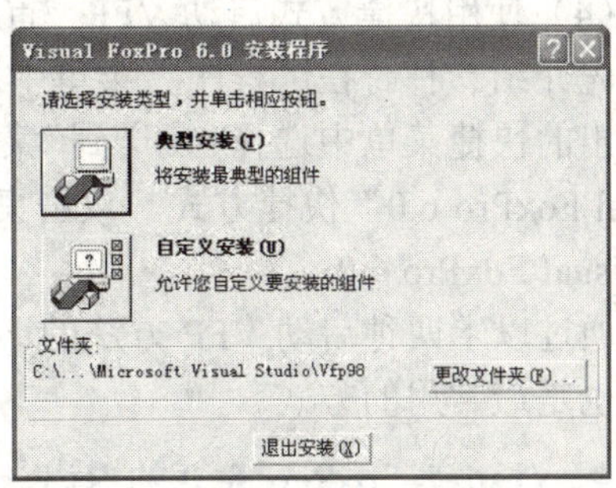

图 0-3　选择安装类型

3）Visual FoxPro 6.0 中文版安装完成后，屏幕上出现是否安装帮助手册“MSDN”向导提示，如果需要安装，则将 MSDN 光盘放入光驱中进行安装。

3. Visual FoxPro 6.0 的启动

Visual FoxPro 6.0 安装成功之后，系统将创建一个名为“Microsoft Visual FoxPro 6.0”程序组，并将其放入“开始”菜单之中。用户可以选择以下四种方式进行启动。

（1）从“开始”菜单中启动 VFP　打开“开始”菜单，选择“程序”选项，在“程序”菜单下选择“Microsoft Visual FoxPro 6.0”选项，单击鼠标左键，将出现 Visual FoxPro 6.0 主界面，如图 0-4 所示。

图 0-4　Visual FoxPro 6.0 主界面

在图 0-4 中选择合适的选项进行操作，进入 Visual FoxPro 6.0。通常情况下选择“以后不再显示此屏”复选框，并单击“关闭此屏”按钮，则进入 Visual FoxPro 6.0 主窗口。

（2）从“运行”对话框中启动 VFP　在“开始”菜单中选择“运行”对话框，在对话框中输入“C:\Programe files\Microsoft Visual Studio\VFP98\VFP6.EXE”，单击“确定”按钮。也可在“运行”对话框中单击“选择”按钮，找到“VFP6.EXE”，双击该图标，即可启动 Visual FoxPro 6.0。

（3）从“资源管理器”中启动 VFP　打开“资源管理器”，选择“C:\Programe files”文件夹，在该文件夹中再选择“Microsoft Visual Studio”文件夹，选择“VFP98”文件夹并打开，双击“VFP6.EXE”图标，即可启动 Visual FoxPro 6.0。

（4）使用快捷方式启动 VFP　首先要创建快捷方式，创建快捷方式的方法有很多种，此处先介绍一种。在“程序”菜单中选择“Microsoft Visual FoxPro 6.0”，单击鼠标右键，在弹出的快捷菜单中选择“发送到”菜单项，选择“桌面快捷方式”，在桌面上创建“Microsoft Visual FoxPro 6.0”快捷方式。双击桌面上的“Microsoft Visual FoxPro 6.0”图标，即可启动 Visual FoxPro 6.0。

通过以上四种启动 VFP 方法的比较，方法 4“使用快捷方式启动 VFP”是最方便快捷的，也是最常用的方式。

4. Visual FoxPro 6.0 的退出

退出 Visual FoxPro 6.0，可以使用 Windows 应用程序的各种退出方法，同时还可以使用 Visual FoxPro 6.0 所提供的退出方法，退出 VFP 的方法主要有以下几种。

1）在 Visual FoxPro 6.0 的主窗口中，单击右上角的“关闭”按钮，或者使用快捷键<Alt+F4>。

2）执行 Visual FoxPro 6.0 的主窗口菜单栏中的“文件”→“退出”命令。

3）在 Visual FoxPro 6.0 的主窗口的标题栏中单击 FoxPro 控件菜单图标（小狐狸图标），弹出控件菜单，单击“关闭”菜单项。或者双击控件菜单图标（小狐狸图标）。

4）在 Visual FoxPro 6.0 的命令窗口中，输入“QUIT”命令，并按<Enter>键。

四、Visual FoxPro 6.0 的环境介绍

Visual FoxPro 启动成功之后，便进入 Visual FoxPro 主窗口，如图 0-5 所示。

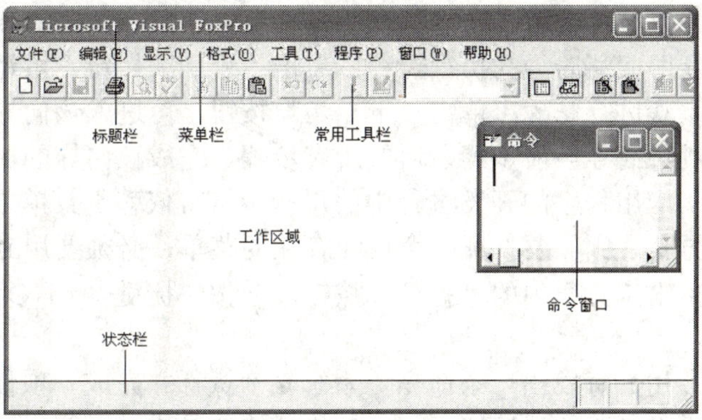

图 0-5　Visual FoxPro 主窗口

1. Visual FoxPro 主窗口介绍

Visual FoxPro 主窗口是开发应用程序的基础，主要由标题栏、菜单栏、常用工具栏、状态栏、命令窗口和工作区域组成。

（1）标题栏　标题栏将显示目前所使用的系统是 Microsoft Visual FoxPro。

（2）菜单栏　菜单栏提供了多种菜单，如“文件”、“编辑”、“显示”等，应用程序的开发可以通过这些菜单来实现，并且多数菜单项均提供了快捷键，大大方便了操作。

（3）常用工具栏　工具栏由多个按钮组成，是开发应用程序过程中重要的工具，利用这些按钮可以快速地执行常用的命令和功能。工具栏只能通过鼠标来使用，单击某一按钮，就会执行该按钮所给的命令或过程。Visual FoxPro 提供了多种工具栏，通常与各种设计器相对应，在主窗口中，一般显示的是常用工具栏。

在不同的状态下，Visual FoxPro 会将对应的该对象的工具栏显示出来。对于用户来说，可以决定该工具栏在屏幕的什么位置显示以及是否显示。

（4）状态栏　状态栏将最有用的信息反映给用户，显示的信息通常具有配合菜单操作显示选项的功能、显示系统对用户的反馈信息及显示键盘的当前状态。

（5）命令窗口　在命令窗口中，可以输入 Visual FoxPro 中的各种命令和语句，同样可以完成开发应用程序的目的。

（6）工作区域　显示输出的区域和各种操作的位置区域。

2. 用 Visual FoxPro 开发应用程序的方式

应用 Visual FoxPro 开发应用程序可以采用以下三种不同的方式，即向导方式、菜单方式和命令方式。

（1）向导方式　Visual FoxPro 为用户提供了十余种具有实用价值的向导工具。利用这些向导工具，可以使不熟悉 VFP 使用的用户能够在较短的时间内掌握 Visual FoxPro 的基本操作。只要回答向导提出的有关问题，通过有限的几步操作就可以使用户轻松解决实际应用的问题。

Visual FoxPro 的各种向导都有统一的界面：至少有一个下拉列表框（即操作步骤）和七个命令按钮（即“确定”、“帮助”、“取消”、“返回”、“上一步”、“下一步”和“完成”）。在“向导”对话框窗口的“步骤”下拉列表框中，有该向导的所有步骤，从中选择任意步骤，可转到所选择的步骤上来。

单击“帮助”按钮，可获得该向导步骤的有关帮助信息；单击“取消”按钮，可以使所有的设置无效，立即取消向导的执行过程；单击“返回”按钮，可返回到该向导的上一步骤，以便对上一步骤进行修改；单击“下一步”按钮，可进入该向导的下一步骤；单击“完成”按钮，则跳过向导当前步骤之后的所有步骤，完成该向导的操作过程。

（2）菜单方式　应用程序的开发过程中的每一步常常依赖于菜单方式来实现，是应用程序开发中常用的方式。比如要打开一个已经存在的菜单，必须要用到“文件”菜单中的“打开”菜单，或单击工具栏中的“打开”按钮，或按快捷键<Ctrl+O>。菜单方式比较直观易懂，操作简单。

（3）命令方式　用户每发出一条命令，系统立刻执行并完成一项任务，很多命令在执行之后会在屏幕上出现必要的反馈信息，包括执行的结果或错误信息。这种方式关键在于用户必须熟悉 VFP 的命令及其用法，由于要记忆大量的命令，可能对初学者不利，因此，这种方式仅对程序员适用。

3. Visual FoxPro 的帮助

在 Visual FoxPro 的菜单栏中，有一项是“帮助”菜单，打开该菜单项就可以进入 Visual FoxPro 的帮助系统。它与 Visual Studio 的其他软件的帮助集成在一起，组成了 MSDN（Microsoft Developer Network Library）。它是一本非常实用而且内容丰富的“手册”，能使用户方便地检索到各种帮助信息。

获得帮助信息有三种方式，在命令窗口中输入“HELP”命令，调用“帮助”菜单和在 Visual FoxPro 任何地方选中需要帮助的内容后按<F1>键。在使用过程中，用户可以根据自己的实际需要选择不同的方式。

Visual FoxPro 语言基础

一、Visual FoxPro 的运算符和表达式

表达式是用运算符将常量、变量、函数等运算对象连接起来的式子。根据表达式所使用的运算符的不同，表达式可分为数值表达式、字符表达式、日期时间表达式、关系表达

式和逻辑表达式。

当同一表达式中使用了多种运算符时，应按照运算符优先级别从高到低的顺序进行计算，即算术型、字符型、关系型、逻辑型。同一级别中的全部运算从左到右，只在使用了圆括号的时候才改变运算顺序。

1. 算术运算符和数值表达式

（1）算术运算符　在 Visual FoxPro 中使用的算术运算符，见表 0-1。

表 0-1　算术运算符

优先级	运算符	相关说明	优先级	运算符	相关说明
1	( )	形成表达式内的子表达式	3	*、/、%	乘、除、求余运算
2	**或^	乘方运算	4	+、−	加、减运算

（2）数值表达式　数值表达式由算术运算符将数值型数据连接起来形成，其运算结果还是数值型的。数值型数据可以是数值型常量或变量。

（3）表达式书写规则　数值表达式与数学上的表达式写法有所区别，在书写时应当予以注意。

1）每个符号占一格，所有符号书写在同一横线上，不能写上标和下标。

2）数学上省略的符号在此处不能省略。

3）所有的括号一律用括号（）表示。

例 0-1　在“命令”窗口中输入以下代码，并查看运行结果。

```
?(25+3-4^2)/3,(20*5)/10              其结果：4.00      10
```

2. 字符运算符和字符表达式

（1）字符运算符　在 Visual FoxPro 中使用的字符运算符，见表 0-2。

表 0-2　字符运算符

运算符	说明
+	将两个字符串首尾相接形成一个新字符串
−	将第一个字符串尾部的空格移到后一个字符串尾部
$	检查第一个字符串是否包含在第二个字符串中，如果包含，返回值为.T.，否则为.F.

（2）字符表达式　由字符串运算符将字符串数据连接起来的式子称为字符表达式。字符表达式的运算结果仍是字符型。

例 0-2　在“命令”窗口中分别输入以下代码，并查看运行结果。

```
? "abcdv"+"efg"                     显示连接后的结果："abcdefg"
? "计算机"-"科学"                   显示连接后的结果："计算机科学"
? "I "-"Love Visual FoxPro! "       显示连接后的结果："ILove Visual FoxPro!"
? "ABC"$"ABCDEF"                    显示其结果为.T.
? "MN"$"ABCDEF"                     显示其结果为.F.
```

3. 日期时间运算符和日期时间表达式

（1）日期时间运算符　日期时间运算符只有两个：+和−，日期时间表达式的格式有严格的限制。

（2）日期时间表达式　在日期时间表达式中，可以使用“+”和“–”两个运算符，其运算格式，见表 0-3。

表 0-3　日期时间表达式格式

格　式	说　明
<日期>+天数	日期型。指定日期若干天后的日期
天数+<日期>	日期型。指定日期若干天后的日期
<日期>–<天数>	日期型。指定日期若干天前的日期
<日期>–<日期>	数值型。两个指定日期相差的天数
<日期时间>+<秒数>	日期时间型。指定日期时间若干秒后的日期时间
<秒数>+<日期时间>	日期时间型。指定日期时间若干秒后的日期时间
<日期时间>–<秒数>	日期时间型。指定日期时间若干秒前的日期时间
<日期时间>–<日期时间>	数值型。两个指定日期时间相差的秒数

例 0-3　在“命令”窗口中输入以下代码，并查看运行结果。

```
?{^2010-05-01}+10,{^2010-05-01}-10 ,{^2010-11-25}-{^2010-05-01}
在窗口中显示：
05/11/10        04/21/10        208
```

4. 关系运算符和关系表达式

（1）关系运算符　在 Visual FoxPro 中使用的关系运算符，见表 0-4。

表 0-4　关系运算符

运　算　符	说　明	运　算　符	说　明	运　算　符	说　明
>	大于	<	小于	>=	大于等于
<=	小于等于	=	等于	<>、#、!=	不等于

（2）关系表达式　关系表达式是由关系运算符将两个运算对象连接起来形成的表达式，它要求关系运算表达式的运算对象必须是同类型的，其结果为逻辑型常量。

关系运算符比较规则如下：

1）数值型和货币型数据进行比较时，按数值大小比较。

2）逻辑型数据比较时，.T.>.F.。

3）日期型或日期时间型数据比较时，较晚的日期或时间>较早的日期或时间。

4）字符型数据比较时，系统对字符型数据的字符自左到右逐个字符进行比较，如果发现某两个对应字符不同，则根据这两个字符的排列顺序决定两个字符数据的大小。排序根据可由用户设定为按“机器”（Machine）、“拼音”（Pin Yin）或“笔画”（Stork）进行排序。

5. 逻辑运算符和逻辑表达式

（1）逻辑运算符　在 Visual FoxPro 中使用的逻辑运算符，见表 0-5。

表 0-5　逻辑运算符

运　算　符	说　明
.AND.（逻辑与）	只有当 AND 两边表达式的值为真时，结果为真，否则为假
.OR.（逻辑或）	两边的表达式只要有一个表达式的值为真，其结果为真；只有两个表达式的值均为假时，其结果为假
.NOT.（逻辑非）	若 NOT 后面的表达式的值为真，其结果为假；否则，其结果为真

（2）逻辑表达式　逻辑型表达式组成元素包括逻辑型常量、变量、函数、关系型表达式和逻辑型运算符，运算结果为逻辑型：.T.或.F.。在逻辑型运算符 NOT（逻辑非）、AND（逻辑与）和 OR（逻辑或）中，其运算优先级从高到低为 NOT→AND→OR。

若 A、B 为逻辑型数据，则两者之间的逻辑运算规则，见表 0-6。

表 0-6　逻辑运算规则

A	B	NOT A	NOT B	A AND B	A OR B
.T.	.T.	.F.	.F.	.T.	.T.
.T.	.F.	.F.	.T.	.F.	.T.
.F.	.T.	.T.	.F.	.F.	.T.
.F.	.F.	.T.	.T.	.F.	.F.

由表 0-6 可知，两个逻辑量相 AND（与），只要有一个量为.F.，运算结果就为.F.；两个逻辑量相 OR（或），只要有一个量为.T.，运算结果就为.T.。

NOT 为单目运算符，其只需一个操作数；AND 和 OR 为双目运算符，其需要两个操作数。

例 0-4　在“命令”窗口中输入以下代码，并查看运行结果。

```
i=-5
j=8
k=4
? i>8 OR k=4                        && 结果为.T.
? i<>5 OR k>=3 AND NOT k>j          && 结果为.T.
```

二、常量

常量是固定不变的数据，它具有字符型、数值型、货币型、日期型、日期时间型、逻辑型等多种类型。

1. 字符型常量

字符型数据是指可印刷的字符，包括英文字母、阿拉伯数字、各种符号、汉字和空格等。Visual FoxPro 中字符型常量是用双引号、单引号或方括号等定界符括起来的字符串。例如：‘Internet 网络’，"Computer"，[61643.04]等。

Visual FoxPro 中字符串的长度（字符个数）最大为 254。当字符串常量中含有定界符时，则需要用另一种定界符括起来，例如：[I am a student]。

2. 数值型常量

整数、小数和科学计数法表示的数据为数值型常量，可以是整数或实数。例如：-196，3.1415926535，0.2831E+2 等都是数值型常量。

3. 货币型常量

货币型常量以$或￥符号开头，并四舍五入到小数点后 4 位。例如：$88.1696，￥288 等都是货币型常量。

4. 日期型和日期时间型常量

日期型常量是用花括号括起来并符合 Visual FoxPro 约定的符号串。严格的日期格式为

{^yyyy/mm/dd}，例如：{^2004/07/11}。空白日期可表示为{ }或{/}。

日期时间型常量也是用花括号括起来并符合 Visual FoxPro 约定的符号串。严格的日期时间格式为{^yyyy/mm/dd hh[:mm[:ss]][a|p]}，例如：{^2004/07/11 11:12:30p}。日期与时间数据之间必须用空格分隔。

注意：Visual FoxPro 默认使用严格的日期格式，如果要使用通常的日期格式，必须执行 SET STRICTDATE TO 0 命令，此时可使用{mm/dd/yy}、{mm-dd-yy}、{yy/mm/dd}或{yy-mm-dd}等日期格式。若要设置严格的日期格式必须用 SET STRICTDATE TO 1 命令设定。

5. 逻辑型常量

逻辑型常量只有两个值："真"和"假"。用.T.，.t.，.Y.或.y.表示"真"，用.F.，.f.，.N.或.n.表示"假"。

三、变量

在命令操作和程序运行过程中其值允许变化的量称为变量，变量包括内存变量、字段变量和系统变量。

1. 内存变量

内存变量用来存储程序运行的中间结果或用于存储控制程序执行时的各种参数，内存变量定义时需为它取名并赋初值，内存变量建立后存储于内存中，一般随程序运行结束或退出 Visual FoxPro 而释放。

（1）内存变量命名规则　内存变量命名遵循如下规则：以字母（汉字）或下划线开头，由字母（汉字）、数字或下划线组成，最多 254 个字符，不可与系统保留字同名。例如：Student_No，图层编号 1。注意，一个汉字占用两个字符位置。例如，"图层编号 1"变量名由 9 个字符构成。

所谓系统保留字是指 Visual FoxPro 语言使用的固定字母、数字组合，包括命令关键字、子句、函数名和系统变量等。例如，USE、STORE、ABS 等。

（2）内存变量赋值　内存变量赋值有以下两种命令格式，赋值语句在确定变量值的同时，也定义了变量类型。

格式 1：<内存变量>=<表达式>

功能：计算等号右边<表达式>值，并将结果赋给等号左边的内存变量。

格式 2：STORE <表达式> TO <内存变量表>

功能：计算<表达式>值，并将结果赋给内存变量表中的每一个变量。注意，内存变量表中各变量之间用逗号分隔。

例 0-5　在"命令"窗口中输入以下代码：

```
c_no="N101"              && 定义变量 c_no，并赋初值"N101"使其成为字符变量
STORE 4 TO a1,a2,a3      && 将数字 4 赋给 a1,a2,a3，建立 3 个初值为 4 的数值型变量
```

命令后的符号"&&"表示该符号后跟随的是本命令的注释，它只对命令起到说明作用，与命令执行无关。

（3）内存变量值显示命令

格式：? | ?? <表达式表>

功能：计算表达式的值，并将结果显示在屏幕上。

在格式中的符号“|”表示“或”，既可以用“?”也可以用“??”来显示表达式的值。?表示从屏幕下一行开始显示，而??表示从当前行的当前列开始显示。注意，表达式中各表达式之间用逗号分隔。

例 0-6 在“命令”窗口中输入以下代码：

```
? c_no          && 在 Visual FoxPro 主窗口中显示 c_no 的值 N101
? a1            && 换一行显示 a1 的值 4
?? a2,a3        && 紧接着上一命令的显示结果后面显示 a2 和 a3 的值 4，4
```

2. 字段变量

字段是包含在数据库表文件记录中的数据项，不同记录的同一字段可以取不同值，而且同一记录的同一字段，在不同时刻也可取不同的值。可见字段是一个变量，称为字段变量。

字段的类型和宽度是在创建表结构时定义的，要改变只有通过修改表的结构来实现。另一方面，字段变量的赋值不能通过赋值语句进行，它的值在表数据录入时输入，也可用命令来修改。

3. 系统变量

系统变量是 Visual FoxPro 自动生成和维护的系统内存变量，它们都以下画线开头，用于控制外部设备（如打印机、鼠标等），屏幕显示格式，或处理有关计算器、日历、剪贴板等方面的信息，如_DIARYDATE 表示当前日期存储变量、_CLIPTEXT 表示剪贴板文本存储变量，更多的系统变量资料可查阅相关文献。但要注意，在给变量命名的时候，一定不要与系统变量同名，以免在程序中出现不必要的错误。

4. 数组

数组是按一定顺序排列的一组变量，数组中的各个变量称为数组元素。同普通变量一样，数组在使用前必须先定义。

（1）数组的定义

格式： DIMENSION | DECLARE <数组名>(<下标 1>[,<下标 2>])[,<数组名>(<下标 1>[,<下标 2>])……]

功能： 定义一维（一个下标）或二维（两个下标）数组。

说明：

1）DIMENSION A(10)表示定义一个一维数组 A，该数组有 A(1)，A(2)，…，A(10)共 10 个元素。

2）对于二维数组，通常将第一个下标称为行标，第二个下标称为列标。DIMENSION B(3,4)定义二维数组 B，该数组有 3 行 4 列，分别为 B(1,1)、B(1,2)、B(1,3)、B(1,4)、B(2,1)、B(2,2)、B(2,3)、B(2,4)、B(3,1)、B(3,2)、B(3,3)、B(3,4)，共 12 个元素。

3）Visual FoxPro 规定各下标的下界为 1。

（2）数组的赋值和引用　Visual FoxPro 规定数组赋值和引用应遵循如下原则：

1）数组定义时，每个元素的初值均默认为.F.。

2）给内存变量赋值的 STORE 命令和赋值符号“=”既可以为数组赋值，也可以为其元素赋值。并且，同一数组的不同元素可以存放不同类型的数据。

例 0-7 数组的定义和赋值。

```
DIMENSION a(10), b(3,4)          && 定义一维数组 a 和二维数组 b
a=0                              && a 数组所有元素赋值为 0
```

```
STORE 6 TO b                        && b 数组所有元素赋值为 6
b(1,2)="Visual FoxPro"              && 元素 b(1,2) 赋值为 Visual FoxPro
```

3）由于二维数组各元素在内存中按行的顺序进行存储，因此，二维数组的元素可当做一维数组元素来存取数据。例如，定义二维数组 B(3，4)，则一共定义了 12 个元素，这些数组元素按行的顺序排列，即

B(1，1)、B(1，2)、B(1，3)、B(1，4)、B(2，1)、B(2，2)、B(2，3)

B(2，4)、B(3，1)、B(3，2)、B(3，3)、B(3，4)。

其中 B(2，3) 在存储位置占第 7 位，所以也可以用 B(7) 来引用该位置的数组变量。

5. 变量的显示

格式： LIST | DISPLAY MEMORY [LIKE <通配符>] [TO PRINTER [PROMPT] | TO FILE <文件名>]

功能： 显示当前已经定义的变量名（包括内存变量和系统变量）、作用范围、类型和值。

1）命令格式中[]的内容可以省略，称为选项。

2）LIKE 子句选项表示选出与通配符相匹配的变量，通配符有? 和*两种，?代表单个字符，*代表一个或多个字符。

3）[TO PRINTER]子句将内容输出到打印机，使用 PROMPT 选项则能提供是否要打印的提示窗口。[TO FILE <文件名>]子句将内容存入文本文件。

例 0-8 显示例 0-6 中建立的内存变量。

在“命令”窗口中输入以下代码：

```
LIST MEMORY LIKE ????
```

则在主窗口显示下列内容：

```
c_no    Pub    C    "N101"
a1      Pub    N    4            (4.00000000)
a2      Pub    N    4            (4.00000000)
a3      Pub    N    4            (4.00000000)
```

6. 内存变量的清除

格式： RELEASE [<内存变量表>] [ALL [LIKE <通配符>] | [EXCEPT <通配符>]]

功能： 从内存中清除指定的内存变量。

说明： 选项 EXCEPT 子句清除与通配符不相匹配的内存变量。

例 0-9 在“命令”窗口中输入以下代码，查看运行结果。

```
RELEASE c_no,a1             &&清除内存变量 c_no 和 a1
RELEASE ALL LIKE a2*        &&清除所有以 a2 为名前两个字符的变量
RELEASE ALL EXCEPT a?       &&清除第一字符为 a 且由两个字符构成的变量之外的所有变量
RELEASE ALL                 &&清除所有用户定义的内存变量
```

7. 创建内存变量文件

例 0-10 将当前内存中所有内存变量保存为 qb.mem，同时将内存中变量名为两个字符的内存变量保存为 lg.mem。

在“命令”窗口中输入以下代码。

```
A1=10
A2=100
```

```
Mn1=0
SAVE TO qb                    &&保存当前内存中所有内存变量
SAVE TO lg ALL LIKE ??        &&保存内存中变量名为两个字符的内存变量
```

8. 恢复内存变量

格式： RESTORE FROM <内存变量文件名> [ADDITIVE]

功能： 恢复保存在内存变量文件中的内存变量到内存中。

说明： 若默认 ADDITIVE 子句，则覆盖当前内存变量；若选用 ADDITIVE 子句，则将从内存变量文件中恢复内存变量。

例 0-11 将内存变量文件 qb.mem 及 lg.mem 中的内存变量恢复到内存中。

在【命令】窗口中输入下面代码：

```
CLEAR ALL
RESTORE FROM qb
?a1,a2,mn1
RESTORE FROM lg
?a1,a2,mn1                    &&观察屏幕现象
RESTORE FROM qb
RESTORE FROM lg ADDITIVE
?a1,a2,mn1                    &&观察屏幕现象
```

四、Visual FoxPro6.0 命令结构及书写规则

1. Visual FoxPro6.0 命令结构

Visual FoxPro6.0 命令由命令动词、语句体和注释三部分组成。

下面以显示表中记录 LIST 命令为例进行说明：

格式： LIST [范围] [表达式表] [FIELDS<字段名表>][FOR|WHILE<条件>][OFF]
[TO PRINT|<文件>]

Visual FoxPro 命令短语的具体含义：

（1）范围子句（[范围]）含义

1）ALL 对全部记录操作。

2）NEXT <n> 对当前及以下共 n 个记录操作。

3）RECORD <n> 对第 n 个记录操作。

4）REST 对当前到最后一条记录操作。

说明：当命令中默认[范围]子句时，不同的命令有不同的范围默认值。修改类的命令，通常默认当前记录；统计类命令，通常默认为 ALL。

（2）字段子句（[FIELDS<字段名表>]）含义

字段子句用于指定参加操作的字段，即限制参加操作的列。字段名之间用逗号分隔，构成<字段名表>。

（3）条件子句（[FOR|WHILE<条件>]）含义

1）FOR<条件>子句对所有满足条件的记录操作，也就是遇假绕过。

2）WHILE<条件>子句遇到不满足条件的记录即停止操作，也就是遇假即停。

（4）输出子句（TO <设备名>|<文件名>|<内在变量名>）

用于指定命令执行结果的输出动向。

（5）OFF 子句

选用 OFF 时，不显示记录号。

2. Visual FoxPro6.0 命令书写规则

1）每条命令以命令动词开始，短语的顺序可以任意，可用分号作为续行号，命令行以<Enter>键结束。

2）命令动词与短语以及短语与短语之间至少用一个空格间隔。

3）命令中的字符均为半角，字母大小均可。

4）大多数命令动词与命令关键字只需要输入前 4 个字符。

Visual FoxPro 程序结构

一、结构化程序设计方法

结构化程序设计方法是普遍采用的一种程序设计方法，采用该方法结构清晰，易于阅读和理解，便于调试和维护。结构化程序设计方法是采用自顶向下、逐步求精和模块化的程序设计方法。

自顶向下是指对设计的系统要有一个全面的理解，从问题的全局入手，把一个复杂的问题分解成若干个相对独立的子问题，然后对每一个子问题再做进一步的分析，如此反复，直到每个问题都得到解决为止。

逐步求精是指程序设计过程是一个渐进的过程，把问题细分为若干个子问题，再把每一个子问题细分为一系列的具体步骤，直到能用某种程序设计语言的基本控制语句实现为止。

模块化是结构化程序设计的重要原则，是指把大的程序按照功能划分为若干个较小的程序模块，在这些模块中，通常存在一个主控模块和多个子模块。主控模块和子模块是相对独立的，而其中的子模块又可以作为其下一层子模块的主控模块，如图 0-6 所示。

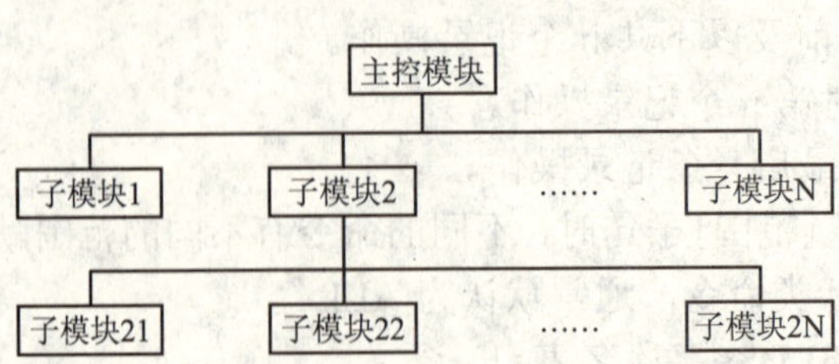

图 0-6　程序的模块化

结构化程序包括三种基本结构：顺序结构、选择（分支）结构和循环结构。一个结构化程序是由若干个“基本结构”组成。

二、程序文件的建立、修改与执行

1. 程序文件的建立与修改

在 Visual FoxPro 中，如果要完成比较复杂的任务，通常使用程序方式。程序是能够完成一定任务的命令的有序集合。这组命令保存在程序文件的文件中，由于程序文件中包含若干条命令，又称为命令文件，其扩展名为.PRG。

任何可以建立、编辑文本文件的工具，都可以创建和编辑 Visual FoxPro 程序文件。这些工具可以是系统提供的内部编辑器，也可以是其他文本编辑软件。程序文件的建立与修改常使用系统内置的文本编辑器来进行。

（1）菜单操作方式　选择“文件”→“新建”命令，在弹出的新建对话框中选择“程序”单选按钮，单击“确定”按钮。

（2）命令操作方式

格式： MODIFY COMMAND [<文件名>]

功能： 打开一个程序编辑窗口，用于建立、编辑或修改程序文件。

说明：

1）[<文件名>]是可选项，用于建立或打开一个指定文件名的文件。如果该文件不存在，则打开以该文件名为标题的程序编辑窗口，输入其内容，新建该文件；如果文件已经存在，则将文件的信息显示在屏幕的编辑窗口中，可对其进行编辑与修改。

2）<文件名>可以包含盘符和路径，若不包含路径，则文件保存在当前文件夹中。若选择默认扩展名，则系统自动加上扩展名.PRG。

3）保存文件。程序录入或修改完毕后，可按组合键<Ctrl+W>存盘退出，或选择“文件”→“保存”命令，或单击工具栏中的“保存”按钮。若放弃本次编辑，可按<Esc>键或<Ctrl+Q>组合键。

2. 程序文件的执行

（1）命令方式

格式： DO <文件名>[WITH 参数表]

功能： 执行指定程序。

说明： DO 命令运行程序时，如果文件未编译，执行时先自动形成一个同名的编译文件，然后再执行；WITH 短语用于带参数子程序的调用，这部分内容将在后面介绍。

（2）菜单方式　选择“程序”→“运行”命令，弹出“运行”对话框，在“报告文件”选项框中输入文件名，再单击“运行”按钮即可。

3. 简单地输入命令

一个程序中包括数据输入、数据处理和数据输出 3 个部分，数据输入与数据输出是编写程序过程中必不可少的部分。

（1）INPUT 命令

格式： INPUT [<字符表达式>] TO <内存变量>

功能： 该命令将等待用户输入数据，用户可以输入任意合法的表达式。当用户以回车结束输入时，系统将表达式的值存入指定的内存变量，程序继续执行。

说明：如果选用<字符表达式>，系统将首先显示该表达式的值作为提示信息；输入的数据可以是常量、变量或表达式，但是不能在不输入内容的情况下直接按回车键；输入字符串必须加定界符，输入逻辑型常量必须加圆点定界符（.T.或.F.），输入日期时间型常量必须用大括号，如{2010-12-08}。

（2）ACCEPT 命令

格式：ACCEPT [<字符表达式>] TO <内存变量>

功能：该命令将等待用户输入字符串，用户可以输入任意合法的表达式。当用户以回车结束输入时，系统将字符串存入指定的内存变量，程序继续执行。

说明：如果选用<字符表达式>，系统将首先显示该表达式的值作为提示信息；该命令只能输入字符中，用户在输入字符串时不必加定界符；如果不输入内容直接按回车键，系统会将空串赋给指定的变量。

（3）WAIT 命令

格式：WAIT [<字符表达式>] [TO <内存变量>]

功能：该命令显示字符串表达式作为提示信息，暂停程序的运行，直到用户按任意键或单击鼠标时，程序继续执行。

说明：如果<字符表达式>为空串，则不显示任何信息。如果没有指定<字符表达式>，则显示默认的提示信息："按任意键继续…"；<内存变量>用于保存用户输入的单个字符信息，如果直接按回车键或单击鼠标，<内存变量>将为空串。如果不选择 TO <内存变量>，则输入的字符不保留。

三、顺序结构

顺序结构是程序设计中最基本的结构，该结构按照程序命令出现的先后顺序依次执行。事实上，如果不进行特殊说明，程序中的命令就自动按其前后排列顺序执行。顺序结构流程图，如图 0-7 所示。

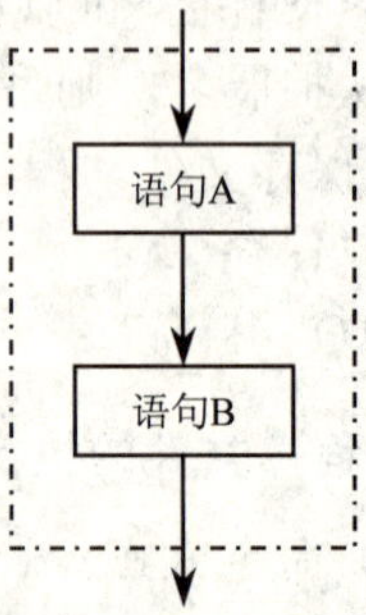

图 0-7　顺序结构流程图

例 0-12　编写一个程序，计算半径为 5m 的圆的周长与面积。编写程序 LT1-1.prg，程序代码如下：

```
R=5
ZC＝2*3.14*5    &&计算圆的周长
MJ=3.14*R^2     &&计算圆的面积
?ZC,MJ          &&输出圆的周长与面积
RETURN
```

四、选择结构

选择结构是在程序执行时，根据不同的条件来选择执行不同的程序语句。其主要用来解决有选择、转移的情况。在 Visual FoxPro 中，选择结构又称为分支结构，通常分为单分支结构、双分支结构和多分支结构。无论是哪种类型的选择结构，都是根据所给条件是否

为真来选择执行某一分支的相应操作。

1. 单分支结构

单分支结构是由 IF 语句开头，以 ENDIF 语句结束的若干条命令组成的。单分支结构流程图，如图 0-8 所示。

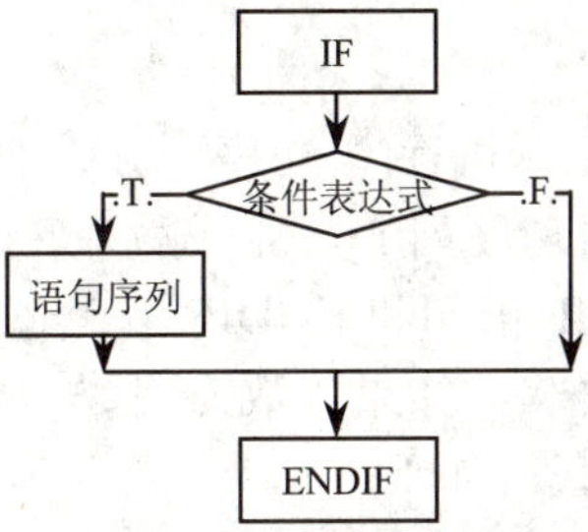

图 0-8　单分支结构流程图

```
格式：IF <条件>
          [语句序列]
      ENDIF
```

功能：

1）根据<条件>的逻辑值进行判断。如果<条件>的逻辑值为.T.，依次执行[语句序列]，执行完后就转去执行 ENDIF 之后的命令；如果<条件>的逻辑值为.F.，则 IF <条件>和 ENDIF 之间的所有命令都不执行，而直接转到 ENDIF 之后的命令。

2）IF 语句和 ENDIF 语句必须成对出现，且各占一行。

3）为了程序阅读方便，便于以后维护修改，建议对于[语句序列]部分采取向右缩进书写的方式。

例 0-13　通过键盘输入一个学生的成绩，是否为优秀（优秀条件为成绩大于等于 90）。编写程序 LT1-2.prg，程序代码如下：

```
INPUT "请输入学生成绩 x=" TO x
IF x>=90
    pd="优秀"
ENDIF
?"学生成绩为",pd
RETURN
```

2. 双分支结构

双分支结构也是由 IF 语句开头，以 ENDIF 语句结束的若干条命令组成的，但其中包含一条 ELSE 语句。双分支结构流程图，如图 0-9 所示。

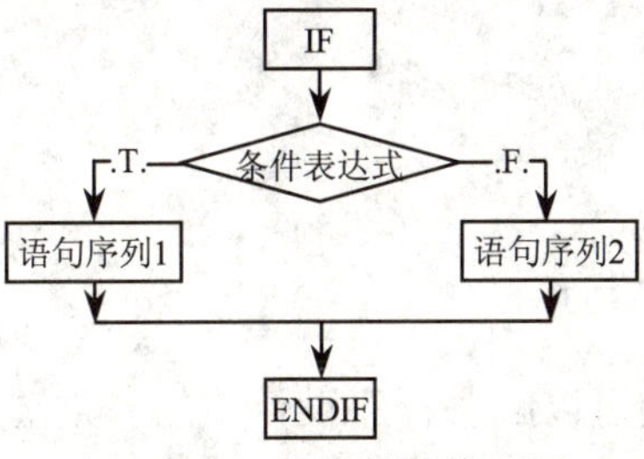

图 0-9　双分支结构流程图

格式：
```
IF <条件>
    [语句序列 1]
ELSE
    [语句序列 2]
ENDIF
```

功能：

1）如果<条件>的逻辑值为.T.，执行[语句序列 1]，然后执行 ENDIF 之后的命令。如果<条件>的逻辑值为.F.，执行[语句序列 2]，完成后，转去执行 ENDIF 之后的命令。

2）ELSE 语句单独占一行，IF 语句和 ENDIF 语句必须成对出现，且各占一行。

例 0-14 任意输入一个整数 X，如果该数为偶数，显示为“偶数”，否则显示为“奇数”。编写程序 LT1-3.prg，程序代码如下：

```
INPUT "请输入一个整数 x=" TO x
IF INT(x/2)=x/2
    ts="偶数"
ELSE
    ts="奇数"
ENDIF
?x,"为",ts
RETURN
```

3. IF 语句嵌套结构

对于在上述分支结构中的<语句序列>，可以包含任何 Visual FoxPro 命令语句，也可以包括另外一个或几个合法的分支结构语句，也就是说分支结构可以嵌套。对于嵌套的分支结构语句，一定注意内外层分支结构层次分明，即注意各个层次的 IF…ELSE…ENDIF 语句配对情况。

例 0-15 通过键盘输入一个数 X，如果该数大于零，则输出“正数”；如果小于零，则输出“负数”，否则，输出“零”。编写程序 LT1-4.prg，程序代码如下：

```
INPUT "请输入一个数 X=" to x
IF x>0
    ts="正数"
ELSE
    IF x<0
        ts="负数"
    ELSE
        ts="零"
    ENDIF
ENDIF
?x, "为",ts
RETURN
```

4. 多分支选择结构

虽然上述的分支嵌套结构可以解决程序设计中的多重选择问题，但当嵌套的层数较深时，则往往会引起结构的混乱，也使程序的可读性不好。Visual FoxPro 提供了多分支结构来解决多种不同情况下的程序选择问题。

```
格式：DO CASE
        CASE <条件 1>
          <语句序列 1>
        CASE <条件 2>
          <语句序列 2>
            ......
        CASE <条件 n>
          <语句序列 n>
      [OTHERWISE
          <语句序列 n+1>]
        ENDCASE
```

功能：

1）多分支选择结构执行的过程是：系统依次判断各<条件>是否满足，若某一<条件>为.T.，就执行该<条件>下的<语句序列>，执行后不再判断其他<条件>，而转去执行ENDCASE后面的第一条命令。如果没有一个<条件>为.T.，就执行OTHERWISE后面的[语句序列 n+1]，直到ENDCASE；如果没有OTHERWISE，则不作任何操作就转向ENDCASE之后的第一条命令。多分支结构流程图，如图0-10所示。

2）DO CASE语句和ENDCASE语句必须成对出现，各占一行。

3）多分支选择结构中各 CASE 语句后的<条件>是按其先后顺序判断执行的，因此对实际问题进行编程时，应认真考虑各个条件排列的先后顺序。

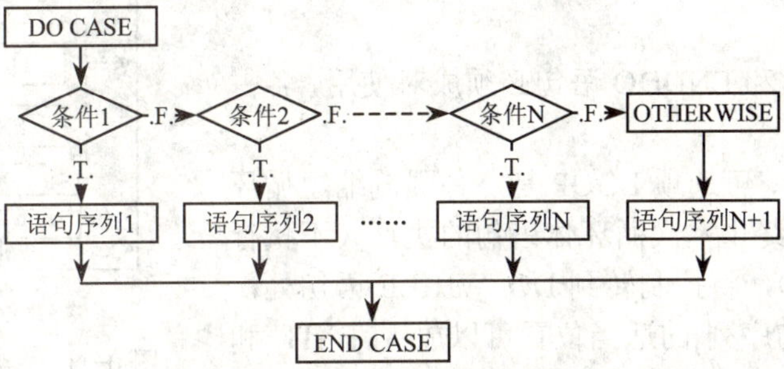

图 0-10　多分支结构流程图

例 0-16　用多分支选择结构，完成例 0-12。编写程序 LT1-5.prg，程序代码如下：

```
INPUT "请输入一个数 X=" TO x
DO CASE
 CASE x>0
      pd="正数"
 CASE x<0
      pd="负数"
 OTHERWISE
      pd="零"
ENDCASE
? x,"为",pd
RETURN
```

五、循环结构

在程序设计中，有时需要从某处开始有规律地反复执行某些类似的操作，这些类似的操作一般用循环结构程序设计来解决。在 Visual FoxPro 中，提供了“当型”、“步长型”和“表扫描型”循环结构。“表扫描型”循环结构将在后面进行介绍。

1. “当型”循环结构

```
格式：DO WHILE <条件>
          <语句序列 1>
           [LOOP]
          <语句序列 2>
           [EXIT]
          <语句序列 3>
      ENDDO
```

功能：

1）“当型”循环执行的过程是：根据<条件>的逻辑值，进行判断。如果<条件>的逻辑值为.T.，则执行 DO WHILE 和 ENDDO 之间的语句序列（也称为循环体）。当执行到循环尾 ENDDO 时，程序自动返回到 DO WHILE<条件>语句处，再次判断 DO WHILE 语句中的<条件>是否成立。重复前面的步骤，直到<条件>的逻辑值为.F.时，跳出循环体，结束循环。转去执行 ENDDO 之后的第一条命令。“当型”循环语句流程图，如图 0-11 所示。

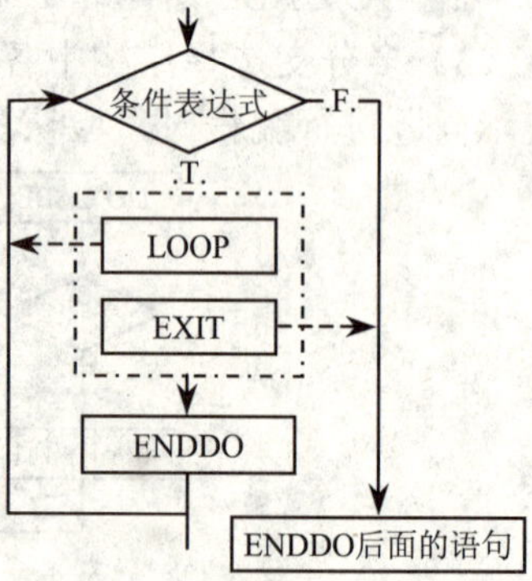

图 0-11 “当型”循环语句流程图

2）DO WHILE 和 ENDDO 语句必须成对使用，各占一行。

3）在循环体中，可选项 LOOP 是一种强制缩短循环的语句，其功能是终止本次循环体语句的执行（不执行 LOOP 后面的语句），将控制转到 DO WHILE 语句处，并根据<条件>[语句序列]的适当位置可以放置 EXIT 和 LOOP 语句，用以对循环过程作特殊处理。EXIT 的功能是：终止本层循环命令。LOOP 语句的功能是：终止本次循环命令。EXIT 和 LOOP 语句只能在循环结构中使用。

4）在语句序列中可以嵌套 IF…ENDIF、DO CASE…ENDCASE、DO WHILE…ENDDO、FOR…ENDFOR、SCAN…ENDSCAN 等程序结构。

例 0-17 每次产生一个两位随机整数，经过若干次累加，直到其和大于 10000 为止，求累加次数与累加和。编写程序 LT1-6.prg，程序代码如下：

```
s=0
n=0
DO WHILE s<=10000
    x=INT(RAND()*100+10)
    s=s+x
    n=n+1
```

```
ENDDO
?"累加和为：",s
?"产生次数：",n
RETURN
```

2. “步长型”循环结构

```
格式：FOR <循环变量>=<初值> TO <终值> [STEP <步长值>]
          [语句序列]
      ENDFOR|NEXT
```

功能：

1）<初值>、<终值>、<步长值>都是数值表达式；当<步长值>是 1 时，可省略 STEP 子句。

2）ENDFOR 或 NEXT 语句为循环终端语句，用以标明本循环结构的终点。该语句必须和 FOR 语句配对使用。

3）该循环结构的执行过程是：首先将初值赋值给循环变量，然后判断循环变量的值是否超过终值（这里超过终值的含义是：如果步长值为正数，则循环变量的值大于终值为超过；如果步长值为负数，则循环变量的值小于终值为超过），不超过就执行循环体，遇到 ENDFOR 或 NEXT 语句，自动使循环变量增加一个步长值，再将循环变量的值与终值比较，如果循环变量的值不超过终值，就再执行循环体，不断循环执行。如果循环变量的值超过终值则不执行循环体，而转去执行 ENDFOR 或 NEXT 语句后面的第一条语句。“步长型”循环语句流程图，如图 0-12 所示。

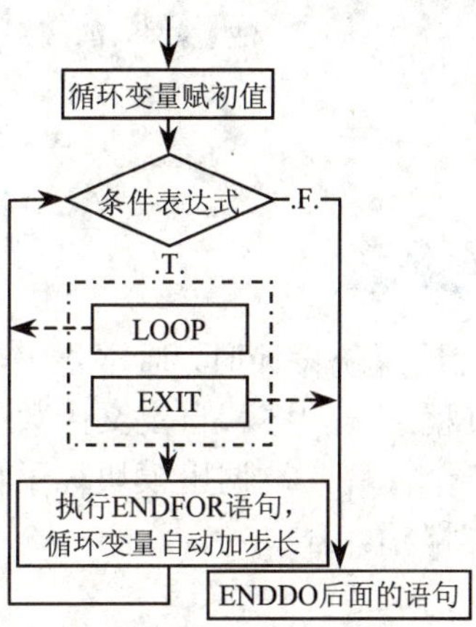

图 0-12 “步长型”循环语句流程图

4）在循环体内的适当位置也可以放置 EXIT 和 LOOP 语句，作用和用法与“当型”循环结构类似。

例 0-18 计算 1+2+3+…+99+100 的值。编写程序 LT1-7.prg，程序代码如下：

```
CLEAR
s=0
FOR x=1 TO 100
    s=s+x
ENDFOR
```

```
?"1--100 自然数累加和是：",s
RETURN
```

3. 循环嵌套结构

循环结构的嵌套是指在一个循环体内包含其他的循环结构，也称为多重循环结构。同一种类型的循环结构可以嵌套，不同类型的循环结构也可以嵌套。要编好循环嵌套结构程序，必须做到：循环开始语句和循环结束语句配对出现；内外层循环层次分明，不得交叉。Visual FoxPro 最多允许 128 层嵌套。

例 0-19 用双重循环打印九九乘法表，形式如下所示：

1×1=1，1×2=2，…，1×9=9

2×1=2，2×2=4，…，2×9=18

……

9×1=9，9×2=18，…，9×9=81

编写程序 LT1-8.prg，程序代码如下：

```
CLEAR
FOR a=1 TO 9
    FOR b=1 TO 9
        p=a*b
        ??STR(a,1)+"×"+STR(b,1)+"="+STR(p,2)+"  "
    ENDFOR
    ?                                       && 注意??和?的区别
ENDFOR
RETURN
```

六、子程序、过程和自定义函数

在使用 Visual FoxPro 进行应用系统设计时，通常将一个大的功能模块划分成若干小的模块。模块化程序设计体现在过程、子程序和自定义函数的运用，都是一段具有独立功能的程序代码。一个模块调用另一个模块，被调用模块称子程序、过程和自定义函数，发出调用命令的模块称为主模块或主程序。

1. 子程序

（1）子程序的调用

格式： DO <程序文件名 1>[WITH <参数表>][IN <程序文件名 2>]

功能：

1）程序文件名 1：指定要执行程序的名字。DO<程序文件名 1>直接执行或调用<程序文件名 1>指定的程序。

2）[WITH <参数表>]：指定传递到子程序的参数，在<参数表>中列出的参数可以是表达式、内存变量、常量、字段或用户自定义函数。

3）当<程序文件名 1>是子句 IN <程序文件名 2>中的一个过程时，DO 命令调用过程文件<程序文件名 2>中的<程序文件名 1>。

（2）子程序的返回

格式：RETURN [TO MASTER |TO <程序文件名>]

功能：

1）该语句放在一个程序的末尾。

2）不带参数的 RETURN 语句的功能是，将程序控制权返回到调用该子程序的主程序的下一条命令语句。

3）RETURN TO MASTER：如果有多级程序调用，某一子程序的该语句将使程序控制权返回到最高一级调用程序。

4）RETURN TO <程序文件名>：表示将控制权交给指定的程序。

（3）子程序的建立

建立子程序的方法与建立程序的方法类似。但要注意两个问题，一是每个子程序必须单独使用一个文件名保存起来，二是主程序和子程序之间存在相关变量值的传递关系。子程序文件名的扩展名也是.PRG。

例 0-20 利用主程序调用子程序的方法，计算任意 3 个自然数的阶乘和，即求 s=a!+b!+c!。

主程序代码如下：

```
CLEAR
INPUT "a=" to a
INPUT "b=" to b
INPUT "c=" to c
s=0                     &&定义存放阶乘的累加和的变量
t=1                     &&定义与子程序传递阶乘计算结果的变量
n=a                     &&定义计算阶乘需要自然数的传递变量
DO jc
s=t
n=b
DO jc
s=s+t
n=c
DO jc
s=s+t
?ALLTRIM(STR(a,3))+"!"+ALLTRIM(STR(b,3))+"!"+ALLTRIM(STR(c,3))+"!=",s
RETURN
```

为求阶乘子程序的文件名 jc.prg，子程序代码如下：

```
t=1
FOR i=1 TO n
    t=t*i
ENDFOR
RETURN
```

注意，该子程序中的变量 n 的值需要由主程序传递。将该子程序的保存文件命名为 jc.prg。

例 0-21 用带参数传递数据的方法编程计算球的体积（四舍五入保留三位小数）。球体积的计算公式是 volume=4/3πr^3，则在 Visual FoxPro 中其表达式是

volume=4/3*PI()*r^3。

注意，在建立含有参数传递子程序时，子程序的第一条语句必须是

PARAMETER <参数表>

说明：<参数表>要与 DO<程序文件名>WITH<参数表>语句中的<参数表>中的参数一一对应，以便相互传递数据，由 PARAMETER<参数表>中给出的参数叫形参，而 DO<程序文件名>WITH<参数表>中给出的参数叫实参。实参的名称与形参的名称可以一样，也可以不一样。

```
子程序 qtj.prg
PARAMETER r,volume     &&子程序
volume=ROUND(4/3*PI()*r^3,3)
RETURN
主程序代码如下：
CLEAR
INPUT "请输入球的半径：" TO r
cube=0
DO qtj WITH r,cube
?"半径为"+ALLTRIM(STR(r,10))+"球的体积是：",cube
RETURN
```

2. 过程

过程是一段被命名的程序，可以放在主程序的后面，由主程序调用。用户也可以把多个子程序合并成一个大的文件，在该文件中，每个子程序仍然是独立的，这个大的公用程序文件称为过程文件，其中的每个子程序模块称为过程。由于过程文件是集中起来以一个文件的形式存储在磁盘上的，调用时作为一个文件一次打开，每个子过程可随时调用，从而大大减少了访问磁盘的次数，可提高程序运行效率。

建立过程

```
格式：PROCEDURE<过程名>
      [PARAMETERS<参数表>]
          <命令序列>
      RETURN
```

功能：

1）过程是以 PROCEDURE 开头，并标识出<过程名>的程序或程序段，指定生成过程的名称，<命令序列>是过程体，用 DO<过程名>命令调用。

2）过程可以放在主程序的后面，由主程序调用。

3）可以将一个或多个过程组织在一个程序文件中，需要时分别调用。

例 0-22 用主程序调用过程的方式编程求圆面积、圆周长和球体积。

程序代码如下：

```
CLEAR
INPUT "请输入半径：" TO radius
```

```
mj=0
zc=0
tj=0
DO ymj WITH mj,radius
DO yzc WITH zc,radius
DO qtj WITH tj,radius
?"半径为"+ALLTRIM(STR(radius,10))+"的圆面积是：",mj
?"半径为"+ALLTRIM(STR(radius,10))+"的圆周长是：",zc
?"半径为"+ALLTRIM(STR(radius,10))+"的球体积是：",tj
RETURN
PROCEDURE ymj
PARAMETERS s,r
s=pi()*r^2
RETURN
PROCEDURE yzc
PARAMETERS s,r
s=2*pi()*r
RETURN
PROCEDURE qtj
PARAMETERS s,r
s=4/3*pi()*r^3
RETURN
```

例 0-23 用在主程序中调用过程文件中的过程的方式编程求圆面积、圆周长和球体积。

编程思路：可以将示例 0-22 中三个子过程组合成一个过程文件，假设文件名为 circle。

包含三个子过程的过程文件为 circle.prg，其程序代码如下：

```
PROCEDURE ymj
PARAMETERS s,r
s=pi()*r^2
RETURN
PROCEDURE yzc
PARAMETERS s,r
s=2*pi()*r
RETURN
PROCEDURE qtj
PARAMETERS s,r
s=4/3*pi()*r^3
RETURN
```

在主程序中有两种方法可以调用上述三个子过程的代码。

方法一：

```
CLEAR
INPUT "请输入半径：" TO radius
```

```
mj=0
zc=0
tj=0
DO ymj WITH mj,radius IN circle        &&表明过程 ymj 在过程文件 circle 中
DO yzc WITH zc,radius IN circle        &&表明过程 yzc 在过程文件 circle 中
DO qtj WITH tj,radius IN circle        &&表明过程 qtj 在过程文件 circle 中
?"半径为"+ALLTRIM(STR(radius,10))+"的圆面积是：",mj
?"半径为"+ALLTRIM(STR(radius,10))+"的圆周长是：",zc
?"半径为"+ALLTRIM(STR(radius,10))+"的球体积是：",tj
RETURN
```

方法二：

主程序中的第一条语句用 SET PROCEDURE TO<过程文件名>命令打开过程文件，其他如“过程跟在主程序后面调用”一样。主程序代码如下：

```
SET PROCEDURE TO circle
CLEAR
INPUT "请输入半径：" TO radius
mj=0
zc=0
tj=0
DO ymj WITH mj,radius
DO yzc WITH zc,radius
DO qtj WITH tj,radius
?"半径为"+ALLTRIM(STR(radius,10))+"的圆面积是：",mj
?"半径为"+ALLTRIM(STR(radius,10))+"的圆周长是：",zc
?"半径为"+ALLTRIM(STR(radius,10))+"的球体积是：",tj
RETURN
```

3．自定义函数

Visual FoxPro 提供了许多系统函数，用户也可以自己定义函数，它与内部函数一样，可以在程序、命令窗口或函数嵌套中使用。在 Visual FoxPro 中有两种形式的自定义函数，独立用户的自定义函数和依附的自用户定义函数。

（1）独立用户的自定义函数　实际上独立用户定义函数就是带参数传递的子程序，差别仅仅是用户定义函数的最后一条 RETURN 语句后有表达式以及调用的方式不同。独立用户的自定义函数的定义格式如下：

```
格式：[PARAMETERS <参数表>]
      [命令序列]
       RETURN [<表达式>]
```

说明：

1）[PARAMETERS<参数表>]：接受函数运行时传递过来的数据，如果函数不需要传递数据，该语句可省略。

2）[命令序列]：用于进行各种处理的命令组合。简单的函数也可以为空。

3）RETURN <表达式>语句中<表达式>的值作为返回函数值，它决定了函数的类型。

如默认该语句，则返回函数值为.T.。

4）函数名称就是保存时用的程序文件名。如果 UDF 的名称与已有的函数名相同，则系统只承认已有函数，因此不能用已有的函数名来命名 UDF。

5）自定义函数的调用形式是<函数名>（[<参数表>]）。参数表中每个参数可以是任何合法的 Visual FoxPro 表达式，参数的个数必须与自定义函数中 PARAMETERS 语句里的参数表中的参数个数相等，数据类型也应符合自定义函数中的要求。

例 0-24 定义一个计算求立方数的自定义函数。

求立方数函数，函数名为 cube（即以 cube.prg 为文件名存盘）。

```
PARAMETERS v
RETURN v*v*v
```

下面程序（该主程序保存文件名为 zdyhs1.prg）中调用求立方函数 cube.prg，求 1～10 的立方数。

求 1～10 的立方数。

```
CLEAR
FOR i=1 TO 10
  ?i,cube(i)
ENDFOR
RETURN
```

（2）依附用户的自定义函数　依附用户的自定义函数不能作为一个独立的程序文件，它必须以 FUNCTION<函数名>开头，依附在程序的后面或某个过程文件中。依附用户的自定义函数的定义格式如下：

```
格式：FUNCTION <函数名>
      [PARAMETERS <内存变量表>]
      [命令序列]
      RETURN [<表达式>]
```

说明：在程序中以 FUNCTION<函数名>为开始标识为自定义函数名。

例 0-25 DATE()函数显示系统的日期，CDOW()函数显示系统的星期名称，试编写用户自定义函数 zdate()显示系统的中文日期（yy 年 mm 月 dd 日），zcdow()显示系统的中文星期。

显示中文日期和星期的程序代码如下：

```
CLEAR
?zdate()
?zcdow()
RETURN
FUNCTION zdate()
yy=STR(YEAR(DATE()),4)
mm=STR(MONTH(DATE()),2)
dd=STR(DAY(DATE()),2)
RETURN yy+"年"+mm+"月"+dd+"日"
FUNCTION zcdow()
```

```
Do CASE
  CASE CDOW(DATE())="Monday"
   RETURN "星期一"
  CASE CDOW(DATE())="Tuesday"
   RETURN "星期二"
  CASE CDOW(DATE())="Wednesday"
   RETURN "星期三"
  CASE CDOW(DATE())="Thursday"
   RETURN "星期四"
  CASE CDOW(DATE())="Friday"
   RETURN "星期五"
  CASE CDOW(DATE())="Saturday"
   RETURN "星期六"
  CASE CDOW(DATE())="Sunday"
   RETURN "星期日"
ENDCASE
RETURN
```

小结

导学部分介绍数据库的基本概念、Visual FoxPro 6.0 中文版的特点、安装、启动和退出方法，同时介绍 Visual FoxPro 的使用环境以及各种语言基础知识，包括运算符、表达式、常量、变量程序设计的三种基本结构（顺序结构、分支结构和循环结构），以及子程序、过程和自定义函数的具体使用方法。通过对各知识点的学习，对 Visual FoxPro 的相关知识有一个初步了解，为进一步学好该软件提供了保证。

实战强化

1．用户任意输入一个正整数，程序输出 0 到该正整数之间的所有奇数之和。若用户输入 0，则退出程序运行。

2．设计三角形形式的“九九乘法表”。

3．从键盘输入一个自然数，并判断是偶数还是奇数。

4．从键盘输入一个字符串，统计其中有多少个英文字母。

5．编写程序求 C_5^3 和 C_9^5 的值，要求用自定义函数编写。

项目1 “学生信息管理系统”需求设计

职业能力目标

1）能够依据软件工程原理规划应用系统的功能。
2）能够使用 Visual FoxPro 对项目进行相关操作。
3）能够使用相关命令和方法建立修改数据库以及数据表。
4）能够使用相关命令和方法对数据进行相关操作。

为了更好地设计一个应用管理系统，必须对应用系统进行详细规划，应用系统的所有功能都是依据项目进行的。本项目主要讲解应用系统的功能规划、在 Visual FoxPro 环境下，项目文件的相关操作、数据库及数据表操作以及数据的操作方法等内容。

任务1 规划“学生信息管理系统”的功能

任务情境

随着学校办学规模的逐年扩大，学生人数越来越多，对学生信息的管理也越来越烦琐，单靠手工管理已经力不从心，而且极易出错，效率低。基于这种情况，设计学生信息管理系统是很有意义的。

通过使用计算机系统，由计算机代替人工处理一些诸如数据录入、数据查询、数据统计以及报表打印等功能，这不仅可以使管理人员轻松快捷地完成学生信息管理工作，降低出错的几率，降低管理成本，方便领导随时了解学生情况，而且为学校决策提供详尽的信息，同时使学生信息管理工作更加科学化、规范化、智能化。

通过开发一个简化的学生信息管理系统，展示应用 Visual FoxPro 强大的数据管理功能，旨在起到抛砖引玉的作用。

任务分析

学生信息管理系统从实际应用角度出发，根据软件工程的设计理念，采用目前比较流行的设计方案，进行应用系统设计。

1. 开发设计思想

（1）采用模块化设计　本系统采用模块化程序设计方法，既便于系统功能的组合与修改，又便于技术人员和用户进行补充与维护。

（2）系统具有数据维护功能　系统具有数据维护功能，用户根据需要可以进行数据的添加、删除、修改、查询、统计等功能。

（3）操作直观、方便、简便实用　系统操作简单方便，用户可以在最短的时间内完成各种操作，从而提高工作效率，同时系统具备安全认证等要求。

2．系统功能分析

在实际开发中，系统功能分析需要开发小组的系统分析及设计人员与用户进行全面、深入的交流，切实了解用户对整个系统期望具有的功能，与用户共同决定系统具体具有哪些功能。本学生信息管理系统主要具有以下功能：

根据系统功能要求，通过实际调查，要求“学生信息管理系统”具有以下功能：

1）数据编辑，包括数据录入、数据修改、数据删除等功能。

2）数据查询，包括简单查询、综合查询等功能。

3）数据统计，包括简单统计、综合统计等功能。

4）数据输出，包括输出班级学生信息报表、学生信息卡和创建 Excel 工作表等功能。

5）数据管理，包括转换专业管理、退学管理等功能。

6）辅助功能，包括数据字典管理、数据备份、数据恢复、用户管理和密码修改、系统帮助文件等功能。

任务实施

数据库应用系统可以分为两大类：一是以数据为中心的应用系统；二是以处理为中心的应用系统。前者重点放在对数据的采集、整理和存储等工作上。后者重点是使用数据，主要包括数据的录入、查询、统计等工作。一般企事业单位的数据库应用系统属于后者。数据库应用系统开发通常经过以下几个阶段。

1．项目开发计划阶段

这个时期的主要任务是分析用户需求，分析软件系统所追求的目标，分析开发该系统的可行性。本时期需要用户和系统分析员的交流和配合，大致可以分为以下两个阶段。

（1）问题定义阶段　收集、分析、理解、确定用户的需求，在与用户进行全面讨论的基础上共同拟定“软件系统目标与范围说明书”。

（2）可行性研究阶段　确定对问题定义阶段的问题是否有可行性的解决方案，并对各种方案做出成本和效益分析，系统分析员据此提出“可行性分析报告”，作为确定是否进行这项工程的依据。

2．开发阶段

这个时期包括两个任务，即设计任务和实现任务。设计任务又分为需求分析和系统设计两个阶段；实现任务包括编程和测试两个阶段。

（1）需求分析阶段　明确用户对软件系统的全部要求，并以“需求说明书”的形式表达，其目的是明确软件项目是用来“做什么”的。

需要分析是整个开发任务的开始，也是最困难、最耗时的一步。作为基础的需求分析是否做得充分与准确，直接决定了构成数据库与应用系统的速度和质量。需求分析做得不好，有时甚至会导致整个工程半途而废，无法完成。

（2）系统设计阶段　设计软件系统的模块层次结构，控制模块的控制流程，其目的是明确软件系统“如何做”。本阶段又可分为概要设计和详细设计两个步骤，前者完成软件系统模块的划分和模块层次结构以及数据库结构的设计；后者完成每个模块的控制流程设计。本阶段要完成“设计说明书”的编写。

数据库应用系统的设计包括数据库设计和应用程序设计两个方面。数据库设计是根据用户提出的信息需求所进行的设计工作；应用程序设计是根据用户提出的需求所做的设计工作。两者之间的关系，如图 1-1 所示。

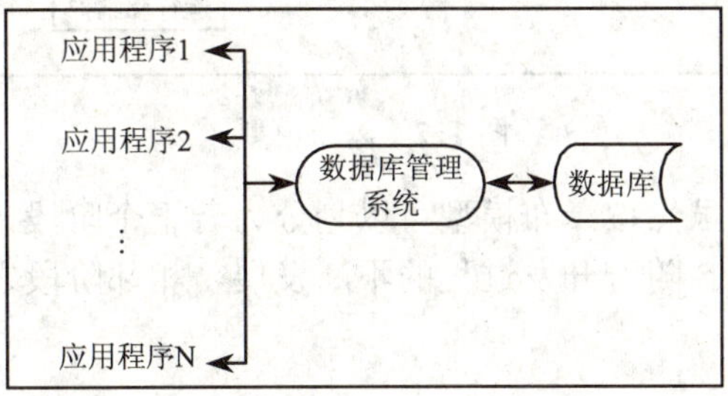

图 1-1　数据库应用系统中数据库设计和应用程序之间的关系

在 Visual FoxPro 中，通过数据库结构设计，来完成对数据的统一管理，不但可以增强数据的可靠性，而且又便于系统的开发。通过对用户需求进行综合、归纳与抽象，形成一个独立于具体数据库管理系统（DBMS）的概念模型。创建数据库结构是实现数据集成的有效手段。

（3）编程阶段　本阶段将按照选定的程序设计将“设计说明书”中每个模块的控制流程编写出相应的程序，从而得到软件系统的源代码。

（4）测试阶段　软件测试是在软件投入运行前，对软件需求分析、设计规格说明和编码的最终审查，是保证软件质量的关键步骤。本阶段的目的是检查并排除软件中的错误，提高软件的可靠性。测试分为三个步骤：模块测试，测试程序的每个模块是否错误；组装测试，测试模块之间的接口是否正确；确认测试，测试整个软件系统是否满足用户功能性要求。常用的测试方法有“黑盒测试”与“白盒测试”两种。采用不同的测试方法，测试选择的测试样例是不同的。

“白盒测试”又称为结构测试或逻辑测试。测试人员可以利用程序内部的逻辑结构及有关的信息来设计或选择测试用例。因此，“白盒测试”主要考虑的是测试用例对程序内部逻辑的覆盖程度，而不考虑程序的功能。

“黑盒测试”又称为功能测试、数据驱动测试或黑箱测试。在这种测试方法中，程序对测试人员是完全不透明的。测试者不考虑程序的内部结构和特性，只根据程序的要求规格说明中的程序功能或程序的外部特性来设计程序的测试用例。

3. 运行与维护阶段

本阶段的主要任务是维护。软件维护是修改软件系统在使用过程中发现的隐含错误。扩展用户是在使用过程中提出的新功能，其目的在于维护软件系统的正常运行。正是因为软件按时间顺序依次通过上述三个时期的不同阶段，好比是一个自上而下的流水。所以本模型称为瀑布模型，如图 1-2 所示。

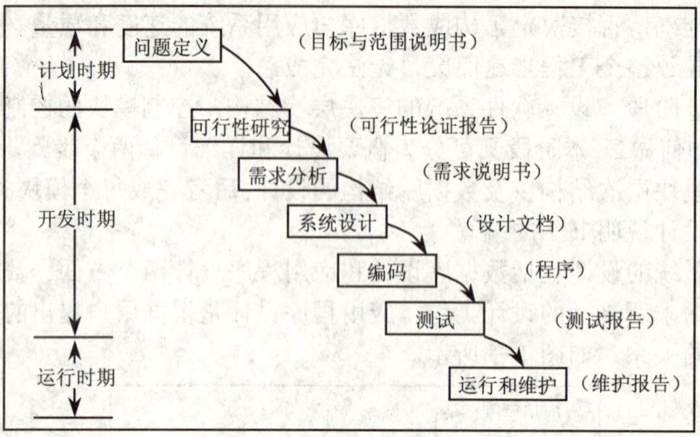

图 1-2　瀑布模型

注意：软件生命周期虽然按瀑布模型可以划分为若干个阶段，但在实际运用中各个阶段不可能进行理想的分割。随着开发过程的不断发展，相邻阶段之间会有回溯、反复和交叉的过程。

知识拓展

面向对象方法是一种新的认识问题和解决问题的思维方法，为人们认识事物进而开发系统提供了一种全新的方法。面向对象方法把客观世界的事物理解为具有不同属性和操作的对象，强调对现实世界的理解和模拟，提供由现实世界转换到计算机世界的方法。

1. 面向对象方法的基本思路

面向对象的方法认为客观世界的任何事物都是对象，这些对象具有一些属性和相关操作。对象之间具有抽象与具体、整体和部分的关系，还具有继承关系。对象之间可以传递消息，其基本思路体现在以下几个方面：

1）客观事物由对象组成。

2）对象由属性和方法组成。

3）对象之间的联系通过消息传递模式和方法所定义的操作过程来完成。

4）对象具有继承性。

5）对象具有封闭性。

2. 面向对象方法的基本概念

（1）对象　对象是客观世界中的任何事物在计算机程序中的抽象表示，它是面向对象程序设计的基本元素。任何事物都是由状态和行为两个方面构成的，状态反映了事物的内部结构，行为反映了事物的运动规律，对象是事物状态和行为的数据抽象。

（2）类　类是指具有相同或相似结构、操作的约束规则的对象组成的集合。任何一个对象都是某一个类的实例，每一个类都是由具有某些共同特征的对象组成的。对象主要描述事物的个性，类则描述一组事物的共性。

（3）消息和方法　客观世界的各种事物是联系、相互作用的。面向对象的程序由多个相互联系的对象组成，对象之间的联系是通过消息传递实现的。“消息”是对象间通信的手段，一个对象向其他对象发出带有参数的信息，使接受信息的对象执行相应的操作，从而改变该对象的状态。“方法”是封闭在对象内部的操作程序，一个对象发出消息，接受消息的对象激活相应的方法，便启动了该对象的某个操作程序。

（4）继承　父类可以派生出子类，子类自动继承父类的属性和方法。在子类的开发过程中，只需要说明它不同于父类的特性。继承性是面向对象方法实现可重用、代码共享的前提和最有效的途径，它避免了属性描述信息和操作程序信息的冗余。

（5）封装　封装又称为信息隐蔽。在面向对象方法中，对象是数据和操作的封装体。对于一个对象，从外部可以了解它的功能，但其“内部”细节是隐蔽的，不受外界干扰。

（6）多态　多态是指相同的操作作用于多个不同类型的对象却获得不同的结果。在面向对象方法中，可以给不同类型的对象发出相同的信息，不同的对象分别做出不同的处理。

触类旁通

1. 可视化开发的概念

所谓可视化开发的概念就是在可视化开发工具，如 Visual FoxPro、Visual Basic 等提供的图形界面上，通过操作界面的元素，如文本框、复选框、组合框、命令按钮等控件和菜单、工具栏等，由可视化开发工具生成的应用程序。应用程序的工作方式由事件驱动，通过消息传递方式执行相应的代码。

2. 可视化开发的基本步骤

1）生成基本窗口，并在它的外部以图标的形式列出所有其他界面元素。

2）开发人员从工具箱中选择界面组成元素放入窗口指定位置。

3）分别安排界面元素，使窗口的元素布局合理。

4）根据功能要求和业务逻辑编写事件代码。

5）调试程序，并生成可执行文件。利用 Visual FoxPro 开发应用程序时，首先要对系统进行充分的规划与设计，才能把 Visual FoxPro 强大的功能充分发挥出来。Visual FoxPro 只有与数据库及运行环境的各组件很好地配合，才能开发出好的应用系统。

3. 应用系统开发的步骤流程

对于初学者来说，充分理解和掌握应用系统开发的步骤流程是非常必要的。常见的系统开发流程，见表 1-1。

表 1-1　系统开发流程

序　号	项 目 名 称	完 成 目 的
1	设计系统功能	明确系统功能
2	建立应用项目	建立项目文件，即应用系统控制中心
3	定义数据库结构及表间关系	建立数据库、表、索引
4	建立各类组件，如表单、报表、查询、视图、程序等	建立应用系统的人机交互界面
5	系统设计	使功能更接近用户需求
6	将功能模块挂接到菜单中	链接功能模块
7	调试应用程序	调试应用程序
8	编译发布应用程序	生成安装文件

4. 系统开发基本步骤

在开发应用系统时，可以使用项目管理器将应用程序的各个模块及组件组织起来，通过集成化的方法建立应用系统项目。利用 Visual FoxPro 开发应用系统一般包括以下步骤：

1）建立项目和数据库。

2）建立用户界面，如启动屏幕、主表单和菜单等。

3）事务处理，如数据查询、图表统计和计算等，可以检索或输出数据。

4）输出形式与界面，如数据浏览、排序和报表输出等。

5）设置应用程序的系统环境和起始点。

以上各步骤可以反映出一个应用系统设计的基本步骤，通过各步骤之间的链接，不断强化各模块的功能，不断完善系统的功能。

任务 2 创建项目文件

任务情境

在使用 Visual FoxPro 6.0 完成一个软件项目的开发工作或应用程序的开发时，需要创建相应的表、数据库、查询、表单、应用程序、报表和菜单等。这些新创建的组件彼此独立，保存在不同的文件中，难于管理与维护。为了解决这个问题，Visual FoxPro 提供了一个项目管理器（Project Manager)，它是管理、控制这些文件的主要组织工具，是 Visual FoxPro 的控制中心。它可以将应用程序所包含的所有文件集合成一个有机整体，形成一个扩展名为.PJX 的项目文件，还可以完成应用程序的编译，使应用系统最后生成可脱离 Visual FoxPro 系统运行的可执行文件，最终进行系统的发布。

任务分析

Visual FoxPro 中的项目管理器并不保存各种文件的具体内容，而只记录各种文件的文件名、文件类型、路径，以及编辑、修改或执行这些文件。通过项目管理器，用户可以方便地完成各种文件的建立、修改、运行、浏览等操作，可以把不在其管理范围之内的文件添加到其中，还可以完成应用程序的编译，使应用系统最后生成可脱离 Visual FoxPro 系统运行的可执行文件。

任务实施

1. 创建项目文件

项目是文件、数据、文档及各种对象的集合。Visual FoxPro 提供两种创建项目文件的方法：菜单方式和命令方式。用户应先在非 C 盘建立一个文件夹，如“D:\XSGL”，用于保存创建的项目文件和其他类型的文件。

为了规范所设计的应用系统，对应用系统中所包含的数据文件、图标文件等其他非程序文件，必须分门别类地进行管理，如在“D:\XSGL”文件夹中建立用于存放数据文件的

“data”文件夹，建立用于存放图标文件的“Ico”文件夹。

（1）菜单方式

操作步骤：

第 1 步：执行“文件”→“新建”命令或单击工具栏上的“新建”按钮，打开“新建”对话框，如图 1-3 所示。

第 2 步：在“新建”对话框的“文件类型”选项组中选择“项目”单选项，单击“新建文件”按钮，打开“创建”对话框，如图 1-4 所示。

第 3 步：在“创建”对话框中出现默认工作目录中的内容，在“项目文件”文本框中输入项目文件的文件名“XSGL”，创建“XSGL”项目文件。

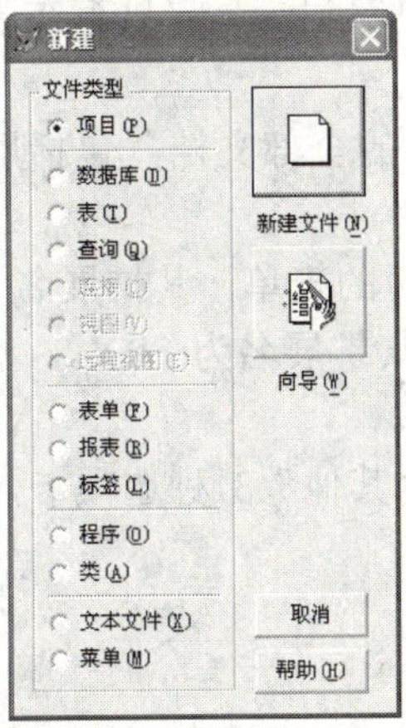

图 1-3 “新建”对话框

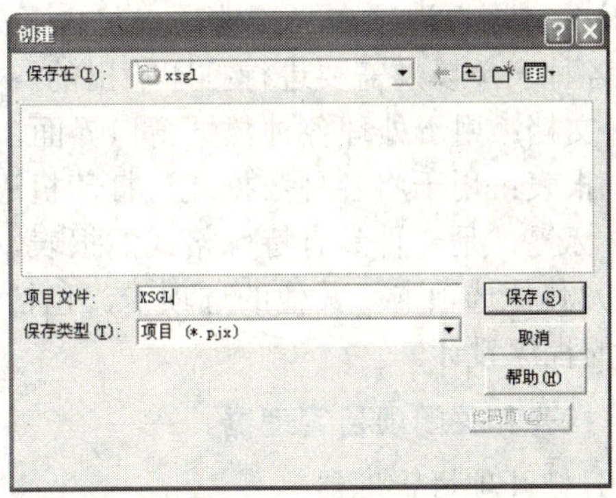

图 1-4 创建“XSGL”项目文件

第 4 步：单击图 1-4 中的“保存”按钮，系统自动打开一个新项目文件 XSGL，并进入“项目管理器”对话框，如图 1-5 所示。

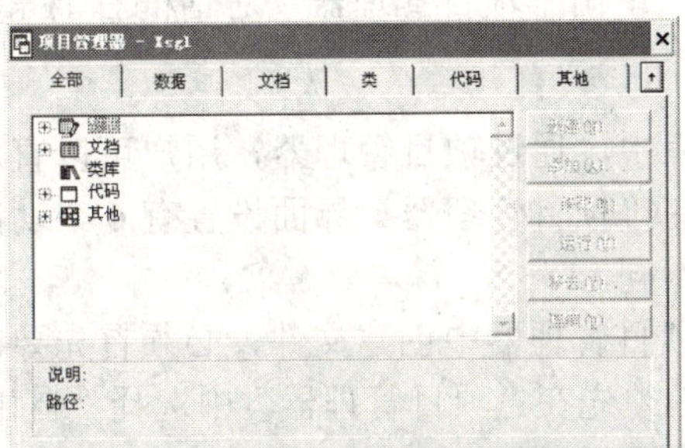

图 1-5 “项目管理器”对话框

（2）命令方式

格式：CREATE PROJECT XSGL.PJX

2. 项目管理器的选项卡

通过图 1-5 可知，“项目管理器”对话框中的选项卡包括“全部”、“数据”、“文档”“类”、“代码”、“其他”这 6 种选项卡，当前显示的是“全部”选项卡的内容。一个项目实际上是数据、文档、类库、代码与其他一些对象的集合。

项目管理器采用了目录树结构进行管理，其内容可详（目录树展开时）可略（目录树折叠时），能使用户一览无遗、一目了然。若用户只需了解某一部分（如数据或文档）的具体内容，可通过相应的选项卡单独显示该部分的内容。

（1）“数据”选项卡　该选项卡包括一个项目中所有的数据项：数据库、自由表、查询和视图。

1）数据库：是表的集合，通常通过公共字段彼此关联，数据库文件的扩展名为.DBC。

2）自由表：它不是数据库的组成部分，其扩展名为.DBF。

3）查询：是检索存储在表中的特定信息的一种结构化方法，利用“查询设计器”可以设置查询的格式，将按照输入的规则从表中抽取记录，其扩展名为.QPR。

4）视图：是特殊的查询，不仅可以查询记录，而且可以更新记录。它只存在于数据库中，不是独立的文件。

（2）“文档”选项卡　该选项卡包含了处理数据时所需要的全部文档，包括用于数据处理的各种表单以及需要进行打印输出的各种报表和标签等。

1）文档：用于处理各种数据窗口界面，也就是今后要学习的表单，其扩展名为.SCX。

2）报表：用于将各种数据通过打印机进行输出的程序，其扩展名为.FRX。

3）标签：是一种具有特殊格式的报表，其扩展名为.LBX。

（3）其他选项卡　其他的选项卡，包括“类”、“代码”、“其他”3 种选项卡，主要用于最终的程序设计。

3. 打开和关闭项目管理器

（1）打开项目管理器

第 1 步：执行“文件”→“打开”命令，在弹出的“打开”对话框中选择需要打开的项目文件。

第 2 步：单击“确定”按钮。

（2）关闭项目管理器　单击“项目管理器”对话框右上角的“关闭”按钮即可。

4. 使用项目管理器

在项目开发和维护过程中，通过项目管理器，用户可以直观地在项目中创建、修改、移去和运行指定的文件。在“项目管理器”界面设置有 6 个功能按钮，根据选定的对象不同，右侧出现的按钮组也不同。

（1）新建文件　要在项目管理器中创建文件，必须首先要确定文件的类型。例如，若要创建一个自由表文件，必须先在“项目管理器”中选择“自由表”选项，如图 1-6 所示。

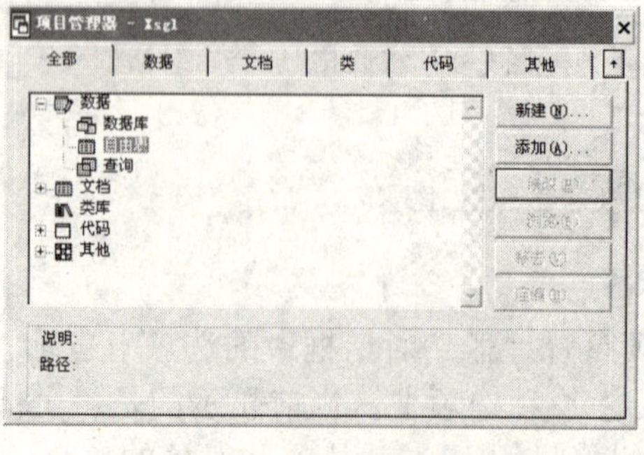

图 1-6　选择“自由表”选项

（2）添加文件　利用项目管理器可以将一个已经存在的文件添加到项目文件中，具体操作步骤如下。

第 1 步：选择要添加的文件类型。

第 2 步：单击“添加”按钮或执行“项目”→“添加文件”命令，系统弹出“添加”对话框，在“添加”对话框中选择要添加的文件。

第 3 步：单击“确定”按钮，系统将选择的文件添加到项目文件中。

注意：新建或添加一个文件到项目中并不意味着该文件已成为项目的一部分。实际上，每个文件都以独立的文件形式存在，某个项目包含某个文件只是表示该文件与项目建立了一种关联。采用这种方式的优点表现在：一方面大部分文件可以包含在多个项目中，项目只需要知道所包含的文件在什么地方，而不需要关注所包含文件的其他信息；另一方面如果一个文件同时被多个项目所包含，在修改该文件时，修改的结果将同时在相应的项目中得到体现，避免出现在多个项目中同时修改同一个文件的现象。

（3）修改文件　利用项目管理器可以随时修改项目文件中指定的文件，其操作步骤为

第 1 步：选择要修改的文件。

第 2 步：单击“修改”按钮或执行“项目”→“修改文件”命令。

第 3 步：修改相应的文件。

（4）移去文件　在项目中，如果某一个文件不需要时，可以从项目中移去，其操作步骤为

第 1 步：选择要移去的文件。

第 2 步：单击“移去”按钮或执行“项目”→“移去文件”命令，打开移去文件提示框，如图 1-7 所示。

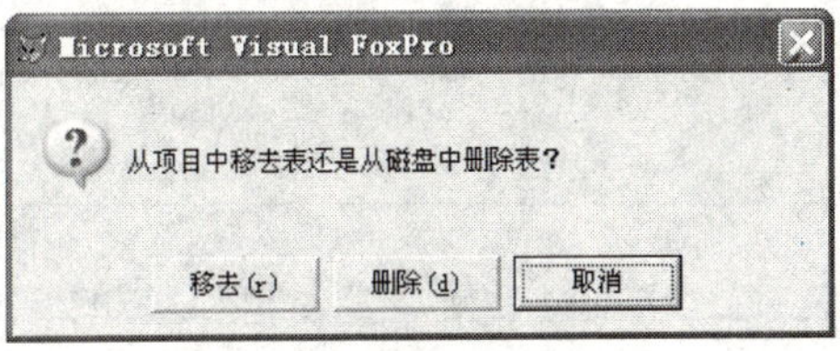

图 1-7　移去文件提示框

第 3 步：若单击“移去”按钮，系统将选择的文件从项目中移去，被移去的文件仍保存在原文件夹中；若单击“删除”按钮，系统不仅从项目中移去所选择的文件，还将从磁盘中删除该文件，文件将不存在。

（5）其他按钮　在项目管理器中，除了前面介绍的“新建”、“添加”、“修改”、“移去”按钮外，随着选择的文件不同，在项目管理器窗口的右侧显示的按钮将随之变化。其他按钮的功能如下。

1）“浏览”按钮：打开一个表，浏览其内容。此按钮与执行“项目”→“浏览文件”命令的功能相同。

2）“关闭”/“打开”按钮：打开或关闭一个数据库等。此按钮与执行“项目”→“打开文件”和“关闭文件”命令的功能相同。如果选定的数据库已关闭，则“关闭”按钮变为“打开”按钮；如果选定的数据库已打开，则“打开”按钮变为“关闭”按钮。

3）“预览”按钮：在打印预览方式下，显示选定的报表或标签。此按钮与执行“项

目”→“预览文件”命令的功能相同。

4)“运行”按钮：执行选定的查询、表单或程序。当选定项目管理器中的查询、表单或程序时才可以使用。此按钮与执行“项目”→“运行文件”命令的功能相同。

5)“连编”按钮：用于访问连编的选项，可以连编一个项目或应用程序，此按钮与执行“项目”→“连编”命令的功能相同。在专业版中，还可以连编成一个可执行文件。

知识拓展

为了便于管理，在开发应用系统时应与系统自身的文件分开进行保存，需要事先建立自己的工作目录，即默认工作目录。其操作步骤为

第 1 步：在 D 盘建立一个目录，例如，“D:\XSGL”。

第 2 步：执行“工具”→“选项”命令，弹出“选项”对话框，选择“文件位置”选项卡，如图 1-8 所示。

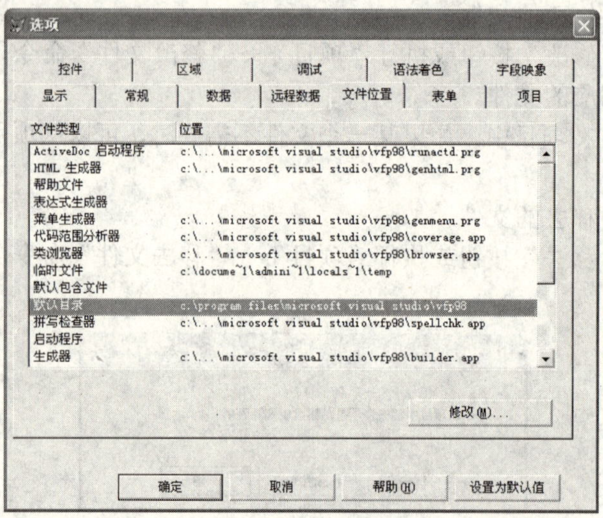

图 1-8 “选项”对话框

第 3 步：单击“修改”按钮，弹出“更改文件位置”对话框，如图 1-9 所示，单击按钮...，然后选择“D:\XSGL”的文件夹，再单击“确定”按钮。

第 4 步：此时返回到图 1-8 界面上，默认目录已经改为“D:\XSGL”，单击“设为默认值”按钮，再单击“确定”按钮。

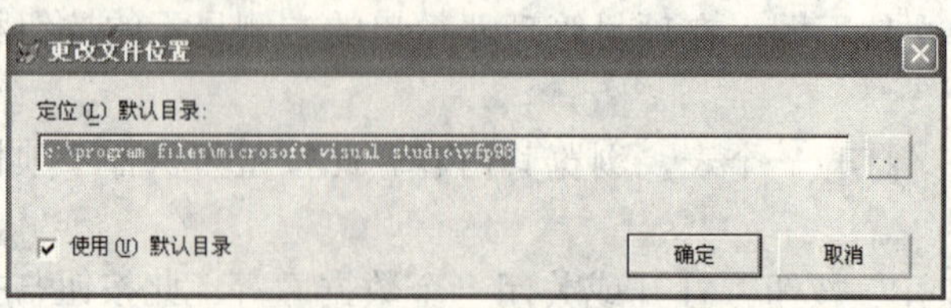

图 1-9 “更改文件位置”对话框

同样可以使用命令对应用系统的默认工作目录进行设置。

格式： SET DEFAULT TO D:\XSGL

此时，应用系统的工作目录已经设置为“D:\XSGL”，今后建立的所有文件将自动保存在默认的工作目录中。

触类旁通

1. 项目管理器目录树

在项目管理器中采用目录树形式，在目录树中采用“+”、“–”号来表示各级目录的当前状态，处于折叠状态的目录在其图标的左边有“+”号，单击这个“+”号可将它展开，显示出该目录所包含的子目录，同时将当前状态的图标从“+”号改为“–”号。单击目录图标左边的“–”号将使其处于折叠状态。

2. 项目管理器的折叠与分离

（1）项目管理器的折叠　在项目管理器的右上角有一个带向上箭头的“↑”折叠按钮，单击这一按钮可隐去全部选项卡，只剩下项目管理器和选项卡的标题，如图 1-10 所示。与此同时，折叠按钮上的向上箭头也改为向下，变为恢复按钮“↓”，单击“↓”将使项目管理器恢复原样。

图 1-10　折叠后的项目管理器

（2）项目管理器的分离　当项目管理器处于折叠状态时，用鼠标拖动任何一个选项卡的标题，都可使该选项卡与项目管理器分离，如图 1-11 所示。分离后的选项卡如同一个独立的窗口在 Visual FoxPro 主窗口中移动。单击分离选项卡的关闭按钮，即可使该卡恢复原位。

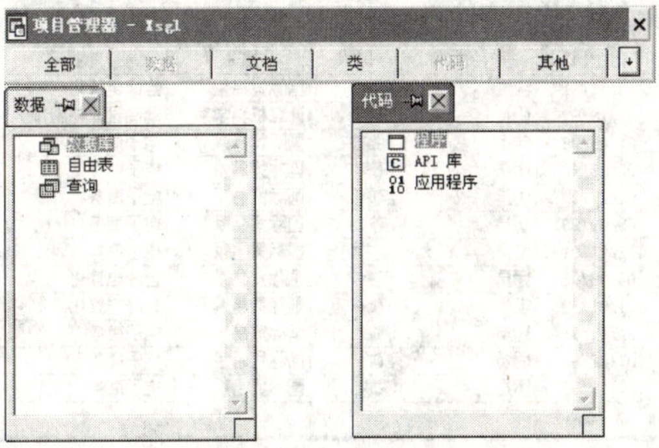

图 1-11　从项目管理器分离的选项卡

任务 3　创建“学生信息管理系统”相关表及数据库

任务情境

在学生信息管理系统中，学生的基本信息保存在各种数据表中。在系统中，大致包括以下数据表：①学生基本信息表，包括的内容有学号、院系、专业、班级、姓名、性别、出生日期、政治面貌、民族、身高、体重、联系电话、家庭住址、籍贯、照片、简历等信息，为了更好地组织和管理学生信息，还应该包括是否转专业、是否休学、是否退学等信息；②学生转专业表，该表包括学号、原所在系、原专业、原班级、转系时间、所在新系、新专业、新班级等信息；③院系及专业表，该表包括院系名称，专业名称等信息；④班级及辅导员表，该表包括班级名称，辅导员姓名等信息。在应用系统中包含的数据表的多少，依据系统的功能不同而不同。

在 Visual FoxPro 应用系统中，把包含数据库中的表称为数据库表，并把不包含在数据库而独立存在的表称为自由表。自由表可以添加到数据库中而成为数据库表，数据库表也可以从数据库中转成为自由表。如果要保存相关的数据，就必须首先建立数据表的结构，才能进行数据的存储。

任务分析

数据库（DataBase）就是按一定的组织结构存储在计算机内可共享使用的相关数据的集合。它以文件的形式组织管理一个或多个数据文件，并被多个用户所共享，它是数据库管理系统的重要组成部分。

在 Visual FoxPro 中，数据库包含有数据库表、视图等数据实体，又提供了数据字典、各种数据保护和数据管理功能，可将数据库看做收集表的“容器”。视图是在数据库表的基础上生成的一个虚拟表，它的定义保存在数据库中，视图依赖于数据库而存在。

本节所要研究的“学生基本信息表”是存放学生基本信息的“仓库”，学生的每一条信息，在数据表中以一条记录的形式存在。我们要建立的表结构形式，如图 1-12 所示。

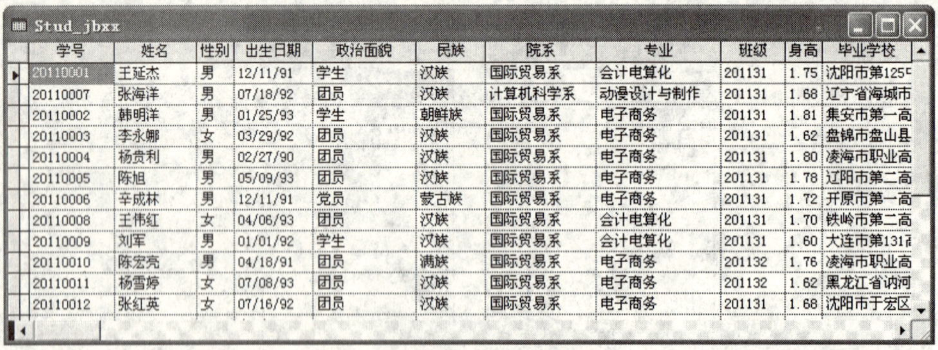

Stud_jbxx

学号	姓名	性别	出生日期	政治面貌	民族	院系	专业	班级	身高	毕业学校
20110001	王延杰	男	12/11/91	学生	汉族	国际贸易系	会计电算化	201131	1.75	沈阳市第125
20110007	张海洋	男	07/18/92	团员	汉族	计算机科学系	动漫设计与制作	201131	1.68	辽宁省海城市
20110002	韩明洋	男	01/25/93	学生	朝鲜族	国际贸易系	电子商务	201131	1.81	集安市第一高
20110003	李永娜	女	03/29/92	团员	汉族	国际贸易系	电子商务	201131	1.62	盘锦市盘山县
20110004	杨贵利	男	02/27/90	团员	汉族	国际贸易系	电子商务	201131	1.80	凌海市职业高
20110005	陈旭	男	05/09/93	团员	汉族	国际贸易系	电子商务	201131	1.78	辽阳市第二高
20110006	辛成林	男	12/11/91	党员	蒙古族	国际贸易系	电子商务	201131	1.72	开原市第一高
20110008	王伟红	女	04/06/93	团员	汉族	国际贸易系	会计电算化	201131	1.70	铁岭市第二高
20110009	刘军	男	01/01/92	学生	汉族	国际贸易系	会计电算化	201131	1.60	大连市第131
20110010	陈宏亮	男	04/18/91	团员	满族	国际贸易系	电子商务	201132	1.76	凌海市职业高
20110011	杨雪婷	女	07/08/93	团员	汉族	国际贸易系	电子商务	201132	1.62	黑龙江省讷河
20110012	张红英	女	07/16/92	团员	汉族	国际贸易系	电子商务	201131	1.68	沈阳市于宏区

图 1-12　学生基本信息表

1. 表文件名

在 Visual FoxPro 中规定，表文件名可使用不超过 255 个字符（字母、汉字、数字或下画线）的名称，第一个字符必须是字母、汉字或下画线。注意一个汉字占用两个字符位置。表文件的扩展名为.DBF。

在实际使用时，表名应该简明且容易记忆，可以使用汉语拼音声母组合或简短汉字作为表文件名。例如：要建立一个自由表，可以命名为“学生基本信息”或“stud_jbxx.dbf”。

2. 表结构

Visual FoxPro 中表的一部分用来存储二维表的表头信息（表结构描述），另一部分存储记录数据。二维表的各列称为字段，表的结构描述通过对表中各个字段的属性定义来实现。字段的属性描述内容包括字段名称、字段类型和字段宽度，对于数值型字段还包括小数位数。

（1）字段名称　字段又称为字段变量，它的命名规则与内存变量的命名规则类似，以字母（汉字）或下画线开头，由字母、数字和下画线组成，但最多 10 个字符。

在为一个表的字段命名时，应注意字段名要简洁，而且含义明确。注意，同一个表中的字段名不能相同。

（2）字段类型　Visual FoxPro 共定义 13 种字段数据类型，常用的字段类型有 11 种，见表 1-2。不同数据类型的字段中可以存储不同特征的数据，在实际应用中确定数据类型，要与应用系统的需求相一致。

表 1-2　Visual FoxPro 字段类型

类　型	代　号	最大宽度	说　明
字符型	C	254	存放从键盘输入的可显示或打印的字符或汉字 1 个字符占 1 字节，最多可存储 254 个字符
货币型	Y	8	存储货币数据，与数值型不同的是数值保留 4 位小数 范围：–922337203685477.5808～922337203685477.5807
数值型	N	20	存放由正负号、数字和小数点且能参加数值运算的数据 范围：–0.9999999999E+19～0.9999999999E+20
浮点数值型	F	20	与“数值型”相同，为与其他软件兼容目的而设计
整数型	I	4	用于存储介于–2147483647～2147483647 的整数
双精度型	B	8	存放精度要求较高的数值 范围：±4.94065645841247E–324～±8.9884656743115E307
日期型	D	8	可以存储日期（年、月、日） 范围：0001/01/10～9999/12/31
日期时间型	T	8	存放由年、月、日、时、分、秒组成的日期和时间 范围：0001/01/10 00:00:00AM～9999/12/31 11:59:59PM
逻辑型	L	1	存放 1 字节的逻辑数据：.T.（真）或.F.（假）
备注型	M	4	用于存放不定长的字符型数据，数据保存在与表的主名相同的备注文件（扩展名为.FPT）中，数据量只受存储空间限制。表中存储 4 字节的地址指针（指出数据在.FPT 文件中的位置）
通用型	G	4	用来存放图形、电子表格、声音等多媒体数据，数据保存在与表的主名相同的备注文件（扩展名为.FPT）中，数据量只受存储空间限制。表中存储 4 字节的地址指针（指出数据在.FPT 文件中的位置）

（3）字段宽度　字段宽度表明准许字段存储的最大字节数。只有字符型、数值型和浮动数值型等三种类型的字段宽度可以改变，字符型字段宽度在 1～254 字节，数值型和浮动数值型字段的宽度为 1～20 字节。其他类型字段有唯一确定的宽度，不能改变。

在建立表结构时，应根据要存储数据的实际需要设定合适的宽度。

注意：定义字符型字段宽度时应考虑所存放字符串的最大长度，例如，描述人的姓名字段，考虑到中国人的姓名绝大多数为三个汉字，再顾及到少数人是四个汉字，可以取姓名字段的宽度为 8（一个汉字占两个字符位置）。

在定义数值型和浮动数值型字段宽度时，应考虑到正、负号和小数点，例如，数值型字段宽度为 7，小数位数为 2 位，则能存放的最大数值为 9999.99，最小数值为-999.99。一般来说，带小数的数值型字段宽度计算如下：

字段宽度=1（正负号）+整数位数+1（小数点）+小数位数

3．学生信息管理系统相关数据表结构

在管理系统中，必须首先要明确数据表的结构。只有确定相关数据表结构，才能保证管理系统数据的正常存储。学生基本信息表的结构，见表 1-3。在表中，“学号”的具体构成含义为“年级+流水序号”，如“2010015”即“2010”表示为“2010 年入学”，“0015”表示为该学生在本学年入学的流水序号。

表 1-3　学生基本信息表结构

字段名	类型	宽度	小数位	字段名	类型	宽度	小数位
学号	字符型	8		班级	字符型	10	
姓名	字符型	10		身高	数值型	4	2
性别	字符型	2		毕业学校	字符型	50	
出生日期	日期型	8		联系电话	字符型	15	
政治面貌	字符型	10		家庭住址	字符型	50	
民族	字符型	10		照片	通用型	4	
院系	字符型	20		简历	备注型	4	
专业	字符型	20		是否退学	逻辑型	1	

在学生信息管理系统中，会出现学生从一个专业转到另一个专业的情况，虽然这种情况比较特殊，但还应考虑到，学生转专业表结构，见表 1-4。

表 1-4　学生转专业表结构

字段名	类型	宽度	字段名	类型	宽度
学号	字符型	8	转入时间	日期型	8
姓名	字符型	10	新系名称	字符型	20
原系名称	字符型	20	新专业	字符型	20
原专业	字符型	20	新班级	字符型	10
原班级	字符型	10	原因	字符型	100

在系统中还涉及其他辅助的数据表，院系及专业表结构，见表 1-5；班级及辅导员表结构，见表 1-6 所示。

学生转专业表其文件名为 stud_zzy.dbf，院系及专业表其文件名为 yxzy.dbf，班级及辅导员表其文件名为 bjfdy.dbf。这 3 个数据表的结构虽然简单，所包含的字段比较少，但它们在整个管理系统中是必不可少的。

表 1-5　院系及专业表结构

字段名	类型	宽度
院系	字符型	20
专业	字符型	20

表 1-6　班级及辅导员表结构

字段名	类型	宽度
专业	字符型	20
班级	字符型	12
辅导员姓名	字符型	10

任务实施

1. 建立自由表

若建立“学生基本信息表”，则可以使用菜单方式、命令方式以及项目管理器进行操作来建立数据表。无论采用哪种方式，只要符合实际情况的需要即可。

（1）使用菜单方式建立数据表　操作步骤为

第 1 步：执行“文件”→“新建”命令，打开“新建”对话框。

第 2 步：在“新建”对话框中，选择“表”单选按钮，再单击“新建文件”按钮，在弹出的“创建”对话框中，输入要建立的表的名字 stud_jbxx，如图 1-13 所示。

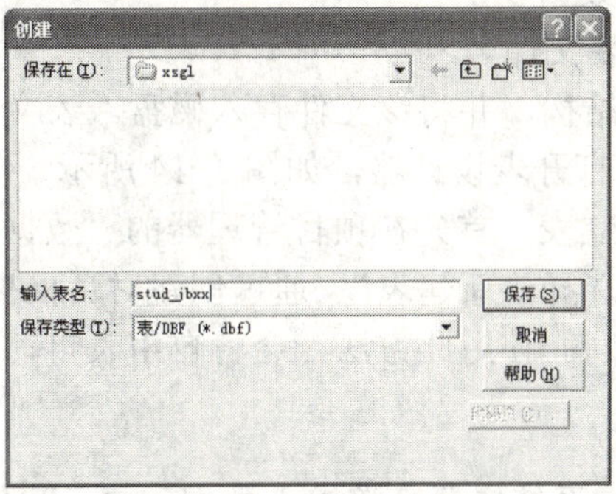

图 1-13 “新建”对话框

第 3 步：单击“保存”按钮，出现“表设计器”对话框，如图 1-14 所示。

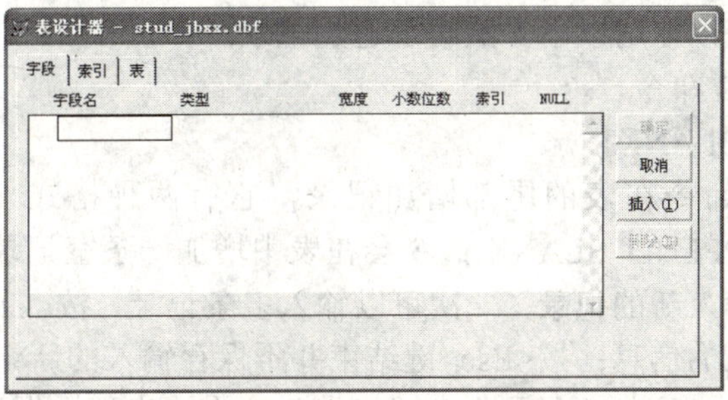

图 1-14 “表设计器”对话框

第 4 步：在“表设计器”对话框中，逐一地定义表中所有字段的名称、类型、宽度和是否建立索引，如图 1-15 所示。

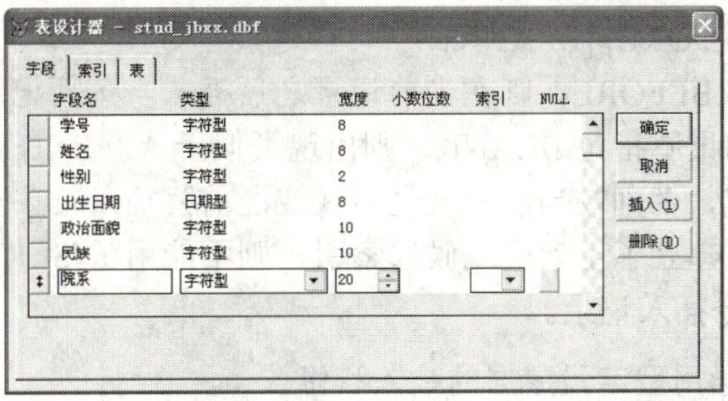

图 1-15 在“表设计器”对话框中定义各字段属性

第 5 步：在所有字段的属性定义完成后，单击“确定”按钮，出现如图 1-16 所示的对话框，单击“是”按钮，可以立即向表中输入数据；如果单击“否”按钮，则完成数据表结构的建立。

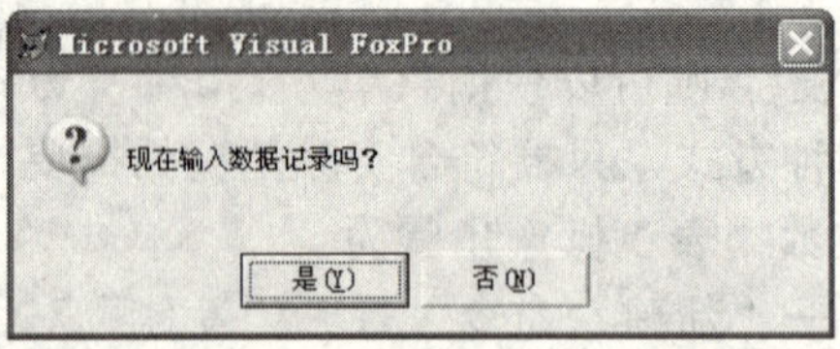

图 1-16　数据输入提示对话框

（2）使用命令方式建立数据表

命令格式：CREATE [<表文件名>]

功能：定义一个表文件结构，并将该文件存入磁盘。表文件名由命令给出，其扩展名默认为.DBF，执行该命令将打开表设计器，如图 1-14 所示。

（3）通过项目管理器建立表　首先在项目管理器的“数据”选项卡中选择“自由表”，然后单击“新建”按钮，并选择“新建表”，通过创建对话框提示用户输入自由表的名称，其他操作与使用菜单方法相同。使用此方法，会将自由表自动建立在项目中。

2. 表数据的录入

在创建表结构时，可以按系统提示直接输入数据，也可以在建立表结构之后追加记录。在追加记录时，必须先打开数据表。可以执行“文件”→“打开”命令，或工具栏上的“打开”命令，打开对话框，选定要打开的文件名，单击“确定”按钮，该表即打开。

数据表打开后，可以使用以下方法给表追加记录。

（1）使用 APPEND 命令

格式：APPEND [BLANK]

说明：APPEND 命令在表的尾部增加记录，它有两种格式 APPEND 和 APPEND BLANK。执行一次 APPEND BLANK 命令会在表中增加一条空记录，而执行 APPEND 命令则打开交互式窗口输入新的记录，一次可以输入多条记录，按<Ctrl+W>键或单击窗口的关闭按钮，保存所输入的信息；按<Esc>键结束并不保存输入的新记录。

（2）使用菜单方法　执行“显示”→“浏览”命令，出现数据浏览窗口，再执行“显示”→“追加方式”命令或执行“表”→“追加记录”命令（使用快捷键<Ctrl+Y>），即在浏览器窗口的尾部增加一条空白记录，在此空白记录处输入新的记录信息即可。

（3）使用记录插入命令

格式：INSERT [BEFORE] [BLANK]

说明：如果不指定 BEFORE，则在当前记录之后插入一条新记录，否则在当前记录之前插入一条新记录；如果不指定 BLANK，则出现类似于 APPEND 命令出现的界面，并以交互方式输入记录的值，否则在当前记录之后（或之前）插入一条空白记录。

注意：如果在表上建立了主索引或候选索引，则不能用 INSERT 命令插入记录，必须用 SQL 的 INSERT 命令插入记录。

3. 备注型字段和通用型字段数据的输入和修改

在数据浏览窗口，备注型数据显示为“Memo”或“memo”，其中“Memo”表示对应的记录的备注字段已输入了数据，而“memo”表示该字段中没有备注信息。如果要为某一个备注字段输入或修改其中的内容，可双击该记录的备注字段，进入如图 1-17 所示的备注字段编辑窗口，编辑完成后，单击窗口的关闭按钮，结束并保存输入的内容；按<Esc>键结束编辑并不保存输入的内容。

用户也可以使用命令直接对备注字段的内容进行输入。

格式：APPEND MEMO <备注字段名> FROM <文件名> [OVERWRITE]

与备注型字段类似，通用型数据显示为“Gen”或“gen”，“Gen”表示对应的通用字段有内容，而“gen”表示该字段没有内容。输入通用字段的方法是：双击通用字段进入如图 1-18 所示的通用字段编辑窗口，通用字段的内容可通过剪贴板粘贴或执行“编辑”→“插入对象”命令来插入图形或其他对象。

用户也可以使用命令直接对通用字段的内容进行输入：

格式：APPEND GENERAL <通用字段名> FROM <文件名>

图 1-17　备注字段编辑窗口

图 1-18　通用字段编辑窗口

4. 表结构的修改

在 Visual FoxPro 中，表的结构可以任意进行修改，例如可以增加、删除字段，也可以修改字段名、字段类型、字段宽度。通常使用“表设计器”来修改表的结构，首先打开表，然后使用下面两种方法之一打开相应的表设计器。

（1）使用菜单方法　执行“显示”→“表设计器”命令。

（2）使用命令方法

格式：MODIFY STRUCTURE

其操作界面与建立结构时“表设计器”界面完全一致，可以依据实际需要进行相应操作，常用操作包括以下几个方面：

1）修改已有的字段，可以直接修改字段的名称、类型和宽度。

2）增加新字段。如果要在原有的字段后面增加新字段，首先将光标移动到最后，然后输入新的字段名、定义类型和宽度。

如果在原有的字段中间插入新的字段，首先将光标定位于要插入新字段的位置，然后单击“插入”按钮，此时会插入一个新字段，然后输入新的字段名、定义类型和宽度。

3）删除字段。将光标置于要删除的字段上，然后单击“删除”按钮即可。

4）调整字段顺序。如果需要调整表中不同字段的顺序，则将鼠标指针移至某一个字段左侧的方框，按住鼠标左键，当出现 时，拖动 ，移动到相应位置，则完成字段顺序调整。

当对表结构进行修改之后，单击“确定”按钮，系统弹出提示信息框，单击“是”按钮，完成其修改。

5. 数据的选择显示

格式： LIST|DISPLAY[<范围>][[FIELDS]<字段名表达式>][FOR<条件表达式>]|[WHERE<条件表达式>][TO PRINTER][TO FILE<文件名>][OFF]

说明： LIST 与 DISPLAY 命令的功能相同，当不选择[FOR<条件表达式>]和[WHERE<条件表达式>]时，LIST 的<范围>默认表示为 All，而 DISPLAY 的<范围>默认表示为当前记录；选择[FOR<条件表达式>]和[WHERE<条件表达式>]时，DISPLAY 的<范围>默认表示为 All，同时会分屏显示，而 LIST 不会。选择[FIELDS]<字段名表达式>时，[FIELDS]可以默认。OFF 表示不显示记录号；TO PRINTER 表示显示结果同时在打印机上输出；TO FILE<文件名>表示显示结果同时写入文本文件。

例 1-1 显示表中当前记录及男生信息

```
USE stud_jbxx
DISPLAY                          &&显示第一条记录
LIST                             &&显示所有记录
DISPLAY ALL FOR 性别="男"         &&显示所有男生信息
```

知识拓展

1. 数据库的建立

在 Visual FoxPro 中，数据库文件的扩展名是.DBC，在建立数据库时，系统还会建立一个扩展名是.DCT 的数据库备注文件和一个扩展名是.DCX 的数据库索引文件，因此 Visual FoxPro 数据库包括这三个文件。建立数据库有以下两种方法：

（1）使用数据库设计器建立数据库　单击“文件”→“新建”命令，打开“新建”对话框，“文件类型”选定为“数据库”，单击“新建文件”按钮，打开“创建”对话框，在“数据库名”文本框中输入所创建的数据库名，如 xsgl，单击“保存”按钮，此时就建立了数据库，同时打开“数据库设计器”窗口，如图 1-19 所示，这样一个数据库就建立完成。

图 1-19 “数据库设计器”窗口

在打开的数据库中，利用“数据库设计器”提供的工具按钮，可以方便地建立数据库表或建立视图，也可以将自由表添加到数据库中，成为数据库表，还可以建立数据库表间的永久关联关系等数据库操作。工具按钮从左至右依次为

1）“新建表”：在数据库中新建表。

2）“添加表”：把已有的表添加到数据库中。

3）“移去表”：把数据库的表移出去，移出后将变成自由表。

4）“新建远程视图”：创建一个数据来源于网络中的远程数据源的表。

5）“新建本地视图”：创建一个数据来源于数据库表、自由表的表。

6）“修改表”：对数据库表进行修改，包括结构和记录的修改。

7）“浏览表”：浏览数据库表。

8）“编辑存储过程”：保存数据库的所有存储过程。

9）“连接”：与指定数据提供者连接，使数据库数据共享。

（2）使用命令方式建立数据库

格式：CREATE DATABASE [<数据库名>]

功能：建立一个数据库同时打开它。一个新的数据库建立之后，里面没有任何表和其他对象，是一个空的数据库，需要进一步对其操作，向里面添加相关的表和其他对象。

2. 建立数据库表

当数据库打开以后，新建的数据表都是数据库表，它们都建立在数据库中，可以采用以下方法之一建立数据库表。

1）单击数据库工具栏中的“添加表”按钮。

2）执行“数据库”→“新建表”命令。

3）使用鼠标右键单击数据库设计器，在出现的快捷菜单中选择“移去表”选项。

4）从项目管理器中展开数据库分支，然后选择要添加的数据库，再选择其下面的表，最后单击“新建”按钮。

在使用数据库“表设计器”建立数据库表时的操作与建立自由表时的操作基本相同，如图 1-20 所示。

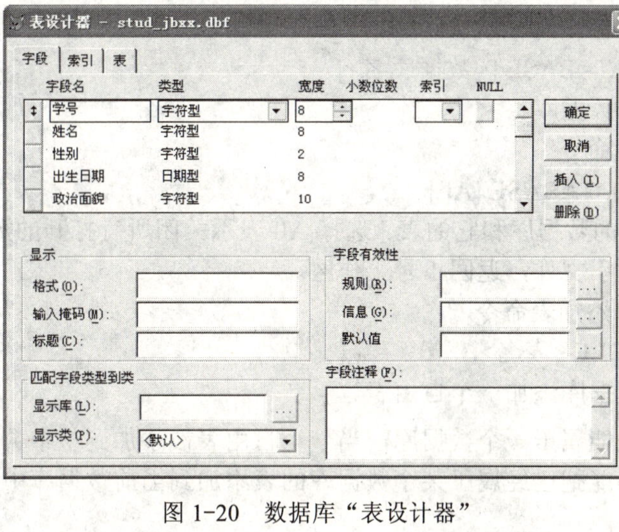

图 1-20 数据库“表设计器”

3. 数据库表的属性设置

数据库表的“表设计器”比自由表的“表设计器”多了许多新的属性，它们作为数据库的一部分保存起来，并为该表所独有。下面介绍数据库表属性设置。

（1）格式 “显示”选项组的“格式”文本框用于输入格式表达式，用于确定字段在浏览窗口、表单或报表中显示时采用的大小写、字体大小和样式等。例如，在“身高”字段的“格式”文本框中输入“Z”。

（2）输入掩码　“显示”选项组的“输入掩码”文本框用于输入掩码，借以指定字段的输入格式，限制输入数据的范围，控制输入的正确性。例如，在“身高”字段的“输入掩码”文本框中输入“9.99”。

与“格式”文本框不同，在“输入掩码”中必须按位指定格式。

（3）标题　“显示”选项组的“标题”文本框用于为浏览窗口、表单或报表中的字段标签输入表达式。如果不设置标题，在浏览时，该表的标题将以字段名显示。

（4）字段有效性　“字段有效性”选项组包含 3 个文本框，各文本框中可直接输入数据，也可以通过右侧的“表达式生成器”按钮来进行设置。

“规则”文本框用于输入对字段数据有效性进行检查的规则，可以防止输入非法值，提高数据输入的准确性。例如，学生身高必须大于 1m，在“规则”文本框中输入“身高>=1”；因为性别只有“男”或“女”两种情况，其他数据是无效的，因此，可在“规则”文本框中输入“性别='男' or 性别='女'”。

“信息”文本框用于显示指定的出错信息，当输入的信息违反“规则”时，将显示此信息。例如，在“身高”字段的“信息”文本框中输入“身高必须大于 1m”。

“默认值”文本框用于指定字段的默认值。当增加记录时，字段默认值会在新记录中显示出来。例如，在“身高”字段的“默认值”文本框中输入“1.7”。

（5）字段注释　为了提高数据表的使用效率及可读性，在“字段注释”文本框中输入信息，对字段加以注释，可以清楚地掌握字段的属性、意义及其特殊含义。

4．数据库操作命令

（1）打开数据库命令

格式：OPEN DATABASE [<数据库名>]

功能：打开一个数据库。

（2）关闭数据库命令

格式：CLOSE DATABASE [All]

功能：关闭当前的数据库和它的表。选择 All 表示关闭所有打开的数据库和它们的表、所有的自由表以及索引文件，返回 1 号工作区。

（3）向数据库中添加表命令

格式：ADD TABLE <表名>

功能：向当前数据库添加一个自由表。

注意：一个表只能属于一个数据库，当一个自由表被添加到一个数据库后就不再是一个自由表了，因此不能把已经属于某个数据库的表添加到当前数据库中，否则会出现错误信息。

例 1-2　向数据库文件 xsgl.dbc 添加自由表文件 stud_bak.dbf（它为 stud_jbxx.dbf 的复制表）。

```
OPEN DATABSE xsgl
ADD TABLE stud_bak
MODIFY DATABASE                    &&查看添加到数据库里的表
CLOSE DATABSAE xsgl
```

（4）从数据库中移去表命令

格式：REMOVE TABLE<表名>

功能：从当前数据库中移去一个表。当一个表从当前数据库中移出后，就成为自由表，并且可以添加到另一个数据库中。

例 1-3 从数据库 xsgl.dbc 中移出表文件 stud_bak.dbf。

```
OPEN DATABASE xsgl
REMOVE TABLE stud_bak        &&移出数据库表 stud_bak
MODIFY DATABSE               &&查看移出表后的数据库
CLOSE DATABASE stud_bak
```

（5）删除数据库命令

格式：DELETE DATABSE <数据库名>

功能：从磁盘中删除一个数据库文件。

例 1-4 从磁盘中删除数据库文件 xsgl.dbc。

```
ClOSE DATABASE All           &&关闭所有打开的数据库
DELETE DATABASE xsgl         &&删除数据库
```

触类旁通

在数据表中，记录通常是按输入的先后顺序存放，这种排列顺序叫物理顺序。如果要求记录按照另一种方式输出记录，例如按班级顺序输出 stud_jbxx 表中的记录，就要对表进行排序或索引。Visual FoxPro 提供了按物理顺序建立排序文件和按逻辑顺序建立索引文件的两种记录排列方法。

1．排序

排序就是按表中的字段重新排列记录顺序。排序后生成一个新表，新表的记录按新的物理顺序排列。

格式：SORT TO <新文件名> ON <字段名 1> [/A|/D] [/C][，<字段名 2> [/A|/D] [/C] ...] [ASCENDING | DESCENDING] [<范围>] [FOR <条件 1>] [WHILE <条件 2>] [FIELDS <字段名表> | FIELDS LIKE 通配字段名| FIELDS EXCEPT 通配字段名]

功能：将当前数据表按指定的一个或多个字段进行排序，并将排序的结果保存到一个新的数据表中。

说明：

1）ON 子句的字段名表示排序字段，记录将按字段值的增大（升序）或减少（降序）来排序。排序字段不能是备注型或通用型字段。多重字段排序时，先按主排序字段<字段名 1>排序，对于字段值相同的记录再按第二排序字段<字段名 2>排序，依次类推。

2）[ASCENDING | DESCENDING]选项：当对多重字段进行排序时，可用 ASCENDING（升序）或 DESCENDING（降序）对所有排序的字段统一按升序或降序排序。

3）默认<范围>、FOR <条件 1>和 WHILE <条件 2>等子句表示对所有记录排序。

4）FIELDS 子句指定新表中包含的字段，默认包含原表所有字段。

5）[/A|/D][/C]为指定的字段选择排序的方式，/A 为升序，/D 为降序，系统默认为升序，

/C 表示排序时不区分字母大小写。

例 1-5 对 stud_jbxx.dbf 表分别按以下要求排序：

1）将学生按出生日期顺序排列，结果仅包含学号、姓名、性别、政治面貌、民族这 5 个字段，并存入到表文件 stud_1.dbf 中。

2）将学生按身高降序排序，当身高相同时按性别的升序排序，结果仅包含学号、姓名、性别、政治面貌、民族、身高这 6 个字段，并存入表文件 stud_2.dbf 中。

```
USE stud_jbxx
SORT TO stud_1 ON 工作日期 FIELDS 学号，姓名，性别，政治面貌，民族
USE stud_1
LIST                    &&显示排列结果
USE stud_jbxx
SORT TO stud_2 ON 身高/D，性别/A FIELDS 学号，姓名，性别，政治面貌，民族，身高
USE stud_2
LIST                    &&显示排列结果
```

2. 索引

当利用排序的方法时，虽然数据表可以按不同字段大小排序，但每种排序都要生成一张新的数据表，造成严重的数据冗余。并且原数据表中内容的增删和修改，都需要重新排序各表，万一遗漏则容易造成数据的不一致。Visual FoxPro 提供了另一种排序方法，即建立索引，可以很好地解决上述问题。

（1）索引的概念　索引是按索引表达式使数据表中的记录有序地进行逻辑排列的技术。索引不改变当前数据表记录的物理顺序，而是建立一个与数据表相对应的索引文件。在索引文件中，只保留按索引关键字表达式值的逻辑顺序的索引条目。

使用索引后，要显示表记录时，系统能按照索引文件中的索引条目取出表中的物理记录，达到按索引关键字的逻辑顺序来列出记录的效果。

虽然排序和索引都以增加文件为代价，但索引文件只包含关键字值和记录号，比被索引的表要小得多，索引起作用后，增删或修改表的记录时索引文件会自动更新，因此，索引的应用比排序更广。

（2）索引的类型

1）按文件扩展名来分类。索引按文件扩展名可分为两类：单索引文件（*.IDX）和复合索引文件（*.CDX）。

单索引文件只包含一个关键字表达式索引，这类索引是为了与旧版本 FoxBASE+开发的应用程序兼容而保留的，现在已很少使用。

复合索引文件又分为结构复合索引和非结构复合索引两种。结构复合索引的文件名与数据表文件同名，扩展名为.CDX，在打开数据表时会自动打开，在增删和修改记录时会自动维护，使用最为简单；非结构复合索引文件名与数据表文件名不同，扩展名也为.CDX，打开非结构复合索引的文件需要使用 SET INDEX 命令或 USE 命令中的 INDEX 子句。

2）按索引功能来分类。按索引功能可分为四类：主索引、候选索引、普通索引和唯一索引，见表 1-7。

表 1-7 索引功能分类表

<table>
<tr><th>索引类型</th><th>建立命令</th><th>关键字值重复</th><th>索引个数</th><th>说明</th></tr>
<tr><td>主索引</td><td>CREATE TABLE
ALTER TABLE</td><td rowspan="2">不允许</td><td>仅可一个</td><td>用于数据库表，可用于在永久关系中建立参照完整性</td></tr>
<tr><td>候选索引</td><td>INDEX
CREATE TABLE
ALTER TABLE</td><td rowspan="3">可以多个</td><td>可用作主关键字，用于在永久关系中建立参照完整性</td></tr>
<tr><td>普通索引</td><td rowspan="2">INDEX</td><td>允许</td><td>可作为一对多永久关系中的“多方”</td></tr>
<tr><td>唯一索引</td><td>允许，但输出无重复值</td><td>主要用于兼容旧版本，对于关键字值相同的记录，索引中只列出其中的第一个记录</td></tr>
</table>

以下分别对四种索引进行说明：

① 主索引是能够唯一地确定数据表中一条记录的关键字表达式，即关键字表达式的值在数据表的全部记录中是唯一的，不能出现重复。有重复值的索引关键字表达式不能作为数据表的主索引，每一个表只能有一个主索引。如每个学生的学号都不相同，因此，学号字段可以作为主索引。

当新建或修改主索引值时，Visual FoxPro 系统会根据索引关键字表达式的值，自动判断是否违反数据唯一性原则，并给出出错信息。

注意：只有数据库表才能建立主索引，自由表不能创建主索引。

② 候选索引与主索引的要求和作用完全一样，因为每一个表仅能有一个主索引，却可以有多个候选索引。因此其他具备唯一性验证能力的字段，就只能指定为候选索引。如学籍表中以学号字段为主索引，则可以指定身份证号为候选索引。

③ 普通索引是数据表最基本的索引方式，表记录排序时，会把关键字表达式值相同的记录排列在一起，并按自然顺序的先后排列。一个表可以有多个普通索引。该索引使用主要用于兼容旧版本。

④ 唯一索引是指数据表记录在排序时，相同关键字值的第一条记录收入索引中。

（3）命令方式建立索引

格式：INDEX ON <索引关键字表达式> TO <单索引文件名> | TAG <索引标识名> [OF <复合索引文件名>] [FOR <条件>] [COMPACT] [ASCENDING | DESCENDING] [UNIQUE | CANDIDATE] [ADDITIVE]

功能：建立索引文件或建立索引标识。

说明：

1）索引关键字表达式可以是一个字段或字段表达式。

2）TO 子句用于建立单索引文件。TAG 子句用于建立复合索引标识或复合索引文件。

3）COMPACT 选项用来指定单索引文件为压缩的。

4）OF<复合索引文件名>选项用于指定非结构复合索引文件的名字，该选项为默认则表示建立结构复合索引。

5）ASCENDING|DESCENDING 分别用于指定升序或降序，该选项为默认则系统默认为升序。

6）UNIQUE|CANDIDATE 用于表示索引类型，UNIQUE 表示建立唯一索引，

CANDIDATE 表示建立候选索引，该选项为默认则系统默认为普通索引。

7）ADDITIVE 表示建立索引文件时不关闭先前打开的索引文件。

例 1-6 为数据表文件 stud_jbxx 按身高从低到高建立单索引文件 st1.idx，按身高从高到低建立单索引文件 st2.idx。

```
USE stud_jbxx
INDEX ON 身高 TO st1      &&单索引文件总是按索引关键字升序排列
LIST                      &&记录已按身高升序排列
INDEX ON –身高 TO st2
  &&给身高取负号后使索引关键字表达式按升序排列，以求身高按降序排列
LIST                      &&显示记录已按身高降序排列
```

例 1-7 按下列要求为 stud_jbxx 表文件建立结构复合索引文件。

1）记录以姓名降序排列，索引标识 xm，索引类型为普通索引。

2）记录以出生日期升序排列，索引标识 csrq，索引类型为唯一索引。

3）记录以性别降序排列，性别相同的按出生日期降序排列，索引标识 zccsrq，索引类型为候选索引。

```
USE stud_jbxx
INDEX ON 姓名 TAG xm Descending
LIST
INDEX ON 出生日期 TAG csrq UNIQUE
LIST
INDEX ON 性别+DTOC(出生日期) TAG zccsrq Descending CANDIDATE
LIST
```

3. 索引的使用

要使用已建立的索引文件，必须打开数据表和索引文件。一个表可以打开多个索引文件，同一个复合索引文件中也可能包含多个索引标识。但任何时候只有一个索引文件或索引标识起作用。当前起作用的索引文件称为主控索引文件，当前起作用的索引标识称为主控索引。

（1）打开和关闭单索引文件

1）同时打开数据表和单索引文件。

格式： USE <表文件名>INDEX<单索引文件名表>

功能： 在打开数据表的同时打开一个或多个索引文件。如果索引文件有多个，则文件之间用逗号分隔，并确定第一个索引文件为主控索引文件。

2）先打开数据表，然后才打开单索引文件。

格式： SET INDEX TO <单索引文件名表> [ADDITIVE]

功能： 打开当前表的一个或多个单索引文件并确定第一个单索引文件为主控索引文件。

说明： 若 ADDITIVE 选项为默认，则在打开单索引文件的同时关闭其他前面打开的单索引文件。

3）单索引文件的关闭：数据表关闭时单索引文件也随之关闭，也可以使用命令方法。

格式： CLOSE INDEXS 或 SET INDEX TO

例 1-8 使用索引示例。

```
USE stud_jbxx INDEX st1,st2      && 打开 st1.idx 和 st2.idx，前者为主控索引
LIST
CLOSE INDEXS
```

请对比下面的命令，两者的结果是一样的：

```
USE stud_jbxx
SET INDEX TO st1,st2
LIST
SET INDEX TO
```

（2）复合索引文件的打开和主控索引的确定　复合索引文件建立时，当前新建立的索引会自动成为主控索引。数据表文件重新打开时尽管结构复合索引文件会自动打开，还须确定主控索引。

1）同时打开数据表和指定主控索引。

格式：USE <表文件名> ORDER <数值表达式>|TAG <索引标识名>[OF <复合索引文件名>] [ASCENDING|DESCENDING]

功能：在打开数据表的同时指定主控索引。结构复合索引不用指定索引文件名。

说明：ORDER <数值表达式>|TAG <索引标识名>：指定主控索引；<数值表达式>表示索引的序号，指定第几号索引标识为主控索引。

2）先打开数据表再指定主控索引。

格式：SET ORDER TO <数值表达式>|TAG <索引标识名> [OF <复合索引文件名>] [ASCENDING|DESCENDING][ADDITIVE]

功能：为当前表指定主控索引。结构复合索引不用指定索引文件名。

说明：<数值表达式>表示索引的序号；SET ORDER TO 0 或 SET ORDER TO 命令表示取消主控索引，数据表中的记录按物理顺序排列输出。

例 1-9　改变 Stud_jbxx.dbf 表文件的主控索引。

```
USE Stud_jbxx ORDER TAG xm      &&指定索引标识 XM 为主控索引
LIST                            &&记录按姓名降序排列
SET ORDER TO                    &&取消主控索引
SET ORDER TO 2                  &&指定索引标识 CSRQ 为主控索引
LIST                            &&记录按出生日期升序排列
SET ORDER TO TAG zccsrq         &&指定索引标识 ZCCSRQ 为主控索引
LIST                            &&记录按职称降序、出生日期按降序排列
```

（3）重新索引　对单索引文件和非结构索引文件，如果对数据表进行插入、删除或修改操作时没有打开它们，那么这些索引文件就无法随数据表的内容及时更新，此时为了保持数据表和索引数据的完整性，就必须要重新索引。重新索引必须打开数据表和索引文件，然后执行重新索引命令。

格式：REINDEX

功能：重建打开的索引文件。对结构复合索引文件，因为总是随数据表一起打开，所以系统会自动更新索引文件，不需要进行重新索引。

（4）删除索引

1）删除索引文件：可使用删除文件的命令删除单索引和非结构复合索引文件，但必须遵守先关闭后删除的原则。

2）删除索引标识

格式：DELETE TAG All |<索引标识 1>[，索引标识 2] [OF <复合索引文件名>]

功能：删除打开的复合索引文件的索引标识。All 子句用于删除所有的索引标识。如果所有的索引标识都被删除，则索引文件也将被删除。

任务 4　编辑学生基本信息

任务情境

数据表一旦建立完成之后，就需要向表中添加新的数据信息了。为了保证信息的不断完善，就需要对数据表中的数据进行各种编辑操作，包括数据的浏览、数据的修改、数据的删除、数据的替换操作等，信息需要不断完善，才能使系统发挥更大的效果。

任务分析

在对数据表中的信息进行编辑操作时，首先要使用 USE 命令打开需要操作的表才能进行相关操作。当打开 stud_jbxx.dbf 后，通过浏览命令，显示表中的内容，用鼠标或光标键将光标位置移至任意记录，所移动到的记录位置上的该记录就是当前记录，如图 1-21 所示，同时在 Visual FoxPro 窗口的最下方的状态栏处显示当前所打开的表的状态及当前记录指针（有关记录指针等内容将在本节的知识拓展部分讲解）的位置，如图 1-22 所示。

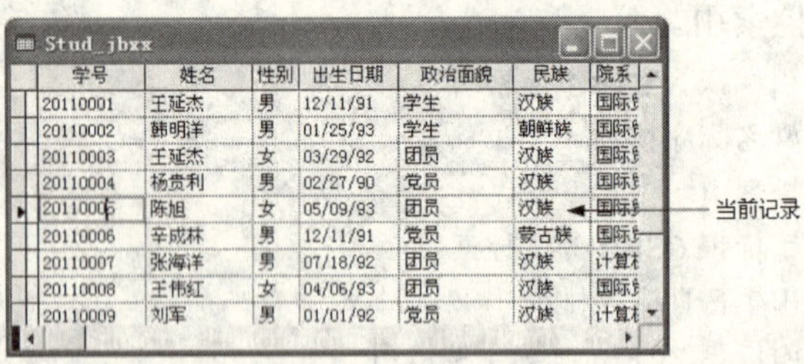

图 1-21　当前记录

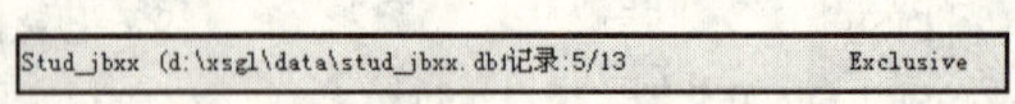

图 1-22　Visual FoxPro 状态栏

任务实施

1．记录浏览与修改

在交互式方式下，数据浏览与修改的最简单的方法就是使用 BROWSE 浏览器。打开浏览器的方法有以下几种：

1）首先打开要操作的表，再执行“显示”→“浏览”命令。

2）在项目管理器中选择要操作的表，然后单击“浏览”按钮。

3）在命令方式下，首先用 USE 命令打开要操作的表，然后使用 BROWSE 命令。

格式：BROWSE[<范围>][FIELDS<字段名表>][FOR<条件表达式>][<NOAPPEND>][<NOMODIFY>]

说明：当使用<NOAPPEND>子句时，不能添加新记录；使用<NOMODIFY>子句时，则只能浏览数据，不能进行修改。

1）数据浏览。打开浏览器窗口后，在浏览方式下，通过键盘或鼠标对窗口中的数据进行浏览。

2）数据修改。如果需要修改数据，则只要将光标定位在要修改的数据上，直接进行修改即可。

2. 记录的删除与恢复

（1）逻辑删除

格式：DELETE [范围] [FOR<条件表达式>]

功能：逻辑删除指定记录，被逻辑删除的记录前有删除标记，并没有从数据库中清除，可用 RECALL 命令恢复。被逻辑删除的记录在浏览显示时，其左侧出现一个"黑色块"，即为删除标记，如图 1-23 所示。

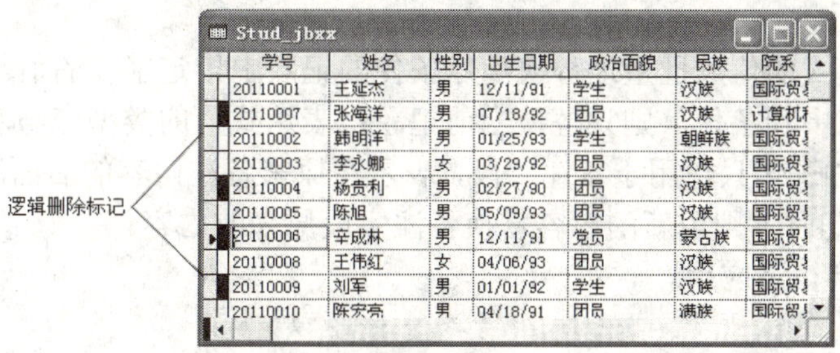

学号	姓名	性别	出生日期	政治面貌	民族	院系
20110001	王延杰	男	12/11/91	学生	汉族	国际贸
20110007	张海洋	男	07/18/92	团员	汉族	计算机
20110002	韩明洋	男	01/25/93	学生	朝鲜族	国际贸
20110003	李永娜	女	03/29/92	团员	汉族	国际贸
20110004	杨贵利	男	02/27/90	团员	汉族	国际贸
20110005	陈旭	男	05/09/93	团员	汉族	国际贸
20110006	辛成林	男	12/11/91	党员	蒙古族	国际贸
20110008	王伟红	女	04/06/93	团员	汉族	国际贸
20110009	刘军	男	01/01/92	学生	汉族	国际贸
20110010	陈宏亮	男	04/18/91	团员	满族	国际贸

图 1-23　逻辑删除标记

例 1-10　逻辑删除应用。

```
USE Stud_jbxx
DELETE All          &&逻辑删除所有记录
BROWSE              &&此时删除开关为系统默认的关闭状态，所以可以显示出记录，但每条
                    记录前都有一个删除标记
SET DELETE ON       &&打开删除开关
BROWSE              &&此时逻辑删除记录不参加操作，所以浏览窗口中无任何记录
USE
SET DELETE OFF      &&关闭删除开关，恢复默认状态
```

（2）物理删除

格式：PACK

功能：彻底删除被逻辑删除的记录，没有逻辑删除的记录不受影响。

例如：

```
USE stud_jbxx
DELETE All FOR 性别="男"      &&逻辑删除所有男生信息
PACK                          &&男生信息被彻底删除，其余记录不受影响
USE
```

（3）清空表

格式：ZAP

功能：将表中所有记录彻底删除，但保留表的结构，表文件还存在，此命令要慎用。

（4）恢复记录

格式：RECALL [范围][FOR <条件表达式>]

功能：恢复被逻辑删除的记录。

例 1-11 恢复逻辑删除应用。

```
USE Stud_jbxx
RECALLl ALL
USE
```

3. 表数据的替换

BROWSE 命令适用于交互式地对表数据进行编辑、修改，而要成批量地修改表中的数据，特别在程序中修改表中的数据，就需要使用非交互式的 REPLACE 命令。

格式：REPLACE[<范围>]字段 1 WITH <表达式 1>，字段 2 WITH <表达式 2>
[ADDITIVE]…[FOR|WHERE<条件表达式>]

功能：用表达式的值成批量地替换满足条件的记录中指定字段的值。

说明：若无范围和条件，则只替换当前记录；表达式值的类型应与对应的字段的类型一致；[ADDITIVE]子句只适用于备注字段，表示在原来备注内容的后面添加新的内容。不选[ADDITIVE]子句时，则用新的内容替换备注字段原来的内容。

例 1-12 替换记录应用。

```
USE Stud_jbxx
REPLACE All 是否转系 WITH .F.      &&所有学生是否转系字段的值设置为.F.
GO 5
REPLACE 政治面貌 WITH "团员"      &&将第 5 条记录的"政治面貌"设置为"团员"
BROWSE
```

知识拓展

对于打开表文件来说，Visual FoxPro 系统对表中的记录是逐条进行处理的，在某一时刻只能处理记录指针指向的记录（称为当前记录），表刚打开时指针是指向表中最上面的记录的。记录指针是可以移动的，移动记录指针可以使用命令方法，也可以使用菜单方法。在进行应用系统设计时常采用命令方法。

使用命令方法移动指针需要了解表文件的逻辑结构。表的逻辑结构图如图 1-24 所示。最上面的记录是首记录，记为 TOP；最下面的记录是尾记录，记为 BOTTOM；在第一个记录之前有一个文件起始标记，称为文件首（Beginning Of FILE，BOF）；在最后一个记录的后面有一个文件结束标识，称为文件尾（End Of FILE，EOF）。移动指针就是要把指针定位在某个记录上。

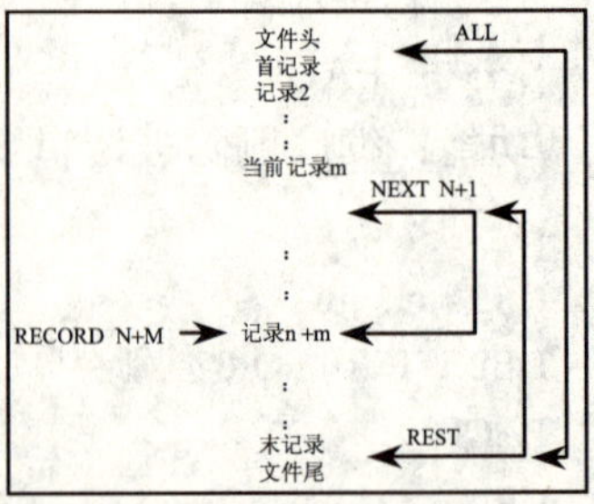

图 1-24 表的逻辑结构图

1. 绝对定位命令 GO

格式 1： GO [TO] TOP|BOTTOM

格式 2： [GO [TO]] <数值表达式>

功能： 将记录指针定位于指定位置。

说明： GO TOP 命令将指针定位于首记录；GO BOTTOM 命令将指针定位于尾记录；[GO[TO]] <数值表达式>命令中的<数值表达式>的值取正整数；指针定位于该整数的记录上。

例 1-13 指针绝对定位应用。

```
USE stud_jbxx          &&指针定位于首记录
DISPLAY
GO 5                   &&指针定位于第 5 条记录
DISPLAY
GO TOP                 &&指针定位于首记录，没有使用索引时首记录为第一条记录
DISPLAY
GO BOTTOM              &&指针定位于尾记录，没有使用索引时尾记录为最后一条记录
DISPLAY
```

2. 相对定位命令 SKIP

格式： SKIP [<数值表达式>]

功能： SKIP 命令是相对于定位命令，是相对于当前记录进行定位的命令。

说明： <数值表达式>的值取正或负的整数，表示指针从当前记录开始移动多少个记录。<数值表达式>的值大于零时指针向文件尾移动，小于零时指针向文件首移动；当<数值表达式>为默认时表示为 1。

例 1-14 指针相对定位应用。

```
USE stud_jbxx          &&指针定位于首记录
SKIP 5
DISPLAY                &&指针移动到第 6 条记录
SKIP -2                &&指针移动到第 4 条记录
DISPLAY
SKIP                   &&指针移动到第 5 条记录
DISPLAY
```

3. 与指针及表相关的测试函数

在数据处理过程中，有时用户需要使用与指针及表相关的测试函数来了解记录指针是否移到文件尾、数据表的当前记录、要使用的文件是否存在、检索是否成功等信息，尤其是在运行应用程序时，常常需要根据测试结果来决定下一步的处理方法或程序走向。

（1）文件尾测试函数 EOF()

格式： EOF([<数值表达式>]|<表别名>)

功能： 测试<数值表达式>指定工作区中表文件记录指针是否指向文件结束位置（表文件尾），表文件尾是指最后一条记录的后面位置。若指针指向结束位置，则函数值为逻辑真（.T.），否则函数值为逻辑假（.F.）。

说明：

1）若表文件中不包含任何记录，则函数返回值为逻辑真。

2）若不选用<数值表达式>时，则测试当前工作区中的数据表文件（工作区概念在后面介绍）。

3）若<数值表达式>指定的工作区中没有打开的数据表文件，则返回函数值逻辑假。

例如：

```
USE stud_jbxx
GO BOTTOM               &&指针移到最后一条记录
?EOF()                  &&屏幕上显示：.F.
SKIP                    &&指针移到文件尾
?EOF()                  &&屏幕上显示：.T.
```

（2）文件起始测试函数 BOF()

格式：BOF([<数值表达式>]|<表别名>)

功能：测试<数值表达式>指定工作区中表文件记录指针是否指向文件起始位置，表文件的起始位置在首记录的前面，也称为文件首。若指针指向起始位置，则函数值为逻辑真（.T.），否则函数值为逻辑假（.F.）。

说明：

1）若表文件中不包含任何记录，则函数返回值为逻辑真。

2）若不选用<数值表达式>时，则测试当前工作区中的数据表文件。

3）若<数值表达式>指定的工作区中没有打开的数据表文件，则返回函数值逻辑假。

例如：

```
USE stud_jbxx
GO TOP                  &&指针移到首记录
?EOF(),BOF()            &&屏幕上显示：.F.    .F.
SKIP -1                 &&指针移到文件首
?EOF(),BOF()            &&屏幕上显示：.F.    .T.
```

（3）记录号测试函数 RECNO()

格式：RECNO([<数值表达式>]|<表别名>)

功能：测试<数值表达式>指定工作区中打开的数据表的当前记录号。

说明：

1）若不选用<数值表达式>时，则返回当前工作区中的数据表文件的当前记录号。

2）若<数值表达式>指定的工作区中没有打开的数据表文件，则返回函数值为 0。

3）如果指针指向文件尾，则返回的函数值为表文件中记录数加 1。如果记录指针指向首记录，则返回的函数值为表文件中第一条记录的记录号。

例如：

```
USE stud_jbxx           &&假设表中共有 10 条记录
?RECNO()                &&屏幕上显示：1
SKIP -1                 &&指针移到文件首
?RECNO()                &&屏幕上显示：1
GO BOTTOM
?RECNO()                &&屏幕上显示：10
SKIP                    &&指针移到文件尾
?RECNO()                &&屏幕上显示：11
```

（4）记录总数测试函数 RECCOUNT()

格式：RECCOUNT([<数值表达式>]|<表别名>)

功能：测试<数值表达式>指定工作区中数据表的记录个数。

说明：

1）若不选用<数值表达式>时，则返回当前工作区中的数据表文件的记录个数。

2）若<数值表达式>指定的工作区没有打开的数据表文件，则返回函数值为 0。

例如：

```
USE stud_jbxx                        &&假设表中共有 10 条记录
?RECNO(),BOF()                       &&屏幕上显示：1        .F.
SKIP -1
?RECNO(),BOF(),RECCOUNT()            &&屏幕上显示：1        .F.        10
```

（5）文件测试函数 FILE()

格式：FILE(文件名)

功能：测试<文件名>指定的磁盘文件是否存在。若存在，函数值为逻辑真（.T.），否则函数值为逻辑假（.F.）。

例如：

```
?FILE("Stud_jbxx.dbf")
```

（6）检索测试函数 FOUND()

格式：FOUND()

功能：测试执行 LOCATE、CONTINUE、SEEK 和 FIND 等定位命令的定位是否成功，定位成功则 FOUND()的函数值为.T.，否则为.F.。

（7）记录删除测试函数 DELETED()

格式：DELETED ([<表别名>]|<工作区号>)

功能：测试指定的表或在指定的工作区中打开的表，记录指针所指的当前记录是否有逻辑删除标记“*”。若有删除标记，则函数值为.T.，否则为.F.。若自变量为默认，则测试当前工作区中所打开的表。

（8）表文件名测试函数 DBF()

格式：DBF ([<表别名>]|<工作区号>)

功能：测试指定的表或在指定的工作区中打开的表在磁盘中的位置。若自变量默认，则测试当前工作区中所打开的表。

（9）字段数测试函数 FCOUNT()

格式：FCOUNT ([<表别名>]|<工作区号>)

功能：测试指定的表或在指定的工作区中打开的表的字段数。若自变量为默认，则测试当前工作区中所打开的表。

（10）数据类型测试函数 TYPE()

格式：TYPE (<表达式>)

功能：测试<表达式>的数据类型。

例如：

```
A1=10
?TYPE("A1")                          &&屏幕上显示：N
```

触类旁通

对已有的表进行复制可以得到一个完整副本或部分副本，副本作为备份是保证数据安全的措施之一，副本也可以作为另一个新表来使用。

1. 复制任何类型文件

格式： COPY FILE <文件名 1> TO <文件名 2>

功能： 从<文件名 1>复制到<文件名 2>。若对数据表进行复制，则该表必须处于关闭状态，

说明：

1）<文件名 1>和<文件名 2>支持通配符*和?。

2）用 COPY FILE 复制带有备注文件的表时，除要执行一条复制表文件命令之外，还要执行一条复制备注文件命令，否则，在 Visual FoxPro 环境下不能打开复制所得到的新表。

例 1-15 复制 rxzy.DBF 表文件的所有记录到 rxzy1.DBF 表文件。

```
Close All                              &&若 yxzy 处于打开状态，则关闭它
COPY FILE yxzy.DBF TO yxzy1.DBF        &&复制到 yxzy1 表，扩展名不能省略
```

例 1-16 复制带有备注文件的 Stud_jbxx.DBF 表文件到 Stud_jbxx 1.DBF 表文件。

```
COPY FILE Stud_jbxx.DBF TO Stud_jbxx1.DBF        &&复制到 Stud_jbxx 1.DBF 表文件
COPY FILE Stud_jbxx.FPT TO Stud_jbxx1.FPT        &&复制到 Stud_jbxx 1.FPT 备注文件
```

2. 表内容的复制

格式： COPY TO <文件名> [<范围>] [FOR <条件 1>] [WHILE <条件 2>] [FIELDS <字段名表> | FIELDS LIKE <通配字段名> | FIELDS EXCEPT <通配字段名>] [TYPE xls | SDF | DELIMITED [WITH <定界符> | WITH BLANK | WITH TAB]

功能： 将当前表中选定的部分记录和部分字段复制成一个新表或其他类型文件。

说明：

1）对于含有备注型、通用型字段的表，在复制扩展名为.DBF 的表文件的同时，自动复制扩展名为.FPT 文件。

2）<通配字段名>指字段名中可包含通配符*和？，FIELDS LIKE 子句表示<通配字段名>指出的字段，FIELDS EXCEPT 子句表示取<通配字段名>以外的字段。

3）TYPE 子句指出复制得到的文件类型，若默认则为数据表类型。若需要复制出其他类型文件则必须使用 TYPE 子句，规定如下：

TYPE XLS：新文件为 Excel 文件，扩展名为.XLS。

TYPE SDF：新文件为文本文件，扩展名为.TXT，数据间无分隔符，无定界符。

TYPE DELIMITED：新文件为文本文件，扩展名为.TXT，数据间分隔符为“，”号，定界符为双引号。

TYPE DELIMITED WITH <定界符>：新文件为文本文件，扩展名为.TXT，数据间分隔符为“，”号，定界符用<定界符>指定。

TYPE DELIMITED WITH BLANK：新文件为文本文件，扩展名为.TXT，数据间分隔符为空格，定界符为双引号。

TYPE DELIMITED WITH TAB：新文件为文本文件，扩展名为.TXT，数据间分隔符为制表符，定界符为双引号。

注意：显示当前目录中的文件，可以使用如下命令：

DIR [<通配符>] [TO PRINTER]

若省略<通配符>则只显示当前目录中的表文件。选项[TO PRINTER]将显示内容输出至打印机。

对于文本文件，如果在 Visual FoxPro 主窗口中显示文件内容，则可以使用如下命令：

TYPE <主文件名>.TXT [TO PRINTER]

例 1-17 按不同情况复制 Stud_jbxx.DBF 表文件到 Stud_jbxx2.DBF 和 Stud_jbxx 3.DBF 表文件。

```
USE Stud_jbxx            &&打开被复制的表
COPY TO Stud_jbxx2       &&原样复制到 Stud_jbxx2.DBF
COPY TO Stud_jbxx3 FIELDS 学号，姓名，性别 FOR ALLTRIM(专业)="计算机应用技术"
                         && 只复制专业为"计算机应用技术"的学生记录的学号，姓名和性别字段
USE Stud_jbxx2           && 打开 Stud_jbxx2
LIST                     && 显示内容
USE Stud_jbxx3           && 打开 Stud_jbxx3
LIST                     && 显示内容
```

3. 表结构的复制

格式：COPY STRUCTURE TO <文件名> [FIELDS<字段名表>]

功能：仅复制当前表的结构，不复制其中的数据。若使用 FIELDS 选项，则新表的结构只包含其指明的字段，同时也决定了这些字段在新表中的排列次序。

例 1-18 复制 Stud_jbxx.DBF 表文件的姓名，出生日期，班级，政治面貌四列结构到 Stud_jbxx4.DBF 表文件。

```
USE Stud_jbxx
COPY STRUCTURE TO Stud_jbxx4 FIELDS 姓名，出生日期，班级，政治面貌
USE Stud_jbxx4
LIST STRUCTURE
```

任务 5 查询与统计学生信息

任务情境

查询与统计是一切信息管理中非常重要的一项工作。在数据处理过程中，最频繁的操作就是查询，可以获得各种有用的信息，而统计通过各种命令操作，经过归纳汇总，获取所需要的信息，为决策提供第一手资料。因此，查询与统计是数据库应用管理过程中最重要的一项工作。

任务分析

数据库管理中的很多操作，如修改某条记录、删除某条记录，都是在查询到记录的基础上进行的。

在数据库管理中，查询是一项最基本，也是十分重要的工作。“选择”是对表的常见操作，在命令中可用 FOR 子句、WHILE 子句或 FIELDS 子句来选择记录和字段。但是，使用命令子句来实现数据选择仅在执行命令时生效一次。使用过滤器和字段表等逻辑表可以一直有效，直至撤销逻辑表为止。

在利用 SQL 语言的查询命令时可以完成数据库表或自由表的求和、平均值、最大值、最小值和分类汇总等统计功能，另外 Visual FoxPro 自身也提供了一些统计命令。本小节就专门介绍 Visual FoxPro 自身提供的统计命令。用户可以与 SQL 语言查询命令的统计功能对比学习。

任务实施

1. 数据查询

（1）顺序查询命令 LOCATE/CONTINUE　顺序查询包含 LOCATE 和 CONTINUE 两条命令。

格式： LOCATE [<范围>] FOR | WHILE <条件>

功能： 在当前表的指定范围中搜索满足条件的第一条记录，并将指针指向该记录。

说明：

此命令找到第一条满足条件的记录，记录指针就指向该记录；若找不到满足条件的记录，则记录指针指向文件结束处（即 EOF()返回.T.值）。

1）默认<范围>表示 ALL。

2)找到一条满足条件的记录后，要继续往下查找满足条件的其他记录就必须用 Continu 命令。

例 1-19　在 Stud_jbxx.DBF 中查找民族不是“汉族”的记录。

```
USE Stud_jbxx
LOCATE FOR 民族<>"汉族"
DISPLAY              &&显示查找到民族不是"汉族"的第一条记录
CONTINUE             &&继续查找下一条记录
DISPLAY              &&显示查找到的记录
```

（2）索引查询命令 SEEK　索引查询利用索引文件实现快速查询，是在 Visual FoxPro 中使用最多的查询方法之一。索引查询首先利用索引文件，根据索引关键字的值查找数据表对应的记录号，然后利用记录号找到数据表中的该记录。

顺序查询和索引查询两者之间的区别在于实现查询的算法：顺序查询是按记录物理顺序依次进行的，速度较慢，只适合记录数较少的表；索引查询使用二分法算法，因而速度快，被广泛使用。Visual FoxPro 提供了 SEEK 和 FIND 两条命令进行索引查询，由于 FIND 命令是用于兼容旧版本而保留的，因此这里只介绍 SEEK 命令。

格式： SEEK <表达式>

功能： 在当前表的主控索引中按索引关键字搜索满足表达式的第一条记录。

说明：

SEEK 命令按索引关键字搜索，若找到，记录指针指向该记录。FOUND()函数的值为.T.，表示查询成功。RECNO()函数返回当前记录号。若找不到满足条件的记录，则记录指针指向文件结束处（即 EOF()返回.T.值），FOUND()函数的值为.F.。RECNO()函数返回记录总数加 1 的值。

例 1-20 在 Stud_jbxx.DBF 中查询姓名为陈宏的职工记录；查询出生日期为 1969 年 7 月 5 日出生的职工记录。

```
USE Stud_jbxx
SET ORDER TO TAG xm
SEEK "陈宏"
? RECNO()
DISPLAY
SET ORDER TO TAG csrq
SEEK {^1992/7/5}
? FOUND()
DISPLAY
```

2. 数据统计

（1）记录数统计命令 COUNT

格式： COUNT [<范围>] [FOR <条件 1>] [WHILE <条件 2>] [TO <内存变量>]

功能： 计算指定范围内满足条件的记录个数。<范围>缺省时默认为所有记录。

例 1-21 统计 Stud_jbxx.DBF 中"团员"的人数。

```
USE Stud_jbxx
COUNT FOR 政治面貌="团员" TO jlrs
? jlrs
```

（2）求和命令 SUM

格式： SUM [<数值表达式表>] [<范围>] [FOR <条件 1>] [WHILE <条件 2>] [TO <内存变量表>|TO ARRAY<数组>]

功能： 对当前表的各个数值表达式分别求和。

说明：

1）<数值表达式表>中各表达式的求和结果存放在内存变量表或数组中。若<数值表达式表>为默认，则对当前表的所有数值字段求和。

2）<范围>缺省时默认为所有记录。

例 1-22 对表 Stud_jbxx.DBF 的身高字段以及记录数进行统计，结果分别存放到变量 s1 和 s2 中。

```
STORE 0 TO s1, s2
USE Stud_jbxx
SUM 身高 TO s1
COUNT TO s2
? "身高",s1, "记录总数",s2
```

（3）求平均值命令 Average

格式： AVERAGE [<数值表达式表>] [<范围>] [FOR <条件 1>] [WHILE <条件 2>] [TO <内存变量表>|TO ARRAY<数组>]

功能： 对当前表的各个数值表达式分别求平均值。

例 1-23　求 Stud_jbxx 表中男生和女生的平均身高。

```
USE Stud_jbxx
AVERAGE 身高 TO aver_1 FOR 性别="男"
AVERAGE 身高 TO aver_2 FOR 性别="女"
? "男学生平均身高",aver_1, "女学生平均身高",aver_2
```

（4）计算命令 Calculate

格式： CALCULATE <表达式表> [<范围>] [FOR <条件 1>] [WHILE <条件 2>] [TO <内存变量表>|TO ARRAY<数组>]

功能： 分别统计当前表中表达式表的值。常用统计函数，见表 1-8。表达式可以是表中的 8 个函数或其任意组合，其中常用的是前 5 个函数。

表 1-8　计算函数表

函　数　名	说　　明	函　数　名	说　　明
CNT( )	统计记录个数	MIN( )	求最小值
AVG( )	求平均	VAR( )	求均方差
SUM( )	求和	STD( )	求标准差
MAX( )	求最大值	NPV( )	求净现值

例 1-24　统计 Stud_jbxx.DBF 中身高的平均值和身高的总和，结果分别存放到 av 和 su 这两个变量中。

```
USE Stud_jbxx
CALCULATE Avg(身高),SUM(身高) TO av,su
? av,su
```

（5）分类汇总命令 TOTAL　分类汇总是将数据表中的记录按某个字段进行排序分类，再对其他需要汇总的字段进行汇总统计。如在工资管理中可能要按部门汇总工资，在库存管理中要按车间汇总零件金额等。这些问题要用到分组求和的 TOTAL 命令。

格式： TOTAL TO <文件名> ON <关键字> [FIELDS <字段名表>] [<范围>]
[FOR|WHILE <条件>]

功能： 对当前表进行分类汇总，汇总的结果存入一个新表。汇总时把<关键字>值相同的一组记录汇总成一个记录，其中指定的数值型字段值取该字段的汇总值，其他字段取该组记录中的第一条记录。在新表中，记录按<关键字>的取值进行排列。

说明： 被汇总的当前表必须事先按命令中的关键字进行排序或索引。<范围>默认指所有记录。FIELDS<字段名表>指出要汇总的字段，若默认则对所有的数值型字段汇总。

例 1-25　对 Stud_jbxx.DBF 表的身高按性别进行分类汇总，结果存入 zzhz.DBF 表中。

```
USE Stud_jbxx
INDEX ON 性别 TAG zzbh                  &&按性别进行索引
TOTAL ON 性别 TO zzhz                   &&分类汇总
USE zzhz
BROWSE
```

知识拓展

SQL 查询是数据库操作的核心。Visual FoxPro 提供了 SELECT-SQL 命令进行数据查询的操作，该命令使用灵活，功能强大，支持单个表和多个表的查询。Visual FoxPro 支持使用命令操作和界面操作两种方式来实现 SQL 查询。

1. SQL 查询命令格式

```
SELECT [ALL|DISTINCT][TOP <数值表达式>[PERCENT]]
[<别名 1>.]<选择项 1> [AS <列名 1>][, [<别名 2>.]< 选择项 2>
[AS <列名 2>]…]
FROM [FORCE] [<数据库 1>!] <表名 1> [[AS] <本地名 1>]
[[INNER | LEFT [OUTER] | RIGHT [OUTER] | FULL [OUTER] JOIN
<数据库 2>!] <表名 2> [[AS] <本地名 2>]
[ON <联接条件> …]
[[INTO <目标>] | [TO FILE <文件名> [ADDITIVE] | TO PRINTER [PROMPT]
| TO SCREEN]]
[PREFERENCE <名字>] [NOCONSOLE] [PLAIN] [NOWAIT]
[WHERE <联接条件 1> [AND <联接条件 2> …][AND|OR <筛选条件 1>
AND|OR <筛选条件 2>…]]]
[GROUP BY <分组项 1>[, <分组项 2> …]]
[HAVING <筛选条件>]
[UNION [ALL] <SELECT  命令>]
[ORDER BY <排序项 1> [ASC | DESC] [, <排序项 2> [ASC | DESC] …]]
```

说明：

1）从一个或多个数据表中检索一个记录集合（即表格），集合由指定的字段名组成，形成一个查询结果表。

2）ALL|DISTINCT：ALL（默认值）将在查询结果中显示所有行；若使用 DISTINCT，则在查询结果中不包括重复的行。每个 SELECT 命令只能使用一次 DISTINCT。

3）TOP<数值表达式> [PERCENT]：在符合查询条件的所有行中指定行数或总行数的百分比值。要使用 TOP 子句，则必须要用 ORDER BY 子句排序结果，并选定前 N 行（N 为数值表达式的值）或是总行数*百分比=取整数的行数，1≤N≤32767。

4）<别名>.<选择项> [AS<列名>]：指定查询输出栏目（可以是字段、常量和表达式），如果带 AS 参数，则输出查询结果表的各栏名字由“列名”代替，“列名”之间用逗号分隔；如输出栏中有相同的字段名出现，则应在字段名前加上前缀：“<别名>.”，以示区别。可以使用通配符“*”号来表示表中的全部字段。

<选择项>可以是字段名、常量和表达式。

选择项中每项在查询结果表中对应生成一列，输出项可以使用下列函数进行统计输出：

① AVG()：返回某列数字型数据的平均值。

② COUNT()：返回查询的记录个数。COUNT(*)表示返回查询输出中的记录个数。

③ MIN()：返回某列的最小值。

④ MAX()：返回某列的最大值。

⑤ SUM()：返回某列数字型数据的合计值。

以上函数为选择项时不能嵌套使用。

5）FROM [FORCE] [<数据库>!] <表名>：指定所有需要查询的表名，多个表名之间用逗号分隔。若指定的表没有打开，本命令将打开，并在查询结束后保持打开状态。如果包含 FORCE，则 Visual FoxPro 在建立查询时，严格按照在 FROM 子句中出现的表的顺序联接表。如果不包含 FORCE，则 Visual FoxPro 会试图对查询做优化。

6）[AS] <本地名>是指在 SELECT 命令期间起作用的临时表别名。如果指定了局部别名，则在命令中用局部别名代替表名，局部别名不影响 FoxPro 的环境。

7）[INNER | LEFT [OUTER] | RIGHT [OUTER] | FULL [OUTER] JOIN

<数据库 2>!] <表名 2> [[AS] <本地名 2>]：当在多表之间查询数据时，表之间的联接类型分为四种：INNER JOIN（内部联接）、LEFT OUTER JOIN（左联接）、RIGHT OUTER JION（右联接）和 FULL JOIN（完全联接）。

8）ON 子句：用于指定表间的联接条件。

9）INTO<目标>|TO 子句：指定查询结果输出的目标。系统默认为 BROWSE 窗口。用户也可以指定将查询结果输出到一个表、文本文件、屏幕或打印机。

下面列出了 INTO 和 TO 选项的含义：

① INTO ARRAY <数组名>：将查询结果存入一个数组中。当查询结果为 0 记录时，将不建立数组。

② INTO CURSOR <临时表名>：把查询结果存入一个临时表中。查询完毕，临时表处于打开、只读状态。工作区关闭时，临时表自动删除。

③ INTO DBF <数据库>|TABLE <表>：把查询结果存入指定的表文件中。如指定的表文件已打开，则新的查询结果将覆盖原来内容，查询结束后，相应的表仍保持打开状态。

④ TO FILE <文件名>：将查询结果存入一个文本文件中。可以利用 ADDITIVE 追加查询结果到已存在的文件中。

⑤ TO PRINTER：将查询结果直接打印输出。利用 PROMPT 可在打印前显示打印机选择对话框。

⑥ TO SCREEN：将查询结果输出到屏幕或当前用户定义的窗口。

10）PREFERENCE 子句：如果将查询的结果送到 BROWSE 窗口，则可以加上 PREFERENCE 短语，用来保存 BROWSE 窗口属性，该窗口状态属性保存在资源文件 FOXUSER.DBF 中，以便以后使用。

11）NOCONSOLE：不显示查询结果。只有用 TO 短语时本项才起作用，若用 INTO 短语则本项将被忽略。

12）PLAIN：不显示查询结果的标题。有 INTO 选项时，本选项被忽略。

13）NOWAIT：在程序中，当查询结果在 BROWSE 窗口出现后程序继续执行，不必等待 BROWSE 窗口关闭后再继续执行。有 INTO 选项时，本选项被忽略。

14）WHERE 子句：若已用 ON 子句指定了联接条件，则 WHERE 子句只能指定筛选条件，表示在已按联接条件产生的记录中筛选记录。

用户也可以用 WHERE 子句指定联接条件和筛选条件来查询满足条件的记录。

① <联接条件>：是按指定字段联接 FROM 短语中的各表。如果查询中有多个表，则必须为每一个表指定一个联接条件。多重联接条件必须用.AND.运算符连接起来。

② <筛选条件>：是指查询结果的记录必须满足的条件。一个查询可包含多个过滤条件，这些条件可使用.AND.、.OR.、.NOT.逻辑运算符连接起来，而且可以使用函数 EMPTY() 来检查字段的空值。

③ 通配符“%”（百分号）、“_”（下画线）：可在 WHERE 参数中使用，“%”代表多个字符，“_”代表一个字符。

15）GROUP BY 子句：用于数据分组，将查询结果按<分组项>进行分组，每组称为查询结果中的一个记录。分组项可以是一个字段、一个 SQL 字段函数、或一个表示查询位置的数字表达式（最左边一列的列号为 1）。

16）HAVING 子句：指定一个分组的筛选条件。WHERE 子句用于筛选源表，HAVING 子句用于分组的筛选条件。当没有 GROUP BY 子句时，HAVING 子句的作用相当于 WHERE 子句。

17）UNION 子句：将多个 SELECT-SQL 命令的查询结果进行集合的并（UNION）运算，即在 SELECT-SQL 命令中可以用 UNION 子句嵌入另一个 SELECT-SQL 命令。默认状态下查询结果将删除重复的记录；若不想删除重复记录，可以使用 ALL 关键字。

18）ORDER BY 子句：指定查询结果按<排序项>进行排序。默认为升序排列 ASC；降序排列是 DESC 关键字。<排序项>可以是字段名，也可以是字段在查询输出列表中的位置序号。

2. 查询举例

（1）基本 SQL 查询举例

例 1-26 查询 stud_jbxx.DBF 中的全部字段以及所有记录，并将结果输出在屏幕上。

命令： SELECT * FROM stud_jbxx TO SCREEN

例 1-27 在 stud_jbxx.DBF 中查询显示所有学生的学号、姓名、性别、年龄、政治面貌和身高字段内容。

命令： SELECT 学号，姓名，性别，YEAR(DATE())-YEAR(出生日期)AS 年龄，职称，政治面貌，身高 FROM stud_jbxx.DBF

例 1-28 查询表 stud_jbxx.DBF 中身高字段的最高值、最低值、平均值，合计值以及参与统计的人数。

命令： SELECT MAX(身高)AS 最高，MIN(身高)AS 最低，AVG(身高)AS 平均，SUM(身高) AS 合计，COUNT(*)AS 统计人数 FROM stud_jbxx

命令中使用了系统提供的 COUNT()、SUM()、AVG()、MIN()和 MAX()统计函数。

例 1-29 查询显示出表 yxzy.DBF 中的“院系名称”种类。

命令： SELECT DISTINCT 院系名称 FROM yxzy

（2）按条件查询举例

条件表达式可以使用运算符（=, <>, ! =, #, ==, >, >=, <, <=）、关系运算（BETWEEN…AND…, IN( ), LIKE）和逻辑运算符（NOT, AND, OR）。

例 1-30 查询表 stud_jbxx.DBF 中“陈”姓学生的记录，要求显示学号，姓名，性别，出生日期和政治面貌字段。

命令： SELECT 编号，姓名，性别，职称，出生日期，政治面貌 FROM stud_jbxx WHERE 姓名 LIKE “陈%”

说明： 命令中的 LIKE 关系运算将判断数据是否符合 LIKE 指定的字符串格式。WHERE 条件也可以用“WHERE 姓名=“陈”来表示。

例 1-31 查询表 stud_jbxx.DBF 中身高在 1.70～1.80m 之间的学生职工记录，要求显示学号，姓名，性别和身高字段。

命令：SELECT 编号，姓名，性别，身高 FROM stud_jbxx BETWEEN 1.70 AND 1.80

说明：命令中 BETWEEN… AND…判断数据是否在 BETWEEN 指定的范围，WHERE 条件也可以用“WHERE 身高>=1.70 AND 身高<=1.80”来表示。

WHERE 子句除了设定筛选条件外，还可以用来建立多个表之间的联接条件。

例 1-32 从表 stud_jbxx.DBF 和 bjfdy.DBF 中查询学生的学号，姓名，性别，专业，班级和辅导员姓名。

命令：SELECT 学号，姓名，性别，专业，班级，辅导员姓名 FROM stud_jbxx,bjfdy WHERE stud_jbxx.班级=bjfdy.班级 AND stud_jbxx.专业=bjfdy.专业

说明：命令中“stud_jbxx.班级=bjfdy.班级 and stud_jbxx.专业=bjfdy.专业”是指定 stud_jbxx.DBF 和 bjfdy.DBF 联接的条件。在多表查询中，当查询字段存在同名时，应在字段前加上“别名.”以示区别。两表的联接条件也可用以下方式表示：

命令：SELECT 学号，姓名，性别，专业，班级，辅导员姓名 FROM stud_jbxx INNER JOIN bjfdy ON stud_jbxx.班级=bjfdy.班级 AND stud_jbxx.专业=bjfdy.专业

（3）查询结果分组举例

分组操作主要用于对每一组中的记录进行记录个数统计 COUNT()、数值求和 SUM()、求平均值 AVG()、求最大值 MAX()和最小值 MIN()等。

例 1-33 统计表 stud_jbxx.DBF 中各类政治面貌的人数，并求出身高的最高、最低和平均值。

命令：SELECT 政治面貌，COUNT(*) AS 人数，MAX(身高) AS 最高，MIN(身高) AS 最低，AVG(身高) AS 平均 FROM stud_jbxx GROUP BY 政治面貌

例 1-34 按政治面貌分组统计表 stud_jbxx.DBF 中身高的最高值、最低值和平均值，只显示身高平均值大于 1.65 的统计结果。

命令：SELECT 政治面貌，COUNT(*) AS 人数，MAX(身高) AS 最高，MIN(身高) AS 最低，AVG(身高)AS 平均 FROM stud_jbxx GROUP BY 政治面貌 HAVING 平均>1.65

说明：命令中“GROUP BY 政治面貌”表示按政治面貌字段分组，“HAVING 平均>1.65”表示在分组统计结果中再筛选出满足条件“平均>1.65”的分组。

（4）查询结果排序举例

对查询结果按指定的排序项进行排序，ASC 表示按排序项升序排序记录，DESC 表示按排序项降序排序记录。系统默认为升序。

例 1-35 查询表 stud_jbxx.DBF 中姓名，性别，出生日期和政治面貌字段内容，结果按出生日期字段的降序排序输出。

命令：SELECT 姓名，性别，出生日期，政治面貌 FROM stud_jbxx ORDER BY 出生日期 DESC

说明：命令中的“ORDER BY 出生日期 DESC”可以换成“ORDER BY 3 DESC”，这里的 3 是输出栏的序号，第 3 栏表示的是出生日期字段。

如果有多个排序项，排序时先按第一个排序项排序，如果第一个排序项的值相同，再按第二个排序项排序，其余依次类推。

例 1-36 从表 stud_jbxx.DBF 中查询学生的姓名、性别、政治面貌、身高内容，先按性别字段升序，然后按政治面貌字段降序，最后按身高字段的降序排序输出。

命令：SELECT 姓名，性别，政治面貌，身高 FROM stud_jbxx ORDER BY 性别，政治面貌 DESC，身高 DESC

（5）嵌套查询举例

对于关联表的查询，可以嵌套使用多个 SELECT-SQL 命令完成查询。

例 1-37 查询在“国际贸易系”中所有辅导员的姓名、管理的班级及相应专业信息。

命令：SELECT 辅导员姓名，班级，专业 FROM bjfdy WHERE 专业 IN (SELECT 专业 FROM yxzy WHERE 院系=“国际贸易系”)

（6）查询结果输出举例

SELECT-SQL 命令除了将查询结果输出到屏幕和浏览窗口外，还可以将查询结果保存为一个表、文本文件和数组，或输出到打印机。

例 1-38 查询表 stud_jbxx.DBF 中所有学生的不同“民族”情况，结果按各民族人数按降序排列，分别保存到临时表 ab1 中。

命令：SELECT 民族，COUNT(*) AS 人数 FROM stud_jbxx GROUP BY 民族 ORDER BY 人数 DESC INTO CURSOR ab1

```
BROWSE                              &&浏览临时表 ab1
```

说明：生成的临时表由系统自动打开，数据是只读的，临时表一旦关闭，系统将自动删除。

例 1-39 将例 1-38 的查询结果保存在表 ab2.DBF 中。

命令：SELECT 民族，COUNT(*) AS 人数 FROM stud_jbxx GROUP BY 民族 ORDER BY 人数 DESC INTO TABLE ab2

```
USE ab2
BROWSE                              &&浏览数据表 ab2
```

例 1-40 将例 1-38 的查询结果保存在文本文件 ab3.TXT 中。

命令：SELECT 民族，COUNT(*) AS 人数 FROM stud_jbxx GROUP BY 民族 ORDER BY 人数 TO FILE ab3

```
TYPE ab3.TXT                        &&显示文本文件 ab3.TXT 的内容
```

3. 数据操纵

（1）插入记录

格式：INSERT INTO <表名> [(<字段名 1> [, <字段名 2>, ...])] VALUES (<表达式 1> [, <表达式 2>, ...])

或 INSERT INTO <表名> FROM ARRAY <数组> | FROM MEMVAR

功能：在表的末尾追加一条新的记录。

说明：

① <字段名 1> [, <字段名 2>, ...]为新增记录的值所对应的字段名。

② VALUES (<表达式 1> [, <表达式 2>,...]指定新增记录的值。

③ FROM ARRAY <数组>指定数组的值作为新增记录的值。

④ FROM MEMVAR 将与字段名同名的、以“m.”开头的变量的值作为新增记录的值。

例 1-41 向表 yxzy.DBF 插入一条记录。

命令：INSERT INTO yxzy(院系名称,专业名称) VALUE ("园艺系"，"生物技术")

（2）更新记录

格式：UPDATE [<数据库名!>] <表名> SET <字段名 1> = <表达式 1> [,<字段名 2> = <表达式 2> ...] [WHERE <条件>]

功能：更新满足条件的记录，该记录指定字段值由相对应的表达式值来代替。

说明：

① SET 子句是给各个字段赋新值。

② WHERE 子句是条件，如果没有 WHERE 条件，则更新所有记录。

③ 使用 UPDATE 命令时，如果要更新的表没有打开，则系统会自动打开该表，然后执行更新操作，但不改变原来的当前工作区。所以更新表后，还需使用 Select stud_jbxx_1，才能显示该表。

例 1-42 将表 stud_jbxx 复制成 stud_jbxx_1.DBF，然后对表 stud_jbxx_1.DBF 中的政治面貌为“团员”的学生的身高都增加 0.01。

```
USE stud_jbxx
COPY TO stud_jbxx_1
UPDATE stud_jbxx_1 SET 身高=身高+0.01 WHERE 政治面貌="团员"
SELECT stud_jbxx_1
BROWSE
USE
```

（3）删除记录

格式：DELETE FROM <表名> [WHERE <条件>]

功能：逻辑删除表中满足条件的记录，即对满足条件的记录做删除标志。

例 1-43 将表 stud_jbxx.DBF 中姓名是“陈宏”的记录删除。

```
DELETE FROM stud_jbxx WHERE 姓名="陈宏"      &&做删除标记
SELECT rsb1
BROWSE
Pack                                          &&彻底删除有删除标记的记录
BROWSE
USE
```

触类旁通

1. 过滤器

使用过滤器可以将不满足条件的记录“屏蔽”起来，即让这些记录在逻辑上暂时消失。当对满足条件记录的操作完成后，再去掉过滤器来恢复那些“屏蔽”的记录。

格式：SET FILTER TO [<条件表达式>]

功能：从当前表过滤出符合条件的记录，不符合条件的记录将被“屏蔽”，随后的操作仅限于满足过滤条件的记录。<条件表达式>默认时取消所设置的过滤器。

例 1-44 为 Stud_jbxx.DBF 表文件设置过滤器，使其后的操作只对政治面貌为团员的记录起作用。

```
USE Stud_jbxx
SET FILTER TO ALLTRIM(政治面貌)="团员"      &&设置过滤器
```

```
BROWSE                                  &&只显示政治面貌为团员的记录
SET FILTER TO                           &&取消所设置的过滤器
LIST                                    &&显示所有记录
```

2. 字段表

过滤器用于限定命令操作能涉及的记录，而字段表用于限定命令操作能起作用的字段。

格式 1：SET FIELDS TO [<字段名 1>[,<字段名 2>……] All LIKE <通配字段名> | All EXCEPT <通配字段名>]

功能：为当前表设置字段表。<通配字段名>指字段名中可包含通配符*和？号，All LIKE 子句表示<通配字段名>指出的字段，All Eecept 子句表示取<通配字段名>以外的字段。不带任何参数的 SET FIELDS TO 命令将屏蔽掉所有字段。

格式 2：SET FIELDS ON|OFF

功能：决定字段表有效或失效。

例 1-45 对 Stud_jbxx 数据表，设置字段表，使有效字段为姓名和出生日期。

```
USE Stud_jbxx
SET FIELDS TO 姓名，出生日期          && 设置字段表
BROWSE                                && 显示指定字段内容
SET FIELDS OFF                        && 取消字段表
LIST
```

3. 工作区

使用 USE 命令打开一个表，实质是在内存中开辟一个区域，去存放被打开表的数据，工作区就是表打开的区域。打开一个表时，若还想操作其他数据表，还得使用 USE 命令去打开另一个表。然而在打开新表的同时，前一个被打开的表也就自动关闭了，这种情况称为单工作区操作。单工作区操作方式常常难以满足数据处理的需要，为此，Visual FoxPro 提供了多工作区操作方式，有关说明如下：

1）Visual FoxPro 允许同时最多开辟 32767 个工作区，打开 32767 个表，每个区某一时刻只能打开一个表。

2）用户可使用 SELECT 命令选择任意一个工作区，对该区中的表进行操作。当前被选择的工作区称为当前工作区。任何时刻用户只能选择一个工作区成为当前工作。

3）对当前工作区中的表的操作，不影响其他工作区的表。

4）如果不在表之间建立关联，则各工作区中表的记录指针将保持相对独立。

5）32767 个工作区可用相应的数字标识，前 10 个工作区还可用字母 A～J 标识。就是说，1 号工作区即是 A 区，2 号工作区即是 B 区，以此类推。

6）同一个表可在不同的工作区中打开。

7）系统启动后若用户没有选择工作区，则系统自动选择 1 号工作区为当前工作区。就是说，我们此前所进行的表操作都是在 1 号工作区进行的。

8）可以先选择工作区，后打开表，也可以在打开表的同时选择工作区。

4. 工作区的操作

（1）打开表的同时选择工作区

格式：USE 表名 IN 工作区

说明：在指定的工作区打开表，此种方式被打开的表名就是表的别名。表别名可用于选择工作区。

（2）打开表的同时命名表别名

格式：USE 表名 ALIAS 别名

说明：表别名可用于选择工作区。

（3）选择工作区

格式：SELECT 别名|工作区号

说明：

1）工作区号范围为 1～32767，前 10 个工作区系统规定的别名是 A～J，可以使用打开表时命名的别名，如果没有命名别名，则表名就是别名。

2）SELECT 0 为选择最小可用工作区。假设已经打开了 1 号和 2 号工作区，则最小可用工作区为 3 号工作区，SELECT 0 相当于 SELECT 3。

例 1-46 在工作区选择操作。

```
SELECT A                        &&即选择 1 号工作区
USE Stud_jbxx ALIAS da          &&此后 da 和 A 都代表 1 号工作区
USE yxzy IN 2                   &&在 2 号工作区打开 yxzy 表，表名即是工作区的别名
SELECT da
BROWSE                          &&显示 Stud_jbxx 表的记录
SELECT yxzy                     &&即选择 2 号工作区
BROWSE
SELECT A
USE                             &&关闭 1 号工作区的表，即 Stud_jbxx 表
SELECT 2
USE                             &&关闭 2 号工作区的表，即 yxzy 表
```

小结

本项目介绍如何规划应用系统及设计，项目文件的建立，数据库及数据表的建立、修改、编辑等操作，记录的索引和排序的使用、记录的编辑操作，包括记录的追加、插入、浏览、删除，记录指针及相关命令和函数，记录的查询，SQL 语言等相关命令和操作方法。通过对各知识点的学习，对 Visual FoxPro 的相关知识有一个初步了解，为进一步学好该课程提供了保证。

实战强化

1．建立一个工资管理的项目文件 Gzgl.pjx，在项目中建立 3 个数据表，分别为：工资基本信息表 Gzjbxx.DBF，其结构见表 1-9；科室表 Ksb.DBF，其结构见表 1-10；职称表 Zcb.DBF，其结构见表 1-11。

表 1-9 工资基本信息表结构

字段名	类型	宽度	小数位	字段名	类型	宽度	小数位
编号	字符型	4		岗位补贴	数值型	8	2
年份	字符型	4		人口费	数值型	8	2
月份	字符型	2		房屋补贴	数值型	8	2
姓名	字符型	10		出勤补贴	数值型	8	2
科室	字符型	20		取暖费	数值型	8	2
职称	字符型	10		房租水电	数值型	8	2
岗位工资	数值型	8	2	医疗保险	数值型	8	2
薪级工资	数值型	8	2	公积金	数值型	8	2
知识补贴	数值型	8	2	应发工资	数值型	8	2
交通费	数值型	8	2	实发工资	数值型	8	2

表 1-10 科室表结构表

字段名	类型	宽度	小数位
科室	字符型	20	

1-11 职称表结构

字段名	类型	宽度	小数位
职称	字符型	10	

2．根据第 1 题中的 3 个数据表，同时了解一下所在单位的科室构成情况，向“科室表”录入信息；了解单位职工职称构成情况，向“职称表”录入信息；然后根据已掌握的情况，向“工资基本信息表”录入 10 条以上的记录，其中应发工资和实发工资两项不必录入。

3．依据“工资基本信息表”中的记录信息，计算出应发工资和实发工资两项的具体数值，并分别添加到相应的字段中。

4．按不同科室进行分类汇总，求出各科室的各项工资合计。

5．根据职称的不同，对所有职工的薪级工资进行工资调整。调整标准如下：高级职称增加 200 元，中级职称增加 150 元，初级职称增加 100 元，最后再计算出应发工资和实发工资两项的数值。

项目 2 设计系统登录模块

职业能力目标

1）能够使用表单设计器创建应用程序界面。
2）能够设置并运用相关控件丰富应用程序界面。
3）能够使用程序设计基本理论实现应用程序的功能。

一个好的应用系统在设计之初，管理系统的安全性要首先考虑，只有合法用户才能对数据进行访问，应用 Visual FoxPro 设计应用系统也要考虑到这一点，因此登录模块对于应用系统来说是必不可少的。本项目主要讲解如何来设置系统登录模块、表单及常用控件的属性、事件和方法的使用。

任务 1 制作系统登录模块

任务情境

在日常工作生活中，QQ 是大家非常熟悉的一种应用软件，在每一次使用 QQ 时，都要输入自己 QQ 的账号和密码，才可以进行聊天，QQ 登录窗口如图 2-1 所示。

系统登录模块是学生信息管理系统启动后显示的最初界面，如图 2-2 所示，其作用是验证登录到系统的用户的合法身份。如果是合法用户，则显示登录成功的信息，同时系统自动进入到管理系统的菜单界面上，可以使用管理系统的各种功能；如果不是合法用户，则登录失败，并给出错误信息。

图 2-1 QQ 登录窗口

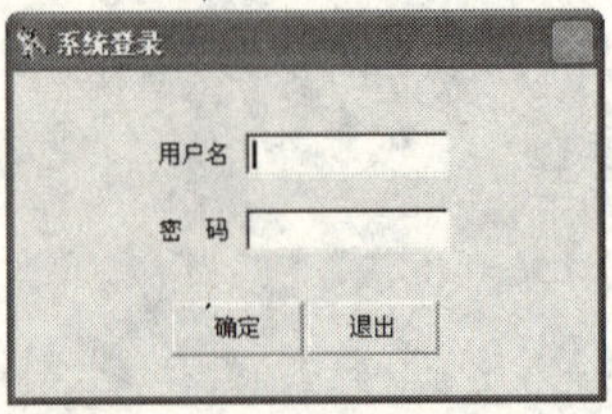

图 2-2 系统登录窗口

任务分析

表单其实就是界面，界面美观与否，直接影响应用系统的使用效果。“表单设计器”是Visual FoxPro 提供的一个功能非常强大的表单设计工具。它是一个可视化工具，表单的全部设计工作都在“表单设计器”中完成。

1. 打开“表单设计器”

打开“表单设计器”有 4 种方法。

1）执行“文件”→“新建”命令，在弹出的“新建”对话框中选择“表单”文件类型，然后单击“新建文件”按钮。

2）在项目管理器中选择“文档”选项卡，选择“表单”，单击“新建”按钮。

3）在“命令”窗口中使用 Create Form <表单名>命令。

4）使用下列语句：

```
MyForm=CreateObject("Form")
MODIFY FORM MyForm
```

用户可以根据使用习惯任意选择其中一种方法打开表单设计器，如图 2-3 所示。

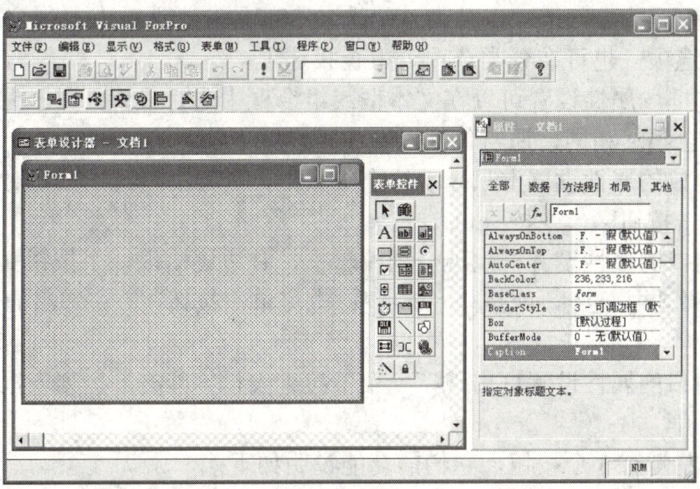

图 2-3　表单设计器

2. 表单的“属性”窗口

表单的属性用来表示表单对象的特征，如表单的大小、背景颜色、有无边框、是否可移动等性质都可以使用属性来设置。当新建一个表单，又没有选择其他控件时，“属性”窗口中显示出表单的所有属性，表单的属性取不同的值，使表单具有不同的特征。“属性”窗口能显示当前对象的属性、事件和方法程序，并允许用户更改属性，定义事件代码和修改方法程序的功能。

（1）属性窗口的显示和隐藏　当“表单设计器”打开后，使用菜单“显示”→“属性”命令可以显示或隐藏“属性”窗口，这是一个“开/关”命令，如果“属性”窗口已打开，用此命令则隐藏“属性”窗口，反之，如果“属性”窗口已隐藏，用此命令则打开“属性”窗口。

（2）属性窗口构成　属性窗口的构成如图 2-4 所示。属性窗口自上至下依次包括对象组合框、选项卡、属性设置框、属性列表和属性说明信息等 5 个部分。

1）对象组合框：对象组合框包含当前表单、表单集及全部控件的列表，用户可在列表中选择表单或控件，这和在表单窗口选定对象的效果是一致的。

2）选项卡：属性窗口中包括 5 个选项卡，分别用来显示对象的属性、事件、方法程序等选项，选项按字母顺序排列。

①“全部”选项卡：列出全部属性、事件和方法程序。

②“数据”选项卡：列出显示或操纵数据的属性。

③“方法程序”选项卡：列出方法程序与事件。这两者都是对象的程序，它们的区别在于，带 Event 后缀的选项是事件，否则就是方法程序。例如在表单对象的方法程序选项卡中，选项 ClickEvent 表示单击事件，选项 Circle 则表示画圆方法程序。

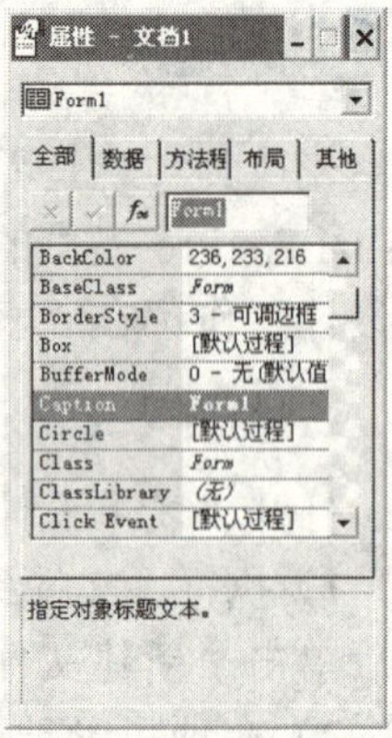

图 2-4　属性窗口

④“布局”选项卡：列出位置、大小等属性。

⑤“其他”选项卡：列出类信息和用户自定义属性等。

上述选项卡中，除全部选项卡外的 4 个选项卡都是分类选项卡，用户既可在全部选项卡中查找所要的选项，也可在分类选项卡中查找选项。

3）属性设置框　属性设置可以在文本框或组合框中进行设置，用于更改属性值。不同属性的设置方法也不尽相同，通常包括以下 3 种设置方法：

① 当属性窗口的属性设置框只出现一个编辑框，右边没有其他按钮时，可以直接输入属性值，然后单击按钮✓，或按<Enter>键。

② 当属性窗口的属性设置框出现一个编辑框，右边还出现一个按钮…时，可以直接输入属性值，然后单击按钮✓，或按<Enter>键；也可单击按钮…，在弹出的对话框中设置属性值。

③ 当属性窗口的属性设置框出现了一个下拉列表框，单击下拉列表框按钮，在下拉列表框中选择属性值。

属性设置框左侧有 3 个按钮，它们的功能说明如下：

①“确认”按钮（✓）：在属性设置文本框中输入属性值后，单击此按钮可确认对属性的更改，这与按<Enter>键的作用相同。

②“取消”按钮（×）：当属性设置文本框中已输入属性值，但尚未确认时，用此按钮可取消刚才的输入值，并恢复以前的值。

③“函数”按钮（f_x）：用于打开表达式生成器，供设置一个表达式，该表达式的值将作为属性值。对于用表达式设置的属性，在属性值之前会自动插入一个等号（=）。

4）属性列表　属性列表的每一行包含两列，分别显示属性的名字与它的当前值。

选定某属性后即可更改属性值。更改过的属性仍可恢复默认值，只要选定该属性后，在快捷菜单中选定“重置为默认值”命令即可。注意，以斜体字显示的选项表示只读，用户不能修改；用户修改过的选项将以黑体显示。

注意，表单中所有对象的属性设置和程序代码都保存在.SCT 表单备注文件中。

5）属性说明信息　在属性列表中选定某属性、事件或方法程序后，属性窗口的底部即可简要地显示它的含义；若要了解进一步的信息，可在此时按<F1>键显示帮助信息（如果没有安装帮助，则没有帮助信息调出）。

3．表单保存

使用“表单设计器”设计好表单后，一定要将表单保存下来，保存表单的方法有很多种，这里介绍常用的几种。

1）使用菜单：执行“文件”→“保存”命令。

2）使用常用工具栏：单击常用工具栏中的按钮。

3）使用组合键：按<Ctrl+W>键。

无论用上述哪种方法保存文件，都会在指定文件夹或默认文件夹下产生两个主文件名相同，扩展名分别为.SCX 和.SCT 的表单文件和表单备注文件。

4．表单运行

执行表单的方法也有很多种，这里介绍常用的 3 种方法。

（1）使用命令

格式：DO FORM　<表单文件名>

（2）使用菜单　选择“程序”→“运行”命令，在弹出的对话框中的“文件类型”中选择表单类型，再选择要执行的表单文件，最后单击“运行”按钮。

（3）使用常用工具栏　当某个“表单设计器”的窗口处于活动状态时，常用工具栏的按钮!将处于活动状态，此时单击此按钮，则执行当前活动的“表单设计器”的表单，如果表单修改后，尚未保存，系统将弹出提示是否保存对话框，选择“是”按钮，则执行表单，如果选择“取消”按钮，则不执行表单。

5．表单修改

如果对设计的表单不满意，可以对其进行修改，采用下述方法可以进入表单修改状态。

1）使用命令。

格式：MODIFY FORM <表单文件名>

2）如果指定的表单文件名已存在，则打开已有的表单，进入修改表单状态；如果指定的表单文件名不存在，则新建表单。

3）使用菜单：执行“文件”→“打开”命令，在“文件类型”处选择“表单”，选定要打开的表单文件，单击“确定”按钮。

6．“表单控件”工具栏

在设计表单时，利用工具栏中的各种控件，可以方便地向表单中添加这些控件，完成设计工作。“表单控件”工具栏，如图 2-5 所示。

图 2-5　“表单控件”工具栏

在表 2-1 中，介绍了“表单控件”工具栏中各控件的具体功能。使用“表单控件”工具栏的具体方法如下：

（1）“表单控件”工具栏的打开与关闭　一般情况下，创建一个新表单时，会在屏幕上同时出现“表单设计器”工具栏和“表单控件”工具栏。如果没有出现，则执行“显示”→“工具栏”命令，弹出“工具栏”对话框，选择“表单设计器”和“表单控件”即可。

（2）添加控件的方法　在“表单控件”工具栏上单击所需控件，然后在当前表单中希望添加控件的位置上单击鼠标键，或拖动鼠标即在表单上创建了一个同类型的控件。

（3）控件的修改　单击要修改的控件，此时该控件的边框会出现 8 个小黑点，然后就可以对其进行缩放、移动、删除等操作。

表 2-1 “表单控件”工具栏中的各控件

控　件	图　标	说　明
选定对象		选定一个或多个对象，并可把选定的对象移动到表单的指定位置上
查看类		允许增加可用的控件，显示当前选中的类库中的可用控件
标签		用于显示固定文本
文本框		编辑和显示单行文本
编辑框		编辑和显示多行文本，允许设置滚动条进行编辑和显示
命令按钮		创建一个命令按钮，用于执行用户指定的命令
命令组按钮		创建一组命令按钮，用于执行用户指定的命令
选项组按钮		创建一组选项，每次最多只能选中一个选项
复选框		指定一项内容是否被选中，赋予“真”或“假”
组合框		创建一个下拉列表框或下拉组合框
微调按钮		用于在指定数值范围内增加或减少一个整数值
表格		以电子表格的形式显示数据
图像		创建一幅图形，用于显示位图
计时器		在指定的时间间隔内执行一段程序代码
页框		在一个表单内创建多个页框，用于显示多页信息
ActiveX 控件		从一个 OLE 服务器中获取 OLE 信息，包含 OLE 控件和 ActiveX 控件
ActiveX 绑定控件		用于显示表中通用型字段的信息，该控件与通用字段相关联
线条		创建一条水平线、垂直线或对角线
形状		创建一个方框、圆形或椭圆
容器		容纳其他控件，作为一个整体进行处理
分隔符		在创建定制工具栏时，在工具栏控件之间放置一个分隔符
超级链接		链接到一个指定的对象上
生成器锁定		当控件被选中时，用于打开对应的生成器
按钮锁定		无需反复单击控件按钮即可增加多个相同类型的控件

任务实施

1. 表单设计基本步骤

1）打开“表单设计器”及相关工具。

2）向表单添加控件。

3）添加表单的数据环境（如果需要的话）。

4）添加表单及控件事件的代码。

5）保存表单。

6）运行和调试表单。

2. 具体设计

1）在项目管理器中单击“文档”标签，选择“表单”，再单击“文档”按钮，打开“表单设计器”及相关工具。

2）在表单上添加不同的控件。

① 单击“表单控件”工具栏上的“标签”按钮，在表单的合适位置拖放或单击鼠标。重复执行此操作，在表单上添加两个标签控件 Label1、Label2。

② 单击“表单控件”工具栏上的“文本框”按钮，在表单的合适位置拖放或单击鼠标。重复执行此操作，在表单上添加两个文本框控件 Text1、Text2。

③ 单击“表单控件”工具栏上的“命令按钮”按钮，在表单的合适位置拖放或单击鼠标。重复执行此操作，在表单上添加两个命令按钮 Command1、Command2。

3）在属性窗口中设置表单及其他控件的属性，见表 2-2。

表 2-2　表单及其他控件属性

控　件	属　性	属 性 值	控　件	属　性	属 性 值
Form1	Caption	系统登录	Text1	默认	默认
Form1	MaxButton	.F.	Text2	PasswordChar	*
Form1	Closable	.F.	Lable1	Caption	用户名
Form1	AutoCenter	.T.	Lable1	AutoSize	.T.
Form1	Icon	Key1	Lable2	Caption	密码
Form1	MinButton	.F.	Lable2	AutoSize	.T.
Form1	BorderStyle	0	Command1	Caption	确定
Form1	Icon	自定	Command2	Caption	退出

利用“布局”工具栏中的按钮，调整控件的大小、位置，使其布局美观，如图 2-6 所示。

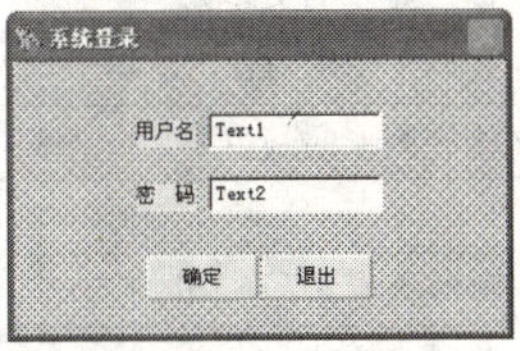

图 2-6　系统登录表单设计

4）编写事件代码。双击表单上的“确定”按钮，弹出“Command1.Click”事件代码编辑窗口，如图 2-7 所示。在“对象”下拉列表中，选择相应的对象；在“过程”下拉列表中，选择相应的事件过程。今后编写其他事件代码，都在该窗口中进行编辑。

图 2-7　事件代码编辑窗口

设置“确定”Command1.Click 事件代码：

```
IF ALLT(ThisForm.Text1.Value)=="abc" and ALLT(ThisForm.Text2.Value)=="123"
      MESSAGEBOX("欢迎使用本系统！",0+64,"提示信息")
ELSE
 MESSAGEBOX("用户名或密码错误，请重新输入！",0+16,"提示信息")
      ThisForm.Text1.Value=""                &&文本框 Text1 清空
      ThisForm.Text2.Value=""                &&文本框 Text2 清空
      ThisForm.Text1.setfocus               &&文本框 Text1 重新获得焦点
ENDIF
```

设置“退出”Command2.Click 事件代码：

```
ThisForm.release
```

3. 保存文件

单击常用工具栏上的按钮，在弹出的“另存为”对话框中输入文件名 login1，单击“保存”按钮，然后单击常用工具栏上的按钮 **!**。

4. 测试表单

如果用户名输入“abc”、密码输入“123”，则弹出“欢迎使用本系统！”信息框；否则弹出“用户名与密码错误，请重新输入！” 信息框，进行重新输入。

知识拓展

1. 表单常用属性

如果要对表单进行相关设置，则必须通过设置表单的不同属性来实现，也可以通过代码编程来实现。表单和某些对象拥有共同的属性，如对象的名字、标题及颜色等，见表 2-3。

表 2-3 表单常用属性

属　性	说　明	适 用 范 围
Caption	指定对象的标题（显示时标识对象的文本）	表单，标签，命令按钮等
Name	指定对象的名字（用于在代码中引用对象）	任何对象
FOReColor	指定对象中的前景色（文本和图形的颜色）	表单，标签，文本框，命令按钮等
BackColor	指定对象内部的背景色	表单，标签，文本框，列表框等
BorderStyle	指定边框样式为无边框，单线框等	表单，标签，文本框等
AlwaysOnTop	是否处于其他窗口之上（可防止遮挡）	表单
AutoCenter	是否在 Visual FoxPro 主窗口内自动居中	表单
Closable	标题栏中关闭按钮是否有效	表单
ControlBox	是否取消标题栏的图标和其他按钮	表单，工具栏
MaxButton	是否有最大化按钮	表单
MinButton	是否有最小化按钮	表单
Movable	运行时表单能否移动	表单
WindowState	指定运行时表单最大化还是最小化还是不变	表单
Icon	设置表单左上角的小图标	表单
WindowsType	设置表单的模式	表单
ShowWindows	设置表单显示的形式：0、1 或 2	表单

2. 标签 Label

标签控件一般用于显示文本，在窗口中出现的所有文字，都用标签控件来实现。通常不使用标签控件的事件和方法。通过在“属性”窗口或程序语句中对其进行设置，可以改变文字的大小、颜色等。标签控件的常用属性，见表 2-4。

表 2-4　标签控件常用属性

属 性 名	默 认 值	属性值类型	功　能
Caption	label1	字符型	设置显示的文本
AutoSize	.F.	逻辑型	设置是否将大小调整到恰好容纳文本
BackStyle	1	数值型	设置标签是否透明
FontSize	9	数值型	定义标签文本的大小
FontName	宋体	字符型	定义标签文本的字体
ForeColor	0,0,0	数值型（RGB 格式）	定义标签文本的颜色
WordWrap	.F.	逻辑型	定义显示在标签中的文本是否可以换行

3. 文本框 Text

文本框是一种基本控件，用来显示文本，也可以用来接受文本，或用来编辑文本，常应用于显示某个字段或字符型变量的内容、接收某个字段的内容、接收某个变量的值、接收用户密码等。文本框控件的常用属性，见表 2-5。

表 2-5　文本框控件常用属性

属 性 名	默 认 值	属性值类型	功　能
Value	（无）	C、N、L、D	设置文本框显示的内容，或接收用户输入的内容
Alignment	3-自动	数值型	设置文本框内容的对齐方式。分别为：0—左、1—右、2—中间、3—自动
ControlSource	（无）	字符型	设置文本框与数据表的哪个字段或变量绑定
InputMask	（无）	字符型	指定控件中数据的输入格式和显示方式
Format	（无）	字符型	指定数据输入的限制条件和显示的格式
PasswordChar	（无）	字符型	决定用户输入的字符或占位符是否显示在文本框控件中，并确定用作占位符的字符
ReadOnly	.F.	逻辑型	设置用户是否可以改变文本框的内容
Enabled	.T.	逻辑型	设置文本框是否响应用户引发的事件
ForeColor	0,0,0	数值型（RGB 格式）	设置文本框的前景色
BackColor	255,255,255	数值型（RGB 格式）	设置文本框的背景色
SelectOnEntry	.F.	逻辑型	当文本框获得焦点时,文本框内容是否被选中
Visible	.T.	逻辑型	设置文本框是否可见
IMEMode	0	数值型	设置中文输入法是否被打开，可设置的值有三个：0—无控制、1—打开、2—关闭

4. 命令按钮 Command

命令按钮通常用来启动一个操作，如关闭一个表单、移到不同记录、打印报表等动作。用户可以自行来决定控制的启动时机。

通常情况下，可以通过鼠标或键盘操作来触发命令按钮的事件程序。对于命令按钮，最常用的事件是 Click 事件，当把需要控制的代码放在该事件中时，用户可以通过单击该命令按钮来完成一项或多项特定的任务。命令按钮控件常用属性，见表 2-6。

表 2-6　命令按钮控件常用属性

属 性 名	默 认 值	属性值类型	说　明
Caption	Command1	字符型	设置显示在按钮上的文本
Picture	（无）	字符型	设置显示在按钮上的位图
Cancel	.F.	逻辑型	该属性的值如果设置为真，当用户按<Esc>键时，则执行命令按钮的 Click 事件代码
Default	.F.	逻辑型	如果属性值设置为真，则该按钮为默认按钮
Enabled	.T.	逻辑型	设置按钮是否有效
ToolTipText	（无）	字符型	设置当鼠标指向命令按钮时，出现的文本信息
Visible	.T.	逻辑型	指定对象是可见还是隐藏
WordWrap	.F.	逻辑型	在设置 AutoSize 为.T.时，指定是否在垂直方向或水平方向来容纳 Caption 属性所指定的文本
Enabled	.T.	逻辑型	指定对象能否响应用户引发的事件
ForeColor	0,0,0	数值型（RGB 格式）	指定用于显示对象中的文本和图形的前景色

5．“布局”工具栏

利用“布局”工具栏中的按钮，可以方便地调整表单中被选控件的相对大小或位置，“布局”工具栏可以通过单击“表单设计器”工具栏上的“布局”工具栏或执行“显示”→“工具栏”命令，打开或关闭“布局”工具栏。“布局”工具栏如图 2-8 所示。各按钮的功能从左到右依次如下。

图 2-8　“布局”工具栏

1）左边对齐：使选定的所有控件以其中最左边的那个控件的左侧对齐。

2）右边对齐：使选定的所有控件以其中最右边的那个控件的右侧对齐。

3）顶边对齐：使选定的所有控件以其中最顶端的那个控件的顶边对齐。

4）底边对齐：使选定的所有控件以其中最下端的那个控件的底边对齐。

5）垂直居中对齐：使选定的所有控件的中心处在一条垂直轴上。

6）水平居中对齐：使选定的所有控件的中心处在一条水平轴上。

7）相同宽度：调整所有被选控件的宽度，使其与其中最宽控件的宽度相同。

8）相同高度：调整所有被选控件的高度，使其与其中最高控件的高度相同。

9）相同大小：使所有被选控件具有相同的大小。

10）水平居中：使所有被选控件在表单内水平居中。

11）垂直居中：使所有被选控件在表单内垂直居中。

12）置前：将被选控件移至最前面，可能会把其他控件覆盖住。

13）置后：将被选控件移至最后面，可能会被其他控件覆盖住。

6．表单类型

Visual FoxPro 可以建立不同种类的表单，创建不同界面风格的应用程序。

（1）单页表单与多页表单

1)单文档界面(SDI)的应用程序由一个或多个独立的窗口组成，这些窗口均在 Windows

上单独显示。Visual FoxPro 将表设计器显示为一个 SDI 窗口。

2）多文档表单（MDI）的各个应用程序由一个主窗口组成，并且应用程序的主窗口包含在主窗口中或浮动在主窗口顶端。Visual FoxPro 就是一个 MDI 应用程序，主界面就是主窗口，在主窗口中可以打开命令窗口、各种编辑窗口和各种设计器窗口。

由此可见，如果一个应用程序有一个主窗口，其他窗口在主窗口中打开，并依附于主窗口，则这样的应用程序是多文档界面。而一个应用程序，不管是只有一个窗口，还是有多个窗口，如果这些窗口彼此是独立的，则这样的应用程序通常是一个文档界面的应用程序。

（2）子表单、浮动表单和顶层表单

1）子表单包含在另一个窗口中，用于创建 MDI 应用程序的表单。子表单领队于主表单，不可能移至主表单边界之外，当其最小化时显示在父表单的底部；若父表单最小化，则子表单也一同最小化。通过设置表单的 ShowWindow 属性来完成，“0—在屏幕中(默认)”表明子表单的主表单是 Visual FoxPro 主窗口；“1—在顶层表单中”表明子表单显示时，子表单的主表单是活动的顶层表单。

如果希望子表单最大化时与主表单组合成一体，可设置表单的 MDIForm 属性为.T.；如果希望子表单最大化时仍成为一个独立的窗口，可设置表单的 MDIForm 属性为.F.

2）浮动表单称为弹出表单，它由另一个表单打开，浮动表单属于主表单的一部分，但并不包含在主表单中。浮动表单可以移至屏幕的任何位置，但不能被主表单覆盖。若将浮动表单最小化时，它将显示在桌面的底部；若主表单最小化时，则浮动表单也一同最小化。浮动表单也可用于创建 MDI 应用程序。其设置与子表单相同，还要设置表单的 Desktop 属性为.T.。

3）顶层表单是没有主表单的独立表单，用于创建一个 SDI 应用程序，或用于 MDI 应用程序中其他表单的主表单。主表单与其他 Windows 应用程序同级，可显示在 Windows 任务栏中。设置表单的 ShowWindow 属性为“2—作为顶层表单”。

7. MESSAGEBOX 提示函数

格式 1：MESSAGEBOX(<信息内容>[,<对话框类型>[,<对话框标题>]])
格式 2：变量＝MESSAGEBOX(<信息内容>[,<对话框类型>[,<对话框标题>]])

功能：格式 1 仅显示一个用户自定义对话框；格式 2 除了具有格式 1 的功能之外，还将函数的返回值送到内存变量中。

说明：

1)<信息内容>为必选项，代表信息框中要显示的内容(由字符串或字符串表达式组成)，最大长度为 1024 个字符。

2）<对话框类型>为可选项，该值通常由 3 部分相加组成，如 A+B+C 形式，用于指定信息框中命令按钮的数量及形式、使用的图标样式及默认按钮等。现分别对 3 组数的具体含义进行说明。A 组数，设置按钮属性，见表 2-7。

表 2-7　按钮属性

值	说　明	值	说　明
0	表示有一个“确定”按钮	3	表示有 3 个按钮“是”、“否”和“取消”
1	表示有两个按钮“确定”和“取消”	4	表示有两个按钮“是”和“否”
2	表示有 3 个按钮“终止”、“重试”和“忽略”	5	表示有两个按钮“重试”和“取消”

B 组数，设置窗口图标样式，见表 2-8；C 组数，设置隐含按钮，见表 2-9。

表 2-8　设置窗口图标

值	图　标
16	显示红色叉号错误图标
32	显示蓝色问号图标
48	显示黄色惊叹号图标
64	显示蓝色信息图标

表 2-9　设置隐含按钮

值	位　置
0	第一个按钮
256	第二个按钮
512	第三个按钮

例如，在“命令”窗口中输入命令：

```
MESSAGEBOX("是否真的要退出本系统？",4+32+256,"提示信息")
```

对话框提示信息文本为“是否真的要退出本系统？”，对话框标题栏文本为“提示信息”，4 表示按钮为“是”和“否”，32 表示消息框显示图标问号，256 表示默认按钮为第 2 个按钮“否”。弹出系统提示对话框，如图 2-9 所示。

图 2-9　系统提示对话框

3）在命令格式 2 中，MESSAGEBOX()函数具有返回值，当函数运行时，执行不同的操作，函数的返回值也不同，返回值与选择按钮的对应关系，见表 2-10。

表 2-10　信息框返回值

选择按钮	返回值	选择按钮	返回值
确定	1	忽略	5
取消	2	是	6
终止	3	否	7
重试	4		

触类旁通

可视化（Visual）是利用窗口（Window）和菜单（Menu）来完成用户的操作指令，并且在信息的输出界面方面支持“设计所见即运行所得”的功能，而对象则成了程序设计和运行核心物件。在 Visual FoxPro 的对象模式下，用户可以利用所有的面向对象编程特性。

1. 面向对象程序的特点

（1）对象是程序的主体　程序设计的目的是建立对象，而对象的描述需要通过类定义程序来实现，对象在屏幕上是可见的，而类是隐藏在对象的背后用于控制对象操作的一段程序。

（2）对象具有多态性　一个对象可以具有处理同一类事件的多种方法。例如 FontSize 属性可设置不同参数来得到不同大小的文字。

（3）对象具有继承性　通过对象的派生和继承，使这个对象获取另一个对象的特征。

2. 类和对象

（1）对象（Object）　对象就是现实世界中的实体的抽象。它是将数据和对该数据的所有必要操作的代码封装起来的程序模块，即对象是包含属性（数据）和行为（方法）的逻辑实体。对象具有其特定的名称（Name），同一窗口中不允许有相同名称（Name）的对象存在。

（2）类（Class）　类含有某个对象的数据和操作功能，是对一组具有相同属性和方法的对象的抽象，是对象的原型。在类定义代码中可含有对象的属性、事件和方法。

类和对象是抽象和具体的关系。类包含有关对象的特征和行为信息，是对象定义的模板。对象是类的具体化和实例化，所以对象又称为类的实例（Instance）。一个类可以实例化为多个对象，各个对象都有所属类的属性、事件和方法程序，但每个对象的属性值可以不同。类是一个静态的概念，只有实例化的对象才是可运行的实体。

3. 属性、事件和方法

（1）属性　每个对象都具有自己的属性，用以描述对象的特征。例如，一个表单的位置（CurrentX，CurrentY）、大小（Height，Width）和颜色（BackColor，ForeColor）等。每个对象都可以对事件的动作进行识别和响应。用户通过对象的属性、事件和方法来处理对象。

对象所具有的属性是由对象所基于的类决定的。属性一般具有属性名称和属性值，名称是由系统定义好的，部分属性值允许用户在适当范围内更改。例如，一个编辑框（EditBox）具有 Alignment，BorderStyle，BackColor，ScrollBars 等属性，对于 BackColor 属性，用户可以让不同的编辑框对象具有不同的 BackColor 值。

（2）事件　事件是一种预先定义的特定动作，就是可能发生在对象上的事情，也可以说我们对对象所做的操作（或者系统对对象所完成的动作）。事件可由系统或用户激活，多数情况下，事件是通过用户的交互操作来产生的，例如，单（双）击鼠标、移动鼠标指针等，表单常用事件，见表 2-11。

表 2-11　表单常用事件

事　件	触发时机	事　件	触发时机
Load	创建对象前	MouseUP	释放鼠标时
Init	创建对象时	MouseDown	按下鼠标时
Activate	对象激活时	KeyPress	按下并释放某键盘键时
Destroy	释放对象时	GotFocus	对象得到焦点时
Click	单击鼠标左键时	LostFocus	对象失去焦点时
DblClick	双击鼠标左键时	Unload	释放对象时

（3）方法　方法也叫“方法程序”，它是指对象所固有完成某种任务的功能，可以在需要的时候调用。“方法”与“事件”有相似之处，都是为了完成某个任务，但同一个事件可完成不同任务，取决于你所编写的代码是怎样的，而方法则是固定的，任何时候调用都是完成同一个任务，所以其中的代码也不需要我们编写了，Visual FoxPro 系统已为我们编好（我们也看不见），只需在必要的时候调用即可。例如，将焦点设置表单的第二个文本框上，就要调用“设置焦点”方法（Setfocus），可以用下面代码设置：

```
Thisform.Text2.Setfocus
```

方法是与对象紧密地连接在一起的过程。它不同于一般 Visual FoxPro 的过程，调用方式也有所不同。一般来说，方法与事件相关联。例如，当单击鼠标左键时，发生 Click 事件，与事件相连接的方法代码就会被执行。当然，方法也可以独立于事件而存在，这类单独存在的方法必须在代码中被调用。

Visual FoxPro 定义了大量的事件，但它们是不可维护的。用户不能创建新的事件，然而可以无限地扩展方法集。

任务 2　改进系统登录模块

任务情境

在进行系统登录过程中，可能会出现输入的用户名或密码出错的情况。如果出现的次数超过 3 次，便认为该用户不是合法用户，为了保证系统的安全性，自动关闭系统。

为了实现该功能，在程序中添加一个变量用于保存出错的次数，出错 1 次，计数器增加 1，达到 3 次自动关闭程序。在这里不管是用户名错误还是密码错误都算错误。

在这个任务中，要对保存出错次数的变量进行定义，然后将其初始化为 0。每出错 1 次，使该变量的值增加 1。每次单击“确定”按钮后，首先判断变量的值是否超过 2，超过则关闭程序。

任务分析

在程序设计时离不开变量，一个变量除了考虑类型和取值外，还要考虑其作用域。变量的作用域是指变量在什么范围内是有效或能够被访问。在 Visual FoxPro 中，内存变量的作用域可分为公共变量、局部变量和私有变量。

1. 全局变量（公共变量）

在任何模块中都可以使用的变量称为全局变量。全局变量要先定义后才可以使用。

格式：PUBLIC <内存变量表>

功能：将<内存变量表>中的变量定义为全局变量，其作用域涵盖在所有系统。

说明：

1）使用 PUBLIC 命令建立的公共变量，并为所建立的公共变量赋予逻辑值逻辑.F.。

2）在命令窗口中建立的变量或数组为全局变量和全局数组，其不能在程序中直接使用。

3）若同一模块中有同名的各种变量，其优先次序为本地变量→私有变量→全局变量。

2. 局部变量（本地变量）

只能在建立它的模块中使用的变量称为局部变量。

格式：LOCAL <内存变量表>

功能：将<内存变量表>中的变量定义为局部变量，其作用域只能包含在本模块中，不能在上层或下层模块中使用。当建立它的模块结束运行后，局部变量自动从内存中清除。

说明：

1）局部变量要先用 LOCAL 定义后才可以使用，建立的局部变量赋予逻辑值逻辑.F.。

2）由于 LOCAL 与 LOCATE 前 4 个字母一致，所以该命令的命令动词不能缩写。

3. 私有变量

格式：PRIVATE <内存变量表>

功能：将<内存变量表>中的变量定义为私有变量，其作用域包含在本模块及下属模块中。

说明：

1）通过 PRIVATE 定义的变量或数组，均为私有变量，其初始值为.F.。

2）系统默认下，在程序中没有通过 PUBLIC 和 LOCAL 做任何说明的变量均为私有变量。

3）一般情况下，私有变量不必使用 PRIVATE 命令进行特别说明。

4. 变量的隐藏

在多人开发应用系统中，为了防止各子程序之间变量同名而互相影响，在各自开发的子程序中定义私有变量，以屏蔽主程序中的同名变量，这就是变量的隐藏。

例 2-1　变量的隐藏应用。

```
SET TALK OFF
v1=100
v2=50
do p1
?v1,v2
PROCEDURE p1
PRIVATE v1
v1=500
v2=1000
?v1,v2
RETURN
```

说明：在变量的隐藏中，可将主程序和子程序同名的变量视为两个不同的变量，在例题中过程与主程序同名的变量 v1 相当于 v1_1，则在过程中的变量为 v1_1，在主程序中的变量为 v1，互不干扰。

任务实施

为了使系统实现有限次数登录功能，需要对不同控件及表单进行相应的变量设置。用户可以对任务 1 中所制作的表单 login1 进行修改，可以更加快捷地完成任务。

1. 创建表单

1）利用表单设计器创建一个新表单，然后按照任务 1 的操作步骤，对不同控件进行设置，对标签和文本框的不同属性进行设置。

2）单击“表单控件工具栏”上的“命令按钮组”按钮，在表单的合适位置拖放或单击鼠标，利用命令按钮组的生成器，设置两个按钮的标题分别为“确定”、“退出”及其他属性，该表单命名为 login2，如图 2-10 所示。

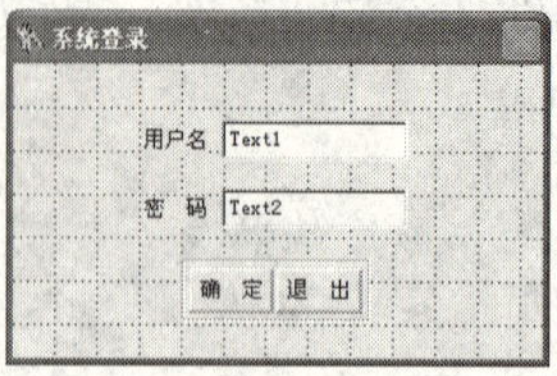

图 2-10　系统登录设计表单窗口

2. 编写代码

（1）设置表单初始化环境

设置 Form1.Load 事件代码如下：

```
LOCAL n
```

设置 Form1.Activate 事件代码如下：

```
n=0
```

（2）设置 Commandgroup1 控件各按钮的 Click 事件代码

设置“确定”Commandgroup1.Command1.Click 事件代码如下：

```
IF ALLT(ThisForm.Text1.Value)=="abc" and ALLT(ThisForm.Text2.Value)=="123"
 MESSAGEBOX("欢迎使用本系统！",0+64,"提示信息")
ELSE
    n=n+1
 MESSAGEBOX("用户名或密码输入错误第"+ALLT(str(n))+"次，请联系系统管理员！",0+16,"提示信息")
 ThisForm.Text1.Value=""                &&文本框 Text1 清空
 ThisForm.Text2.Value=""                &&文本框 Text2 清空
 ThisForm.Text1.setfocus                &&文本框 Text1 重新获得焦点
    IF n>2
     ThisForm.Text1.enabled=.f.       &&文本框 Text1 失效
     ThisForm.Text2.enabled=.f.       &&文本框 Text2 失效
     ThisForm.Commandgroup1.Command1.enabled=.f. &&命令按钮 Command1 失效
 ENDIF
ENDIF
```

设置“退出”Commandgroup1.Command2.Click 事件代码如下：

```
ThisForm.release
```

3. 保存文件

保存表单为 login2.scx。

4. 测试表单

如果用户名输入“abc”、密码输入“123”，则弹出“欢迎使用本系统！”信息框；否则弹出第几次错误的信息框，如果用户名和密码错误 3 次，则所有文本框和“确定”按钮失效，“退出”按钮获得焦点，只能退出。

知识拓展

命令按钮组控件 Commandgroup 是一个容器控件，它可包含若干个命令按钮，并能统一管理这些命令按钮，命令按钮组与组内的各命令按钮都有自己的属性、事件和方法程序，因而既可单独操作各命令按钮，也可对命令按钮组控件进行操作。

1. 常用属性

命令按钮组的属性是命令按钮组的重要特性，通过在“属性”窗口或程序语句中对其进行设置，可以改变或定义命令按钮组的外表特征及其某一方面的行为。命令按钮组常用属性，见表 2-12。

表 2-12　命令按钮组控件属性

属性名	默认值	属性值类型	功能
ButtonCount	2	数值型	设置组中命令按钮的数目
BackStyle	1-不透明	数值型	设置命令按钮的背景是否透明
BorderStyle	1-固定单线	数值型	定义命令按钮组的边框
AutoSize	.F.	逻辑型	确定命令按钮组是否根据其内容自动调整大小

2. 常用事件

命令按钮组的事件可以对用户的操作或系统触发的事件作出响应，以实现人机交互过程。命令按钮组控件常用的事件，见表 2-13。

表 2-13　命令按钮组控件常用事件

事件名	说明
Click	当在程序中包含触发此事件的代码，或者将鼠标指针放在一个控件上按下并释放鼠标左键，或者更改特定控件的值，或在表单空白区单击时，此事件发生。它是命令按钮最常用的事件
RightClick	当用户在控制上按下并释放鼠标右键时此事件发生

3. 命令按钮组生成器

使用鼠标右键单击选中的命令按钮组，在快捷菜单中选择“生成器”命令，就可打开“命令组生成器”对话框．如图 2-11 所示。

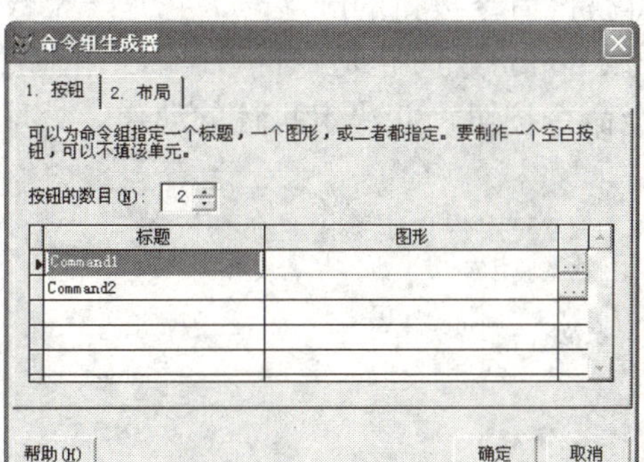

图 2-11　“命令组生成器”对话框

（1）按钮选项卡

1）“按钮数目”微调控件：指定命令按钮组中的按钮数，对应于命令按钮组中的 ButtonCount 属性。

2）表格：包含标题和图形两列。

标题用于指定各按钮的标题，标题可在表格的单元格中编辑。该选项对应于命令按钮的 Caption 属性，命令按钮可以具有标题或图像，或两者都有。若某按钮上要显示图形，可在图形列的单元格中键入路径及图形文件名，或单击对话按钮打开对话框来选择图形文件。该选项对应于命令按钮的 Picture 属性。

命令按钮可以自动调整大小，以容纳新的标题和图片。组容器也可以自动调整大小，而且其图形和文字可以共存。

（2）布局选项卡

1）按钮布局：指定命令按钮组内的按钮按竖直方向或水平方向排列。

2）按钮间隔：指定按钮之间的间隔。

3）边框样式：指定命令按钮组有单线边栏或无边框。

4．命令按钮组对象的编辑与引用

（1）命令按钮组对象的编辑

如果要编辑命令按钮组中的某一个按钮，首先选中该命令按钮组，然后按鼠标右键，在弹出的快捷菜单中选择“编辑”命令，此时命令按钮组四周出现 8 个小黑点，按钮组进入编辑状态，用户可以通过鼠标单击来选择某个具体的命令按钮。

（2）命令按钮组对象的引用

1）引用命令按钮组中的命令按钮格式为：ThisForm.Commandgroupl.Commandl.……。

2）在命令按钮组的代码中引用：This.Command1.……。

3）在同组的其他命令按钮的代码中引用：This.parent.Command1.……。

5．命令按钮组应用

1）若命令按钮组及其所包含的各命令按钮分别设置了 Click 事件代码，则 Visual FoxPro 以命令按钮的 Click 事件代码优先，忽略命令按钮组的 Click 事件代码。若单击组内空白处，则既不触发组控件的 Click 事件，也不触发命令按钮的 Click 事件。

2）由于单击某命令按钮时，组控件的 Value 属性就会获得一个数值或字符串。当 Value 属性为 1（默认值）时，将获得命令按钮的顺序号，它是一个数值；而当 Value 属性设置为空时，将获得命令按钮的 Caption 值，它是字符串。因此在命令按钮组的 Click 事件代码中便可判别出单击的是哪个命令按钮，并决定执行的动作。处理格式如下：

```
DO CASE
   CASE This.Value=1     &&若用户单击第 1 个命令按钮
        *命令序列 1
  CASE This.Value=2     &&若用户单击第 2 个命令按钮
       *命令序列 2
ENDCASE
```

命令按钮组控件 Value 属性返回值是字符串，则上述语句中的数字分别用 Caption 值来替代，例如 This.Value=1 改为 This.Value="Commandl"。

触类旁通

程序调试是开发过程中不可缺少的环节，是对程序进行测试、查找程序中隐藏的错误并将这些错误修改或排除的操作过程。Visual FoxPro 提供了一系列有效的跟踪调试手段和处理运行出错的命令和函数，可以帮助用户发现代码中的错误，有效地进行解决。

1. 在“命令”窗口中直接输入调试命令

“命令”窗口允许开发人员在开发环境中对单独的代码进行调试。在“命令”窗口中输入命令后，可以查看到结果。使用“命令”窗口调试程序的步骤为：

1）在“命令”窗口中输入，如输入?ASC("M")，查看其 ASCII 值。

2）按回车键，在活动窗口中显示运行结果，其结果为 77。

2. 使用调试窗口

当测试和调试单个命令或用户自定义的代码时，可能需要了解某些变量和函数的值。如果使用“命令”窗口进行测试，则必须使用开发环境。如果要在开发环境或运行环境中查看动态值，则可以使用“工具”→“调试器”命令，打开调试器窗口，如图 2-12 所示。

在调试器窗口中，分为“跟踪”和“监视”两个窗口。使用调试器窗口调试程序的步骤如下：

1）执行“文件”→“打开”命令，弹出“添加”对话框，从中选择一个程序文件，以便在“跟踪”窗口中显示要调试的程序。

2）在“监视”窗口中，允许用户在“监视”栏中输入变量名、函数和表达式，但表达式不能带有宏替换符&，每键入一个表达式后，都要按回车键，以使系统进行语法检查，并在下面的“监视”窗口中显示变量的值。当变量得到新值时，Visual FoxPro 更新“监视”窗口的显示。

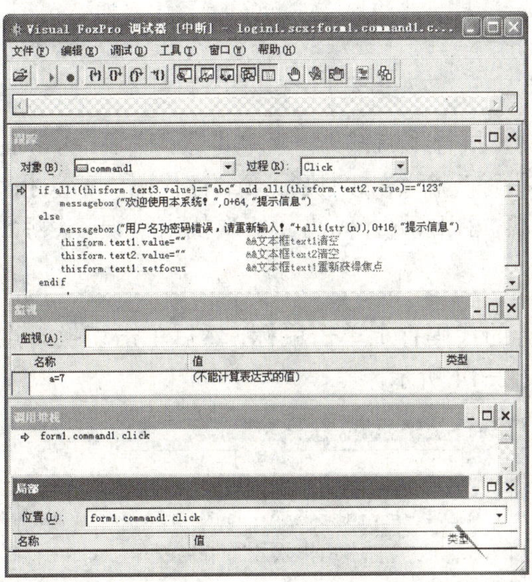

图 2-12　调试器窗口

3）在“跟踪”窗口中，以一个小圆按钮状的符号表示断点，用鼠标单击可以设置断点，也可以使用键的光标键“↑”和“↓”键移动到要测试的表达式处，并按<Backspace>键设置断点。当程序执行到断点处时，Visual FoxPro 会暂停程序的执行，再次单击此断点符号可将其清除。在“跟踪”窗口中最多可设置 32 个表达式。

4）拖动调试窗口中的分隔线可以调整上下窗口的大小。如果要清除“跟踪”窗口中的内容，则选定“跟踪”窗口后，执行“调试”→“清除”命令即可。在关闭“调试”窗口的同时，也清除了表达式和断点。

“调试”窗口的主要按钮，见表 2-14。

表 2-14 “调试”窗口的主要按钮

命令	图标	说明
打开		用于在“跟踪”中打开一个 Prg、Fxp、Mpr 文件
继续执行		继续执行已经暂停的程序
取消		取消一个已经挂起程序的执行
跟踪		每次执行程序的一个代码行，执行后程序暂停，但不跟踪被调用的过程或函数
单步		每次执行程序的一个代码行，执行后程序暂停
跳出		跳出当前的执行程序，返回到调用当前程序的那个程序
运行到光标处		运行被调用在跟踪窗口的程序到当前光标处

3. 逐行执行程序代码

1）在“跟踪”窗口中，执行“文件”→“打开”命令，弹出“添加”对话框，从中选择一个程序文件，使程序代码出现在“跟踪”窗口中，如图 2-13 所示。

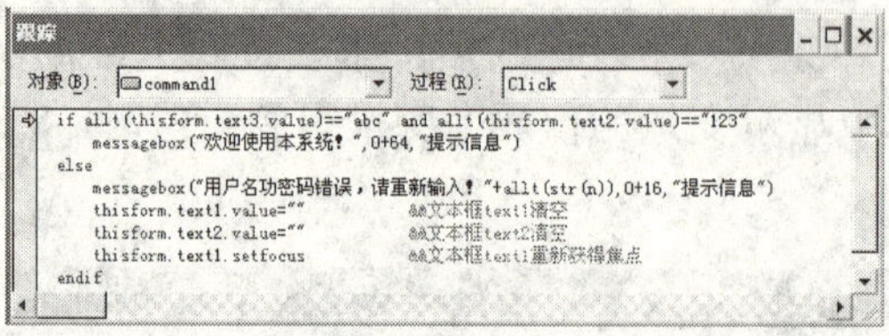

图 2-13 “跟踪”窗口

2）在“跟踪”窗口中，执行“调试”→“单步跟踪”命令，则执行程序的第一行代码。

3）再次执行“单步跟踪”命令，则执行第二行代码，箭头指针移动到下一行代码。

4）重复上述操作步骤，跟踪所有代码，依次找出错误，然后进行修改。

4. 设置中断点

1）在要终止程序执行的代码行上单击鼠标，然后单击切换断点则此代码的前面显示一个表示中断的圆点，如图 2-14 所示。

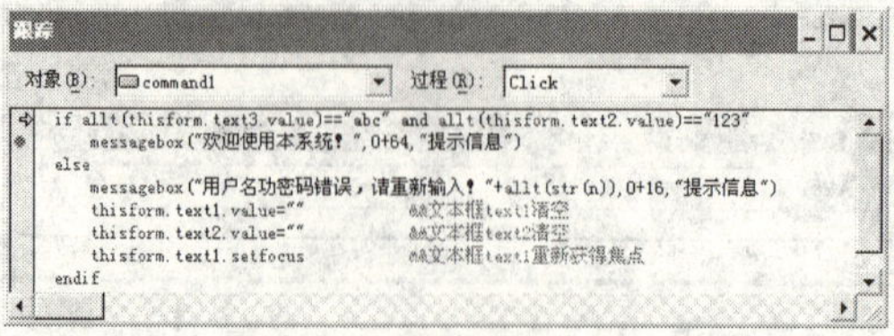

图 2-14 设置中断点

2）单击“跟踪”窗口中的“继续执行”或“运行到光标处”命令，程序执行到被标识为中断的代码时停止执行。

5. 使用监视窗口

除上述调试程序的方法之外，还有一个比较有效的方法就是使用调试器中的“监视”窗口。

1）单击系统主菜单工具栏上的“级联菜单调试器”按钮，弹出跟踪窗口。

2）单击调试器窗口工具栏上的“继续执行”按钮，将程序装入跟踪窗口。

3）单击调试器窗口工具栏上的“监视窗口”按钮，弹出监视窗口。

4）在监视窗口中的监视栏内输入需要监视的变量，按回车键后，所需要监视的变量值就显示在窗口中，通过观察各参数的值就即可了解程序是否按用户的要求进行运行。

任务 3　系统登录 ID 验证模块

任务情境

在前面的程序中，用户名和密码都是在代码中设置的，允许登录的合法用户只有一个。对于学生信息管理系统来说，登录系统的用户可能有多个，而在程序代码中存放用户名的信息，在用户管理方面就显得不够灵活，可维护性差。

在许多软件系统中，一般采用数据表来存放用户信息。在这个任务中，要设计一个数据表，用来存放学生信息管理系统的所有用户的信息。

任务分析

在通常情况下，数据环境中的表或视图会随着表单的打开或运行而打开，并随着表单的关闭或释放而关闭。可以用数据环境设计器来设置表单的数据环境。

1. 数据环境的常用属性

数据环境是一个对象，有自己的属性、事件和方法，数据环境常用属性，见表 2-15。

表 2-15　数据环境属性

属性名	说明	默认值
AutoOpenTables	当运行或打开表单时，是否打开数据环境中的表或视图	.T.
AutoCloseTables	在释放或关闭表单时，是否关闭数据环境中的表或视图	.T.

2. 打开数据环境设计器

在“表单设计器”环境下，单击“表单设计器”工具栏上的“数据环境”按钮，或执行“显示”→“数据环境”命令，即可打开“数据环境设计器”窗口，如图 2-15 所示。此时系统菜单栏上将出现“数据

图 2-15　“数据环境设计器”窗口

环境”菜单。

3. 向数据环境中添加表或视图

1）执行“数据环境”→“添加”命令，或使用鼠标右键单击“数据环境设计器”窗口，然后在弹出的快捷菜单中选择“添加”命令，打开“添加表或视图”对话框。如果数据环境原来是空的，在打开数据环境设计器时，该对话框会自动出现。

2）选择要添加的表或视图，并单击“添加”命令，如果单击“其他”命令，将弹出“打开”对话框，用户可以从中选择所需要的表。

4. 从数据环境中移去表或视图

1）在“数据环境设计器”窗口中，选择并单击要移去的表或视图。

2）执行“数据环境”→“移去”命令。

同时也可以使用鼠标右键单击要移去的表或视图，然后在弹出的快捷菜单中选择“移去”命令。如果从数据环境中移去表，则与该表有关的所有关系都将消失。

5. 在数据环境中设置关系

如果添加在数据环境中的表之间具有数据库中设置的永久关系，则这些关系也会自动添加到数据环境中。如果表之间没有永久关系，则可以根据需要在数据环境设计器中为这些表设置关系。设置关系的方法与在数据库中设置关系的方法相同。删除关系的方法与在数据库中删除关系的方法相同。

6. 向表单添加字段

在向表单的数据环境中添加完数据表后，选中数据表中的某一个字段，用鼠标将该字段拖动表单的适当位置，此时在表单中就出现该字段所对应的字段内容的标签和相应的编辑控件。在默认情况下，如果拖动的是字符型字段，则将产生文本框控件；如果拖动的是备注型字段，则将产生编辑框控件；如果拖动的是表或视图，则将产生表格控件。但是用户可以执行“工具”→“选项”命令，打开“选择”对话框，然后在“字段映象”选项卡中修改这种映象关系。

任务实施

1. 建立数据表结构

首先创建用户表 Userb，该表包含两个字段，其字段名分别为“username”、“pwc”和“qx”，类型均为字符型，其字段宽度均为 10。表结构建立完成之后，为该表输入内容“admin”，“111”及“LLZ”，“123”。

2. 创建表单及设置不同控件的属性

（1）创建表单及添加数据环境　利用表单设计器创建一个新表单。同时，在表单的空白处单击鼠标右键，在弹出的快捷菜单中选择“数据环境”命令，出现“数据环境设计器”窗口。在窗口中，再单击鼠标右键，在弹出的快捷菜单中选择“添加”命令，选择刚刚建立的数据表“Userb”，将该数据表添加到表单的数据环境中。

（2）添加控件　分别在表单中添加 3 个标签 Label1～Label3、1 个文本框 Text1、1 个组合框 Combo1、1 个命令按钮组 CommandGroup1 和 2 个形状控件 Shape1、Shape2。

（3）设置表单及控件属性　表单及控件属性的设置见表 2-16。

表 2-16　表单及控件属性

控件名称	属性名	属性值	控件名称	属性名	属性值
Form1	AutoCenter	.T.	Labele1	Caption	请输入您的姓名与密码
Form1	BorderStyle	0	Labele2	Caption	用户名
Form1	MinButton	.F.	Labele3	Caption	密码
Form1	Closable	.F.	Shape1、Shape2	SpecialEffect	0
Form1	MaxButton	.F.	Shape1、Shape2	Backstyle	0
Form1	Icon	自定	Commandgroup1.Command1	Caption	确定
Form1	Caption	系统登录	Commandgroup1.Command2	Caption	退出

利用“布局”工具栏中的“置后”命令，分别对形状控件 Shape1 和 Shape2 进行设置，使形状控件不能遮挡住其他控件的使用。同时设置不同控件的属性并调整其位置，使其在表单的显示具有美观性，如图 2-16 所示。

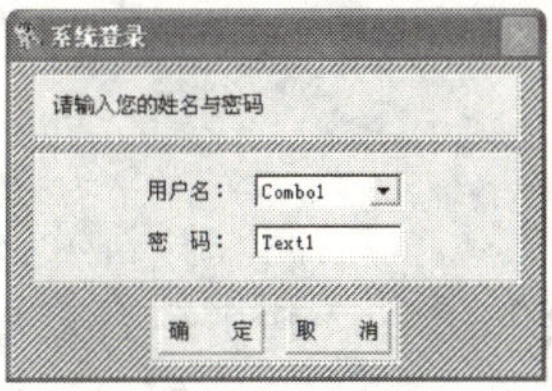

图 2-16　创建表单

3. 编写代码

（1）设置表单初始环境

设置 Form1.Load 事件代码如下：

```
LOCAL n
```

设置 Form1.Activate 事件代码如下：

```
n=0
ThisForm.Combo1.Value=1
ThisForm.Combo1.setfocus
```

（2）设置 Commandgroup1 控件各按钮的 Click 事件代码

设置“确定”Commandgroup1.Command1.Click 事件代码如下：

```
LOCATE FOR user.username=ALLT(ThisForm.Combo1.displayValue)
IF FOUND() and ALLT(user.pwc)==ALLT(ThisForm.Text1.Value)
    MESSAGEBOX("欢迎使用本系统！",0+64,"提示信息")
ELSE
    n=n+1
    MESSAGEBOX("用户名或密码输入错误第"+ALLT(str(n))+"次，请联系系统管理员！",0+16,"提示信息")
```

```
        ThisForm.Text1.Value=""                 &&文本框 Text1 清空
        ThisForm.Text1.setfocus                 &&文本框 Text1 重新获得焦点
            IF n>2
              ThisForm.Combo1.enabled=.f.       &&组合框 Combo1 不可用
              ThisForm.Text1.enabled=.f.        &&文本框 Text2 不可用
              ThisForm.Commandgroup1.Command1.enabled=.f. &&命令按钮不可用
          ENDIF
ENDIF
```

设置“退出”Commandgroup1.Command2.Click 事件代码如下：

```
ThisForm.Release
```

4. 保存文件

表单命名为 login3.scx。

5. 测试表单

运行表单 login3.scx，从用户名下拉列表框中选择其中一项，然后输入对应的密码，如果选择的用户名与其对应的密码正确，则弹出“欢迎使用本系统！”提示信息框；如果输入的密码不正确，则弹出错误几次的提示信息框，如果错误超过 2 次，则组合框、文本框和“确定”按钮无效，表单的焦点自动移至“退出”按钮，只能退出该系统。

知识拓展

1. 组合框 Combo

组合框相当于文本框和列表框的组合，利用组合框可以快速、准确地选择数据项，进行数据的输入。组合框又分为下拉组合框与下拉列表框两类，前者允许键入数据项，而后者仅有选项功能。

（1）常用属性　通过在“属性”窗口或程序语句中对组合框的属性进行设置，可以改变或定义其外表特征及其某一方面的行为。组合框的常用属性，见表 2-17。列表框的常用属性，见表 2-20。

表 2-17　组合框的常用属性

属　性　名	默　认　值	属性值类型	说　　明
BoundColumn	1	数值型	确定多列列表中哪一列与 Value 属性和数据源绑定
BoundTo	.F.	逻辑型	确定是否与数值数据绑定
ColumnCount	0	数值型	指定组合框中列的个数
ColumnWidths	（无）	字符型	指定列的宽度
IncrementalSearch	.T.	逻辑型	确定是否提供递增搜索功能
InputMask	（无）	字符型	在下拉组合框中指定允许键入的数据类型
ListCount	1	数值型	统计组合框中所有数据项的个数
ListIndex	0	数值型	确定被选中的数据项的索引
RowSource	（无）	字符型	确定组合框中数据的来源
RowSourceType	0-无	数值型	确定 RowSource 属性的类型
Style	0-下拉组合框	数值型	指定组合框是下拉列表框还是下拉组合框

（续）

属 性 名	默 认 值	属性值类型	说 明
Sorted	.F.	逻辑型	确定组合框中的数据项是否有序排列
DisplayValue			返回运行时显示的内容，在运行时为只读

RowSourceType 属性的取值类型，见表 2-18。

表 2-18 RowSourceType 属性的取值类型

设 置	说 明
0	（默认值）无。如果使用了默认值，在运行时使用 AddListItem 或 AddListItem 方法填充列
1	值。使用由逗号分隔的列填充
2	别名。使用 ColumnCount 属性在表中选择字段
3	SQL 语句。使用 SQL SELECT 命令创建一个临时表或一个表
4	查询（.QPR）。指定有 .QPR 扩展名的文件名
5	数组。设置列属性可以显示多维数组的多个列
6	字段。用逗号分隔的字段列表。字段前可以加上由表别名和句点组成的前缀
7	文件。用当前目录填充列。RowSource 属性中指定的是文件类型（如*.DBF 或*.TXT）
8	结构。由 RowSource 指定的表的字段填充列
9	弹出式菜单。包含此设置是为了提供向后兼容性

（2）常用方法　方法程序也是组合框对象的一个重要特性，是组合框能够执行的一个特定操作。组合框的常用方法，见表 2-19。

表 2-19 组合框的常用方法

方 法 名	说 明
AddItem	向组合框中添加一个数据项，允许用户指定数据项的索引位置，但这时的 RowSource 属性必须为 0 或 1
AddListItem	向组合框中添加一个数据项，允许用户指定数据项的选项编号，但这时的 RowSource 属性必须为 0 或 1
RemoveItem	从组合框中移去一个数据项，允许用户指定数据项的索引位置，这时的 RowSource 属性必须为 0 或 1
RemoveListItem	从组合框中移去一个数据项，允许用户指定数据项的选项位置，这时的 RowSource 属性必须为 0 或 1
Requery	重新查询组合框对象所基于的 RowSource

（3）组合框的生成器　组合框生成器含有列表项、布局、样式、值等 4 个选项卡，用于为组合框设置各种属性。组合框的生成器与列表框的生成器完全类似。

2. 列表框 List

列表框控件用于显示一系列数据项，用户可以从中选择一项或多项。列表框与组合框都有一个供用户选项的列表，但两者之间有区别：

1）列表框任何时候都显示它的列表，而组合框平时只显示一个项，待用户单击它的向下按钮后才能显示可滚动的下拉列表。若要节省空间，并且突出当前选定项时可使用组合框。

2）组合框又分为下拉组合框与下拉列表框两类，前者允许键入数据项；而列表框与下拉列表框都仅有选项功能。

（1）常用属性　列表框的属性是列表框的重要特性，通过在“属性”窗口或程序语句中对其进行设置，可以改变或定义列表框的外表特征及其某一方面的行为。列表框的常用属性，见表 2-20。

表 2-20　列表框的常用属性

属性名	默认值	属性值类型	功能
BoundColumn	1	数值型	确定多列列表中哪一列与 Value 属性和数据源绑定
BoundTo	.F.	逻辑型	确定是否与数值数据绑定
ColumnCount	0	数值型	指定列表框中列的个数
ColumnWidths		字符型	指定列的宽度
IncrementalSearch	.T.	逻辑型	确定是否提供递增搜索功能
ListCount	1	数值型	统计列表框中所有数据项的个数
ListIndex	0	数值型	确定被选中的数据项的索引
MultiSelect	.F.	逻辑型	确定是否能在列表框中进行多项选择
MoverBars	.F.	逻辑型	设置列表框的左侧是否显示移动按钮
RowSource		字符型	确定列表框中数据的来源
RowSourceType	0	数值型	确定 RowSource 属性的类型
Sorted	.F.	逻辑型	确定列表框中的数据项是否有序排列

列表框的 RowSourceType 属性的可取值，与组合框的 RowSourceType 属性的可取值相同，此处不再叙述。

（2）常用事件　列表框的事件可以对用户的操作或系统触发的事件作出响应，以实现人机的交互过程。列表框的常用事件，见表 2-21。

表 2-21　列表框的常用事件

事件名	说明
Click	当用户单击列表框时，就产生该事件
RightClick	当用户在控制上按下并释放鼠标右键时此事件发生
DblClick	当用户双击列表框时，就产生该事件
InterativeChange	当列表框的值发生变化时就产生该事件
KeyPress	当用户按某个键时就产生该事件
MiddleClick	当用户按下鼠标中间键时产生该事件
MouseDown	当用户按下鼠标时产生该事件
MouseMove	当用户在对象上移动鼠标时，产生该事件
MouseUp	当用户释放鼠标时产生该事件

（3）常用方法　方法程序也是列表框对象的一个重要特性，是列表框能够执行的一个特定操作。列表框常用的方法与组合框的常用方法是相同的，此处不再叙述。

3. 形状控件 Shape

形状控制是可以显示矩形、圆或椭圆的图形控制，这些图形不能直接修改。但是，因为形状控制包括很多其他控制具有的属性、事件和方法，所以形状控制能响应事件，并且在运行时可动态地修改。

Curvature 属性决定显示什么样的图形，它的变化范围是 0～99。0 表示无曲率，用来创建矩形；99 表示最大曲率，创建圆和椭圆。

SpecialEffect 属性决定控件的不同格式，0 表示三维，1 表示平面。为了使设计效果更具有立体感，SpecialEffect 属性通常设置为 0。

BackStyle 决定形状控件是否以透明方式显示，0 表示透明，1 表示不透明。

触类旁通

利用方法程序可以向列表框或组合框中添加不同的信息，下面通过不同实例进行说明。

例 2-2　利用文本框，向列表框中输入信息，如果所输入的信息已经存在，则出现相应提示信息。本例设计界面如图 2-17 所示。文件名保存为 LT3-1。

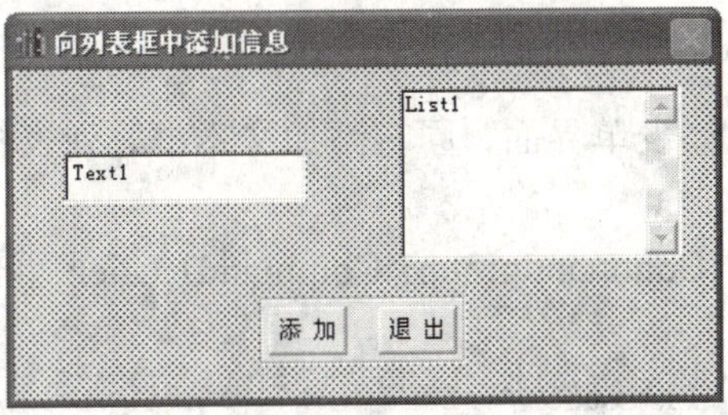

图 2-17　设计界面

设计步骤如下：

1）利用表单设计器设计表单界面，同时添加文本框、列表框及命令按钮组，同时设置表单及不同控件的属性。

2）设置“添加”按钮 Commandgroup1.Command1.Click 事件代码如下：

```
pd=.t.
IF ThisForm.List1.Listcount=0
    ThisForm.List1.Additem(ALLT(ThisForm.Text1.Value))
ELSE
    FOR k=1 TO ThisForm.List1.ListCount
        IF ALLT(ThisForm.List1.List(k))==ALLT(ThisForm.Text1.Value)
            MESSAGEBOX("输入的信息已经存在，请重新输入。",48+0,"警告信息")
            pd=.f.
            ThisForm.Text1.Value=""
            ThisForm.Text1.setfocus
            EXIT FOR
        ENDIF
    NEXT K
    IF pd=.t.
        ThisForm.List1.Additem(ALLT(ThisForm.Text1.Value))
    ENDIF
ENDIF
```

设置“退出”按钮 Commandgroup1.Command2.Click 事件代码如下：

```
ThisForm.Release
```

例 2-3 如果列表框 1 的数据源包括学号、姓名、性别、出生日期、家庭住址、联系电话等内容，则通过选择其中的内容，可以将选择的内容添加到列表框 2 中；选择列表框 2 中的内容，可以将选中的内容移出。本例设置的界面如图 2-18 所示。

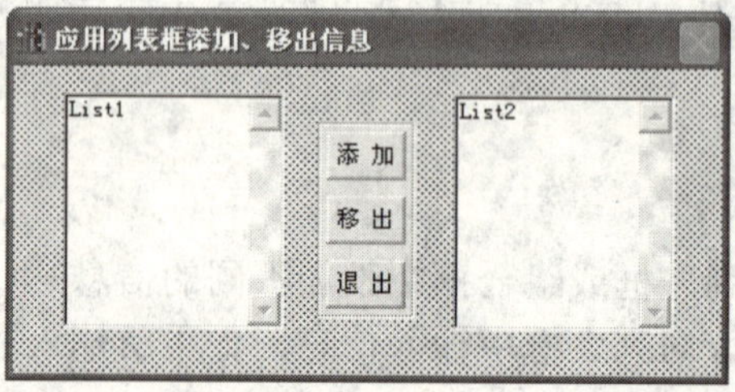

图 2-18 本例设计的界面

设计步骤如下：

1）利用表单设计器设计表单界面，同时添加文本框、列表框及命令按钮组，同时设置表单及不同控件的属性。

2）设置“添加”按钮 Commandgroup1.Command1.Click 事件代码如下：

```
pd=.t.
FOR i=1 TO ThisForm.List1.Listcount
    IF ThisForm.List1.selected(i)
        IF ThisForm.List2.Listcount=0
            ThisForm.List2.Additem(ThisForm.List1.List(i))
        ELSE
           FOR k=1 TO ThisForm.List2.Listcount
               IF ALLT(ThisForm.List1.List(i))==ALLT(ThisForm.List2.List(k))
                       MESSAGEBOX("信息已经存在，不能重复添加。",48+0,"警告信息")
                   pd=.f.
                   EXIT FOR
               ENDIF
           NEXT k
           IF pd=.t.
               ThisForm.List2.additem(ThisForm.List1.List(i))
           ENDIF
     ENDIF
     ENDIF
ENDFOR
```

设置“移出”按钮 Commandgroup1.Command2.Click 事件代码如下：

```
i=1
DO WHILE i<=ThisForm.List2.Listcount
    IF ThisForm.List2.Selected(i)
        ThisForm.List2.Removeitem(i)
    ELSE
```

```
        i=i+1
    ENDFOR
ENDDO
```

设置“退出”按钮 CommandGroup1.Command3.Click 事件代码如下：

```
ThisForm.Release
```

3）保存文件名为 LT3-2。

小结

本项目通过不同的任务，介绍了系统登录模块的常用设计思路与方法及涉及的理论知识，包括“表单设计器”的构成、表单和相关控件。通过本章的学习，可以使读者了解可视化程序设计的基本方法，了解控件的使用方法，并将属性、事件、方法结合起来，设计出控件应用恰当、布局合理、条理清晰，功能强大的表单界面。希望读者结合例题和练习举一反三，多练习，牢固掌握表单的知识，从而掌握面向对象程序设计的内涵。

实战强化

1．在系统登录表单设计中增加检测用户名和密码是否为空的代码，如果为空，则显示相应有消息对话框。

2．在系统登录表单设计中，对用户名和密码分别进行检测。如果用户名不正确，则在表单中出现“无此用户名”信息标签，如图 2-19 所示；如果密码不正确，则在表单中出现“密码错误”信息标签，如图 2-20 所示。

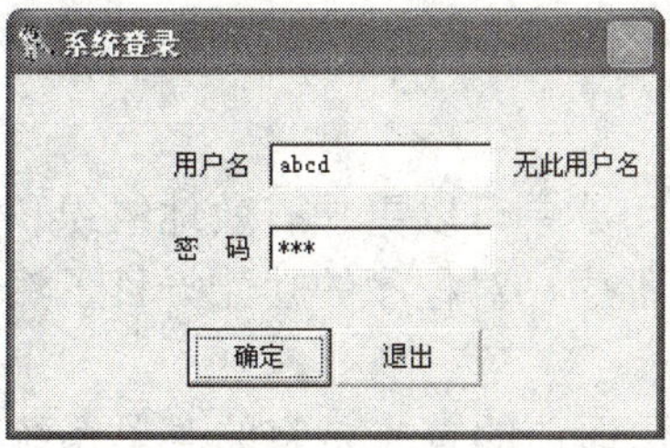

图 2-19　用户名出错提示

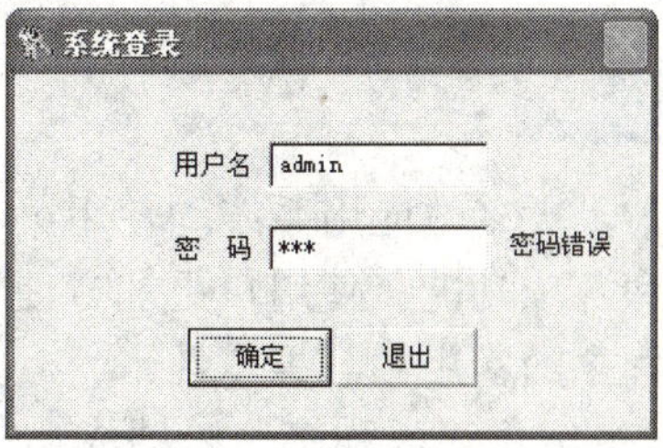

图 2-20　密码出错提示

3．试编写一个职工工资管理系统的登录模块。

项目3 设计“学生信息管理系统”菜单

职业能力目标

1）能够依据应用系统功能对菜单进行规划。
2）能够使用菜单设计器设计应用系统的菜单系统。
3）能够使用快捷菜单设计器设计弹出式快捷菜单。
4）能够使用相关命令和方法对数据进行相关操作。

目前应用系统均采用菜单驱动，为用户提供了一个结构化的、可访问的途径，便于使用应用程序中的命令和工具。菜单系统设计的好坏不仅反映了应用程序中的功能模块组织水平，同时也反映了应用程序操作界面的友好性。本项目主要介绍 Visual FoxPro 菜单的构成基本情况及如何设计下拉式菜单和快捷菜单。

任务 “学生信息管理系统”菜单的设计

任务情境

目前，大多数应用系统均使用菜单进行驱动，使用菜单可以更加有效地组织和管理应用程序和各项功能，使用户更加方便快捷地使用应用程序，对程序的功能一目了然，提高了应用程序的实用性与推广性。

“学生信息管理系统”启动成功之后，展现在用户面前的首先是它的菜单系统，如图 3-1 所示，用户使用它可以方便地使用管理系统所提供的各项功能。

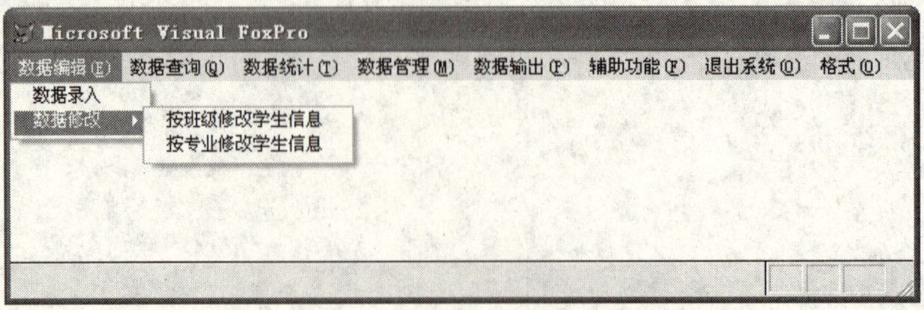

图 3-1 “学生信息管理系统”菜单

任务分析

1. 菜单系统的规划

在设计菜单系统时，要充分考虑以下几个方面：

1）按照用户所要执行的任务组织系统，规划和组织菜单系统的结构，设计相应的菜单和菜单项目。

2）用户只需要查看菜单和菜单项，就可以对应用程序的组织方法有一个初步的了解。因此，要设计好菜单和菜单项，必须清楚用户思考问题的方法和完成任务的方法。

3）为每一个菜单确定一个有意义的菜单标题。

4）按功能将同一菜单中的菜单项分组，并使用分隔线分隔。

5）按照预计的菜单使用频率、逻辑顺序或字母顺序组织菜单项。如果菜单项过多，可以按照字母的顺序查看菜单项。

6）将菜单上菜单项的数目控制在一个屏幕之内。如果菜单项超过一屏，适当地创建子菜单，以减少和限制菜单项的数量。

7）为菜单和菜单项设置访问键或键盘快捷键。

8）使用能够准确描述菜单项的文字。

9）为用户考虑，针对一些常用功能，设计必要的快捷菜单。

2. 菜单的构成

Visual FoxPro 支持两种典型的菜单，即条形菜单和弹出式菜单。每一个条形菜单都有一个内部名字和一组菜单选项，每个菜单选项都有一个名称（标题）和内部名字，用于作为菜单项的提示。每一个弹出式菜单也有一个内部名字和一组菜单选项，每个菜单选项都有一个名称（标题）和选项序号。菜单项的名称显示于屏幕供用户识别，菜单及菜单项的内部名字或选项序号用于在代码中引用。

每一个菜单选项都可以设置一个热键和一个快捷键。热键通常是一个字符，当菜单激活时，可以按菜单项的热键快速选择该菜单项。快捷键通常是<Ctrl>键和另一个字符键组成的组合键。无论菜单是否激活，都可以通过快捷键选择相应的菜单选项。

无论是哪种类型的菜单，当选择其中某个选项时都会产生一种动作。这个动作可以是以下 3 种情况：执行一条命令、执行一个过程和激活另一个菜单。

典型的菜单系统一般是下拉式菜单，由一个条形菜单和一组弹出式菜单组成。其中条形菜单作为主菜单（菜单栏），弹出式菜单作为子菜单。当选择一个条形菜单选项时可激活相应的弹出式菜单。

快捷菜单一般由一个或一组上下级的弹出式菜单组成。

3. 启动“菜单设计器”

启动“新建菜单”对话框，包括以下几种方法。

1）执行“文件”→“新建”命令，在“新建”对话框中选择“菜单”选项，单击“新建文件”按钮。

2）在“项目管理器”中，选择“其他”选项卡，选择“菜单”项，单击“新建”按钮。

3）在命令窗口使用建立菜单命令：CREATE MENU。

使用上述任意一种方法，系统弹出“新建菜单”对话框，如图 3-2 所示。

图 3-2 “新建菜单”对话框

“新建菜单”对话框有两个按钮：“菜单”按钮和“快捷菜单”按钮。其中“菜单”按钮用于建立系统主菜单；“快捷菜单”按钮用于建立快捷菜单（单击鼠标右键时弹出的菜单）。单击“菜单”，将出现“菜单设计器”窗口，如图 3-3 所示。

4.“菜单设计器”窗口的构成

在图 3-3 所示的“菜单设计器”窗口中，主要包括“菜单名称”、“结果”和“选项”三栏。还包括“菜单级”、“菜单项”两个选项以及“预览”按钮。

（1）“菜单名称”栏 “菜单名称”栏指定菜单的标题和菜单项，其内容是菜单运行时显示的内容（非菜单程序中的内部名字）。

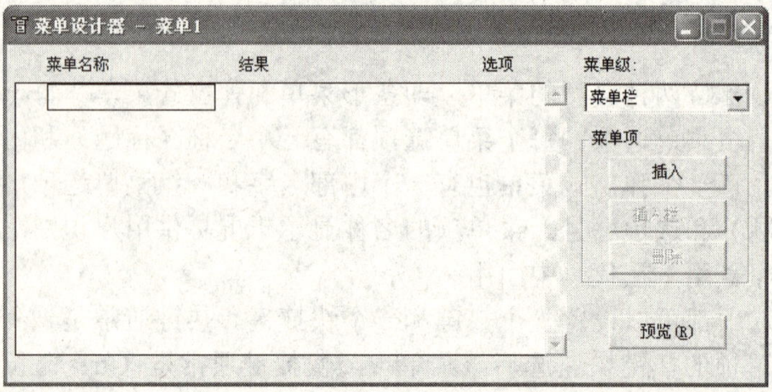

图 3-3 “菜单设计器”窗口

可为菜单项定义一个访问键和快捷键。当菜单项是英文词汇时，若选择某个字母为访问键，则要在该字母前加上“\<”，例如“\<F”。若是中文名菜单项，则往往在中文标题后面加上“(\<字母)”来指定菜单项访问键，如“文件（\<F）”表示字母 F 为该菜单项的访问键。

另外，也可将菜单项按功能归类分组，在两组之间插入一条水平的分组线，方法是在“菜单名称”栏输入“\-”字符。

“移动”按钮：在当前菜单标题左边有一个上下双箭头的“移动”按钮，拖动该按钮可以调整菜单项之间的上下位置的顺序。

（2）“结果”栏 “结果”栏指定用户选择该菜单项时的动作，包括命令、填充名称（或菜单项）、子菜单和过程四个选项。

1）命令：选择此选项，列表框右边会出现一个文本框，可以在文本框内输入一条具体的命令。菜单项的动作就是执行这条命令。

2）填充名称（或菜单项）：选择此选项，列表框右边会出现一个文本框，可以在文本框内输入菜单项的内部名字或序号。如果窗口右上方的“菜单级”为菜单栏，则该选项为“填充名称”，表示让用户定义菜单项内部名字；若当前“菜单级”为某一弹出式子菜单，则该选项为“菜单项#”，表示让用户定义菜单项序号。

如果没有指定填充名称（或菜单项），则系统生成菜单程序时会自动设定菜单项的内部名字或序号，只不过系统所取名字比较难记，不利于菜单程序的阅读和引用。

3）子菜单：选择此选项，列表框右边会出现“创建”或“编辑”按钮（第一次定义时为“创建”按钮，以后为“编辑”按钮）。选定相应按钮，“菜单设计器”窗口就切换到子菜单窗口，供用户建立或修改子菜单。此时，窗口右上方的“菜单级”列表框将显示当前编辑的菜单名。用户可以通过该列表框选项，返回到上级菜单或主菜单。

4）过程：选择此选项，列表框右边会出现“创建”按钮，单击“创建”按钮将打开一个文本编辑窗口，可在其中输入和编辑过程代码。以后，再进行过程编辑时，右边将出现“编辑”按钮而不是“创建”按钮。注意，在输入过程代码时，不需要写入 PROCEDURE 语句。

（3）“选项”栏　每个菜单项的“选项”栏都有一个无符号按钮，单击该按钮就会出现“提示选项”对话框，如图 3-4 所示。在该对话框中，可设置菜单项的各种高级属性。被定义过的属性，其按钮上就会显示符号“√”。

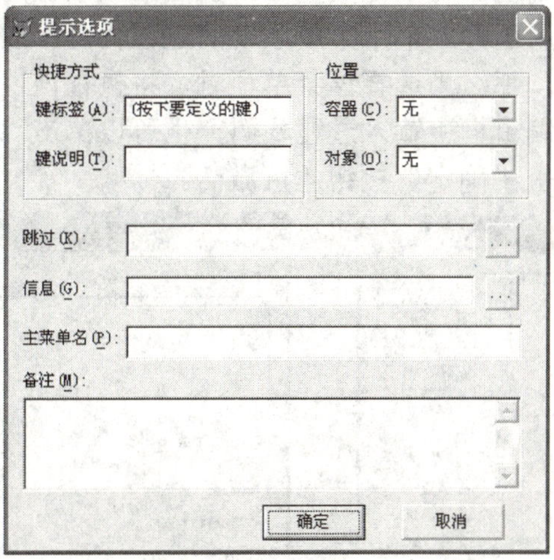

图 3-4 “提示选项”对话框

“提示选项”对话框的主要属性设置包括：

1）快捷方式：设置菜单项的快捷键（组合键）。方法是：单击“键标签”文本框，使光标定位于该文本框，然后在键盘上按下组合键，如“Ctrl+C”，则文本框中就会出现“Ctrl+C”。若要取消已定义的快捷键，只需当光标在“键标签”文本框中时按下空格键即可。

2）跳过：设置菜单项的跳过条件。条件是一个逻辑表达式，表达式的值决定该菜单是否可选。当菜单激活时，值为.T.时菜单项以灰色表示，表示该菜单项不可用。

3）信息：设置菜单项的说明信息。当菜单激活时，鼠标指针指向该菜单项时，该说明信息就会出现在状态栏中。需要注意，输入的字符信息需要用引号括起来。

4）主菜单名（或菜单项#）：设置主菜单的菜单项的内部名字或弹出式菜单的菜单项的序号。如不指定菜单项的内部名字或序号，系统会自动设定。该文本框只对“结果”选项中的“命令”、“过程”和“子菜单”有效。

（4）菜单级　通过“菜单级”列表框，可以指定当前设计的菜单，返回到上级菜单或主菜单。

（5）菜单项　菜单项包括“插入”、“插入栏”和“删除”三个命令按钮。

1）“插入”按钮：单击该按钮，在当前菜单项之前插入一个新的菜单项行。

2）“插入栏”按钮：在当前菜单项之前插入一个 Visual FoxPro 系统菜单项命令。方法是：单击该按钮，打开“插入系统菜单栏”对话框，如图 3-5 所示，然后在对话框中选择所需的菜单项命令，单击“插入”按钮。“插入栏”按钮仅在设置弹出式菜单时有效。

3）“删除”按钮：单击该按钮，可删除当前菜单项行。

（6）“预览”按钮　此按钮用于浏览所设计菜单的屏幕效果，根据结果可再进行修改。

5.“显示”菜单

在“菜单设计器”环境下，系统的“显示”菜单包含两个菜单命令：“常规选项”和“菜单选项”，它们与“菜单设计器”相互配合使用。

（1）常规选项　在“显示”菜单中选择“常规选项”命令，出现“常规选项”对话框，如图 3-6 所示。通过该对话框，可以定义整个下拉式菜单系统的总体属性。

1）“过程”编辑框。用于建立整个菜单系统的过程代码。如果菜单系统中的某个菜单选项没有规定具体的动作，那么当选择该菜单项时，将执行该过程代码。

用户可以在“过程”编辑框中输入过程代码，也可以单击“编辑”按钮，打开一个代码编辑窗口，该窗口要单击“确定”按钮才可激活。

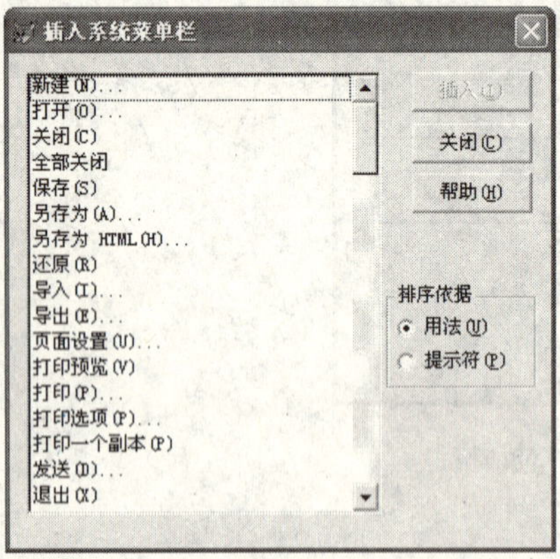

图 3-5 “插入系统菜单栏”对话框

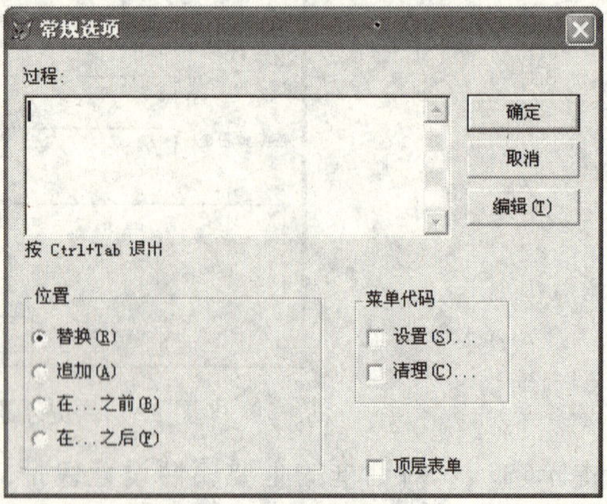

图 3-6 “常规选项”对话框

2）“位置”区域。该区域包括 4 个选项按钮，用来描述用户定义的菜单与系统菜单的关系。

①“替换”选项按钮：将用户定义的菜单替换系统菜单，是系统默认的选项。

②“追加”选项按钮：将用户定义的菜单添加到当前菜单系统的右边。

③“在…之前”选项按钮：将用户定义的菜单插入到某菜单项的前面，选定该按钮后右边会出现一个用来指定菜单项的下拉列表。

④“在…之后”选项按钮：将用户定义的菜单插入到某菜单项的后面，选定该按钮后

右边会出现一个用来指定菜单项的下拉列表。

3）“菜单代码”区域。该区域包括“设置”复选框和“清理”复选框这两个选项。

①“设置”复选框：选中此复选框，将打开一个编辑窗口，用于设置菜单程序的初始化代码。该代码一般包含设置变量、定义数组、创建环境等操作内容。

②“清理”复选框：选中此复选框，也会打开一个编辑窗口，用于设置菜单程序的清理代码。清理代码在菜单显示出来后执行。

4）“顶层表单”复选框。选中此复选框，则允许用户定义的菜单在顶层表单（单文本界面 SDI）中使用。如果未选定，则只允许在 Visual FoxPro 框架中使用该菜单。

（2）菜单选项　在“显示”菜单中选择“菜单选项”命令，出现“菜单选项”对话框，如图 3-7 所示。通过该对话框，可以为整个菜单系统指定代码。

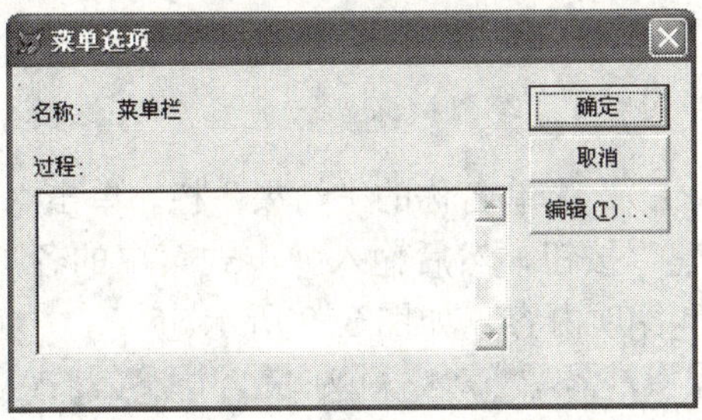

图 3-7 “菜单选项”对话框

1）“名称”项。用于指定菜单名，默认值与“菜单级”中的文本相同。

2）“过程”编辑框。该编辑框用于创建或编辑菜单中的过程代码，用户也可单击“编辑”按钮和“确定”按钮，打开更大的编辑窗口来编辑过程代码。

6. 菜单的保存、生成与运行

（1）保存菜单　完成菜单设计（新建或修改）后，选择“文件”菜单中的“保存”命令，系统将保存当前的菜单，生成菜单文件（.MNX）和菜单备注文件（.MNT）。而菜单文件（.MNX）不可直接运行，要运行就必须生成相应的菜单程序代码（.MPR）。

（2）生成菜单程序　在“菜单设计器”窗口处于打开状态时，选择“菜单”中的“生成”命令，将当前菜单生成为菜单程序。生成的菜单程序其主文件名与菜单文件同名，扩展名为.MPR。

（3）运行菜单　执行命令：DO 菜单程序名.MPR，可以运行菜单程序，但菜单程序的扩展名.MPR 不可默认。运行菜单程序时，系统会将菜单程序的扩展名.MPR 编译成扩展名为.MPX 的菜单目标程序。

任务实施

菜单系统规划好后，即可利用 Visual FoxPro 系统提供的“菜单设计器”来建立下拉式菜单。首先启动菜单设计器，依据下面步骤设计下拉式菜单。

1. 建立主菜单（菜单栏）

1）在“菜单设计器”窗口的“菜单名称”栏中，依次输入“数据编辑”、“数据查询”、“数据统计”、“数据管理”、“数据输出”、“辅助功能”、“退出系统”等菜单名称。

2）为各菜单项添加热键，如在“数据编辑”菜单名称中加入（\<E）即可，其他的菜单项依次类推，如图 3-8 所示。

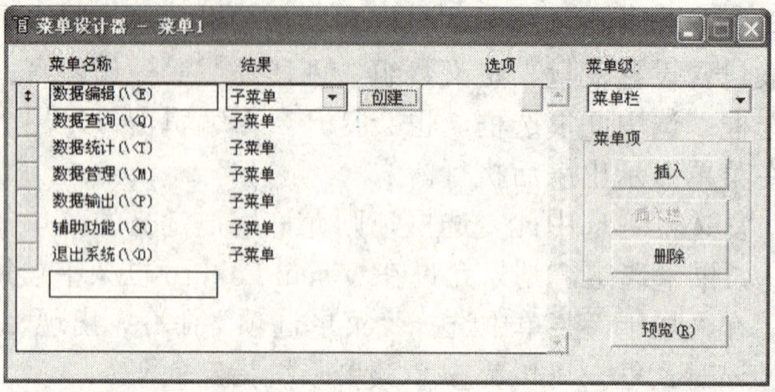

图 3-8　建立主菜单（菜单栏）

2. 建立弹出式菜单

1）选择“数据编辑（\<E）”菜单名称的“结果”栏，单击“子菜单”后面的下拉箭头，选择“子菜单”，单击“创建”按钮，然后输入弹出式菜单的各项内容，同时设置不同菜单的分隔线，用于间隔其菜单各项内容，如图 3-9 所示。

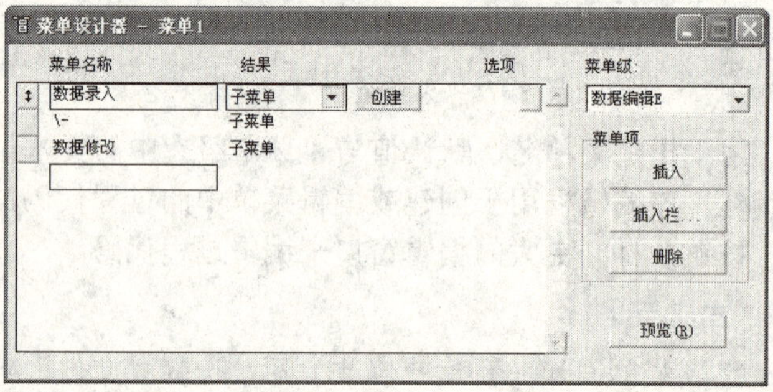

图 3-9　建立下拉式菜单

2）选择“数据修改”菜单名称的“结果”栏，单击“子菜单”后面的下拉箭头，选择“子菜单”，单击“创建”按钮，建立“数据修改”菜单项的级联菜单，然后输入级联菜单的各项内容，如图 3-10 所示。

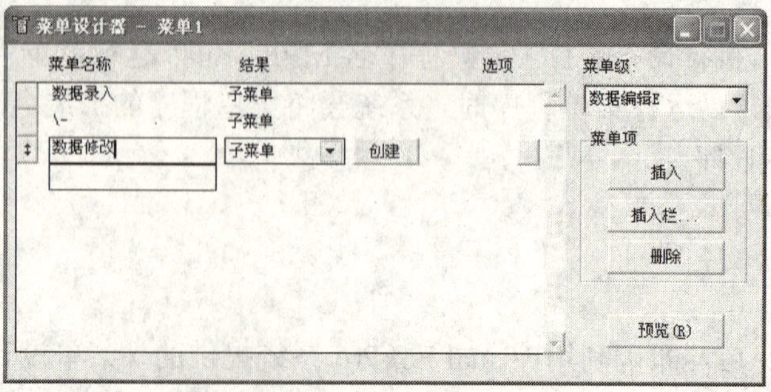

图 3-10　建立级联菜单

3. 设置菜单项功能

如果该菜单项为终级菜单项，则可以设置其菜单命令。在“结果”栏中，单击“子菜单”后面的下拉箭头，选择“命令”，在选项文本框中输入相应的命令，即可实现该菜单的功能，如图 3-11 所示。

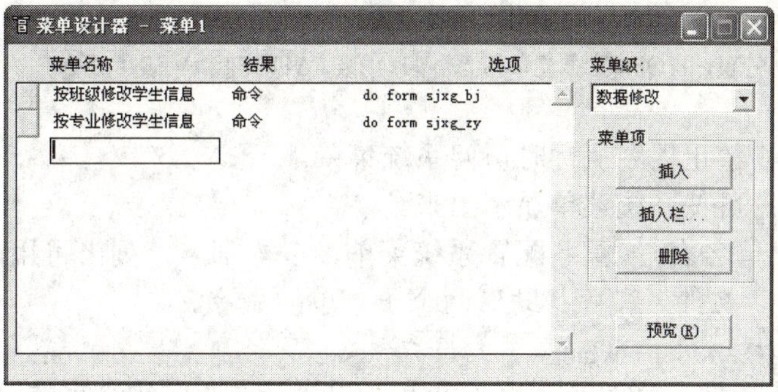

图 3-11　设置菜单项功能

4. 保存菜单

单击常用工具栏上的“保存”按钮，系统弹出“另存为”对话框，输入菜单的文件名 main，然后单击“保存”按钮。

5. 生成菜单程序

执行“菜单”→“生成”命令，弹出“生成菜单”对话框，单击“生成”按钮，将当前菜单生成为菜单程序 main，其扩展名为.MPR。

6. 运行菜单

在命令窗口中执行 do main.mpr 命令，即可运行菜单程序了。

知识拓展

1. Visual FoxPro 菜单内部名字及相关命令

（1）菜单内部名字　Visual FoxPro 系统菜单是一个典型的菜单系统，主菜单是一个条形菜单，其中常用选项的名称及内部名字，见表 3-1。

条形菜单的内部名字为_mSYSMENU，可以当做整个菜单系统的名字。

选择条形菜单中的每一个菜单项都会激活一个弹出式菜单，各弹出式菜单的内部名字，见表 3-2。“编辑”菜单中常用选项的选项名称和内部名字，见表 3-3。

表 3-1　主菜单常用选项

选 项 名 称	内 部 名 字
文件	_msm_file
编辑	_msm_edit
显示	_msm_view
工具	_msm_tools
程序	_msm_prog
窗口	_msm_windo
帮助	_msm_systm

表 3-2　弹出式菜单的内部名字

弹出式菜单	内 部 名 字
“文件”菜单	_mfile
“编辑”菜单	_medit
“显示”菜单	_mview
“工具”菜单	_mtools
“程序”菜单	_mprog
“窗口”菜单	_mwindow
“帮助”菜单	_msystem

表 3-3　“编辑”菜单常用选项

选 项 名 称	内 部 名 字
撤销	_med_undo
重做	_med_redo
剪切	_med_cut
复制	_med_copy
粘贴	_med_paste
清除	_med_clear
全部选定	_med_slcta
查找…	_med_find
替换…	_med_repl

（2）相关命令　通过 SET SYSMENU 命令可以允许或禁止在程序运行时访问系统菜单，也可以重新配置系统菜单。其命令格式如下：

```
SET SYSMENU ON|OFF|AUTOMATIC
|TO[<弹出式菜单名表>]|TO[<条形菜单项表>]|TO[DEFAULT]|SAVE|NOSAVE
```

说明：

ON/OFF：允许/禁止程序执行时访问系统菜单。

AUTOMATIC：可使系统菜单显示出来。

TO <弹出式菜单名表>：重新配置系统菜单，以内部名字列出可用的弹出式菜单。如将系统菜单只保留“文件”和“帮助”两个子菜单的命令。

```
SET SYSMENU TO _mfile,_mwindow
```

TO <条形菜单项表>：重新配置系统菜单，以条形菜单项内部名表列出可用的子菜单。如将系统菜单只保留“文件”和“帮助”两个子菜单，也可写成下面的命令。

```
SET SYSMENU TO _msm_file,_msm_systm
```

TO DEFAULT：将系统菜单恢复为默认菜单。

SAVE：将当前的系统菜单配置成指定的默认菜单。如果执行 SET SYSMENU TO SAVE 命令，则修改系统菜单；若执行 SET SYSMENU TO DEFAULT 命令，则即可恢复 SET SYSMENU TO SAVE 命令执行之前的菜单配置。

NOSAVE：将默认配置恢复成 Visual FoxPro 系统菜单的标准配置。要将系统菜单恢复成标准配置，可先执行 SET SYSMENU TO NOSAVE 命令，然后再执行 SET SYSMENU TO DEFAULT 命令。

不带参数的 SET SYSMENU TO 命令将屏蔽系统菜单，使系统菜单不可用。

2．设置菜单项是否可用

在使用 Visual FoxPro 的过程中，经常会遇到这样的情况，某些菜单项一会儿呈现灰色不可用状态，一会儿又呈现可用状态。这是什么原因产生的呢？其主要原因是某些菜单项，在某一时刻不满足某种要求，因此呈现灰色不可用状态。

例如，在系统中设置某一个变量 Pd=.T.，在进行菜单设计时，如果菜单启动，则设置“数据编辑”菜单栏不可用。此时单击该菜单栏最右侧的“选项”按钮，弹出“提示选项”对话框（见图 3-12），在“跳过”文本框中输入：Pd=.T.，则重新运行菜单后，“数据编辑”菜单栏表现为“不可用”状态，呈现灰色。其他下拉式菜单项可以采用同样的方法进行设置。

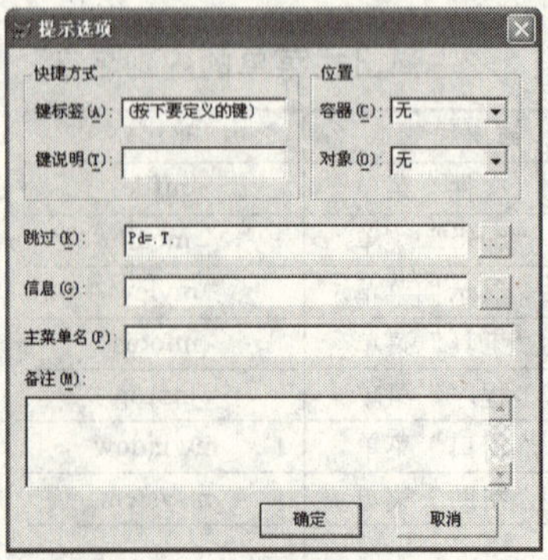

图 3-12　“提示选项”对话框

3. 为顶层表单添加菜单

在应用系统的设计过程中，最后需要将主菜单添加到主表单中，该菜单将随着表单的打开而打开，其基本设计思路是：

1）设置主菜单为顶层菜单。

2）设置表单为顶层表单，即将表单的 ShowWindow 属性值定义为 2。

3）编写表单事件代码。

表单的 Init 事件用于自动加载菜单，其事件代码如下：

```
DO <菜单名.mpr> WITH This
```

表单的 Destroy 事件用于清除菜单，其事件代码如下：

```
Release menu <菜单内部名>
```

4）保存并运行表单。

例 3-1 将学生信息管理系统菜单添加到顶层表单中。

具体设计步骤如下：

1）打开任务 1 中所设计的菜单 main.mnx，将其另存为 main1.mnx。

2）选择“显示”菜单中的“常规选项”命令，打开“常规选项”对话框，选中“顶层表单”复选框，单击“确定”按钮，返回“菜单设计器”窗口，保存菜单，生成菜单程序 main1.mpr，将菜单设置为顶层菜单。

3）创建一个空白表单，设置其 ShowWindow 属性值为 2，使表单成为顶层表单，并命名为 dcbd.scx。

4）在表单的 Init 事件中添加调用菜单命令：

```
DO main1.mpr WITH This
```

5）在表单的 Destroy 事件中添加用于清除菜单的命令：

```
RELEASE MENU main1 Extended
```

触类旁通

通常情况下，下拉式菜单作为应用系统的系统菜单，列出了整个应用系统所具有的全部功能。而快捷菜单是用户单击鼠标右键时弹出的菜单，它一般从属于某个界面对象。

利用系统提供的“快捷菜单设计器”可以方便地定义和使用快捷菜单。与下拉式菜单相比，快捷菜单没有菜单栏，只有弹出式菜单。快捷菜单一般是由一个“条状”菜单组成，或者由几个具有上下级关系的弹出式菜单组成。

1. 建立快捷菜单的方法与过程

1）执行“文件”→“新建”命令。

2）在“新建”对话框中选择“菜单”单选按钮，然后单击“新建文件”按钮。

3）在“新建文件”对话框中，单击“快捷菜单”按钮，打开“快捷菜单设计器”对话框。

4）使用与设计下拉式菜单相似的方法，在“快捷菜单设计器”窗口中设计快捷菜单，生成菜单程序。

5）在快捷菜单的“清理”代码中添加清理菜单的命令，使得在选择或执行菜单命令后能及时清理菜单，并释放其所占的内存空间。命令格式为：

```
Release popup <快捷菜单名> [extended]
```

6）在表单设计器环境下，选定要添加快捷菜单的对象。

7）在选定对象的 RightClick 事件代码中，添加调用快捷菜单程序的命令，其格式为：Do <快捷菜单名>，其中“快捷菜单”的扩展名.mpr 不能省略。

2．应用实例

例 3-2 为表单建立一个快捷菜单 Kjcd，其选项有日期、时间、变大和变小，时间与变大之间用分组分隔线，如图 3-13 所示。选择日期或时间选项时，表单的标题变为当前日期或时间。选中变大或变小选项时，表单的大小将缩放 10%，该表单命名为 Lt4-1。

图 3-13 快捷菜单

操作步骤如下：

1）使用“快捷菜单设计器”，依据题目中菜单选项内容，设计快捷菜单各选项内容。快捷菜单各选项的内容和结果，见表 3-4。

表 3-4 选项的内容及结果

菜单选项	结果	过程内容
日期	过程	nf=ALLT(STR(YEAR(DATE()))) yf=ALLT(STR(MONTH(DATE()))) rz=ALLT(STR(DAY(DATE()))) ss=nf+"年"+yf+"月"+rz+"日" myform.Caption=ss
时间	过程	s=TIME() ss=LEFT(s,2)+"时"+SUBSTR(s,4,2)+"分"+RIGHT(s,2)+"秒" myform.Caption=ss
\-	子菜单	加分组分隔线
变大	过程	w=myform.Width h=myform.Height myform.Width=w+w*0.1 myform.Height=h+h*0.1
变小	过程	w=myform.Width h=myform.Height myform.Width=w-w*0.1 myform.Height=h-h*0.1

2）执行“显示”→“常规选项”命令，打开“常规选项”对话框，依次选择“设置”和“清理”复选框，打开“设置”和“清理”代码编辑窗口，然后在“设置”窗口中输入以下代码：

```
PARAMETERS myform
```

用于接收参数语句命令，其中“myform”表示当前接收参数的对象为表单。

在“清理”窗口中输入以下代码：

```
RELEASE POPUP kjcd
```

用于清理快捷菜单命令，其中“kjcd”表示快捷菜单的名称。

3）单击常用工具栏上的“保存”按钮，将结果保存在菜单定义文件 kjcd.mnx 和菜单备注文件 kjcd.mnt 中，然后执行“菜单”→“生成”命令，生成快捷菜单程序文件 kjcd.mpr。

4）创建一个新表单，选择表单的 RightClick 事件过程，并在其代码编辑窗口中输入：

```
DO kjcd.mpr WITH THIS
```

5）单击常用工具栏上的“保存”按钮，将该表单命名为 lt4-1。

运行表单，在表单空白处单击鼠标右键，在弹出的快捷菜单中执行各菜单项的功能。

小结

菜单设计是任何一个应用系统在设计过程中必不可少的一项任务。本项目介绍了“菜单设计器”的使用，着重讲解了标准菜单、快捷菜单的设计与生成。通过具体实例的讲解，希望大家能够制作出自己的应用菜单，使自己的应用程序操作更加简洁、直观。

实战强化

1. 仿照 Word 设计一个下拉式菜单，不必设计其具体执行的功能。
2. 为表单的一个文本框设计快捷菜单，如图 3-14 所示。

图 3-14　文本框快捷菜单

各菜单选项的具体功能如下：

1）“加粗”选项用于设置文本框中字体为粗体。

2）“斜体”选项用于设置文本框中字体为斜体。

3）“常规”选项用于设置文本框中字体为非粗体和非斜体。

4）“红色”选项用于设置文本框的前景色为红色。

5）“蓝色”选项用于设置文本框的前景色为蓝色。

6）“黑色”选项用于设置文本框的前景色为黑色。

3. 在某表单添加一个下拉式菜单，下拉式菜单中的选项内容自定。

4. 依据软件设计的要求，试编制工资管理系统的下拉式菜单，要求具有实用性，不需要指定具体的功能模块名称。

项目 4 设计学生信息的编辑模块

职业能力目标

1）能够使用相关控件及语言结构建立信息录入表单。
2）能够使用相关控件及语言结构建立信息修改表单。
3）能够使用相关控件及语言结构建立信息删除表单。
4）能够综合运用控件的不同属性设计并调试表单。

在数据库应用管理系统中，数据录入、数据修改和删除模块是所有应用系统中必不可少的功能模块。本项目主要介绍了数据录入、数据修改和删除模块的基本设计思想，以及其他控件的属性、事件和方法，为设计其他应用程序做准备。

任务 1 创建学生信息录入模块

任务情境

虽然在使用 Visual FoxPro 向表中输入数据的过程是一项非常简单的事情，这些工作的完成都基于会使用 Visual FoxPro 软件。但是，在实际工作中，应用系统的使用往往是不会开发应用系统的工作人员来使用。因此，在应用软件的设计过程中，编写一个信息录入模块显得特别重要。

通过学生信息录入表单，可以录入学生的各种信息，同时可以对学生的照片进行采集，同时提供添加、拍照和保存等功能，学生信息录入表单，如图 4-1 所示。

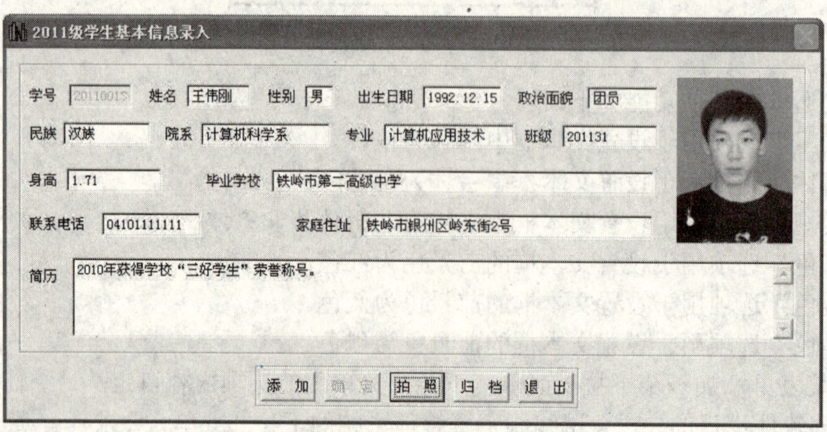

图 4-1 学生信息录入表单

任务分析

目前视频设备使用日益普及，摄像头已经成为一种必备的工具，学生照片的采集就是利用摄像头及其他相关的外部程序一同配合使用，实现学生照片的采集。

在学生基本信息表 stud_jbxx.dbf 中，学号是唯一标识学生信息的字段，学生照片的文件名也以学生的学号作为照片的文件名，例如某个学生的学号为“20100001”，则其对应的照片名称为“20100001.jpg”。在学生照片采集后，各个学生的照片独立存于 Photo 文件夹中，而不是存于 stud_jbxx.dbf 中。这主要是由于照片一旦嵌入到数据表中，会生成许多不便，比如学生照片不易修改、数据表所占磁盘空间较大，不便操作等。

由于学生学号是由系统自动生成的，它是依据学生报到的先后顺序自动产生的，不能进行人工更改，因此，在设计时该控件的属性为只读。

在应用系统的使用过程中，如果突然出现“断电”或系统出现异常等现象，就有可能造成信息的丢失。因此，在系统设计时，为了不发生这个“事故”，就需要引入“临时表”的设计思想，该思想主要表现为：在操作数据表时，所有的操作均在临时表中进行，存放数据的“原始数据表”始终处于关闭状态，就不会造成数据丢失“事故”的出现。

为了使设计的应用系统可以安装在任何磁盘和目录中，在设计时引入了两个函数 SYS(5)和 SYS(2003)，其中 SYS(5)返回当前系统默认的驱动器，SYS(2003)返回当前驱动器中当前目录或文件夹的名称。如果在应用系统中的当前工作目录中的 Picture 文件夹中有一个文件 a1.jpg 要引用，则可以用以下形式表示：zp= SYS(5)+SYS(2003)+"\Picture\a1.jpg"。

任务实施

1. 前期准备

应用“临时表”的设计思想，复制 stud_jbxx.dbf 表结构，得到一个与其结构相同的数据表，其文件名为 stud_jbxx_temp.dbf，用于存放临时数据，操作步骤如下：

1）将 stud_jbxx.dbf 数据表打开。

2）复制一个数据表 stud_jbxx_bak.dbf 和 stud_jbxx_temp.dbf，在命令窗口中分别输入以下命令：

```
COPY STRUCTURE TO stud_jbxx_bak
COPY STRUCTURE TO stud_jbxx_temp
```

3）在 xsgl 文件夹中建立一个 dll 文件夹，将摄像头通用驱动程序复制其中。

4）将摄像头安装在计算机中，并能正常工作。

5）在 xsgl 的 data 文件夹中建立一个 photo 文件夹，用于保存学生的照片。

2. 创建表单及数据环境

新建空白表单，将 stud_jbxx_temp.dbf 添加到数据环境中，设置 Exclusive 属性为.T.。

3. 设计表单界面及添加控件

打开数据环境设计器，选择 stud_jbxx_temp 中的各字段如“学号”、“院系”、“专业”、

“班级”、“姓名”、“性别”、“出生日期”等拖至表单的合适位置，将生成的文本框和编辑框重新命名并将其 ControlSource 属性设置为“无”，即取消与数据表 stud_jbxx_temp.dbf 之间的链接关系。在表单合适位置添加一个 Image 控件，用于显示拍摄的照片，同时在表单合适位置添加一个命令按钮组。

4. 表单及控件属性设置

表单及相关控件属性设置，见表 4-1。

表 4-1　表单及相关控件属性设置

控件名称	属性名	属性值	表单及控件名称	属性名	属性值
Form1	AutoCenter	.T.	Text9	InputMark	9.99
Form1	BorderStyle	0	Commandgroup1/Command1	Caption	添加
Form1	MinButton	.F.	Commandgroup1/Command2	Caption	确定
Form1	Closable	.F.	Commandgroup1/Command3	Caption	拍照
Form1	MaxButton	.F.	Commandgroup1/Command4	Caption	归档
Image1	Stretch	1	Commandgroup1/Command5	Caption	退出
Text1	Enabled	.F.	其他 Label、Text 控件	默认	
Text4	InputMark	9999.99.99			

利用布局工具栏，调整各控件的位置使其美观，录入表单设计界面，如图 4-2 所示。

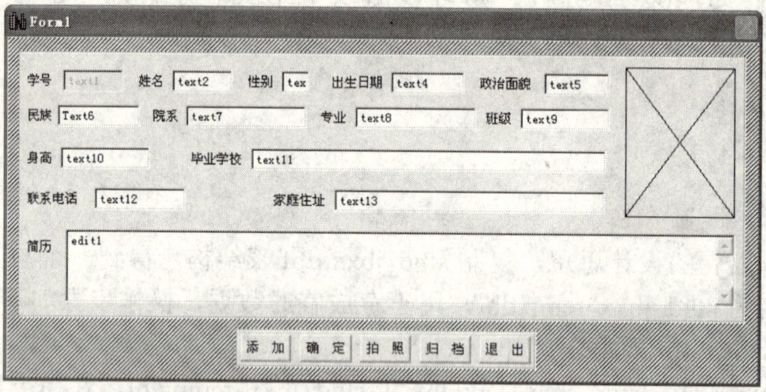

图 4-2　录入表单设计界面

5. 编写代码

（1）设置表单初始环境　设置 Form1.Activate 事件代码如下：

```
Thisform.Caption=ALLT(STR(YEAR(DATE())))+"级学生基本信息录入"
Thisform.Text1.Value=xh
Thisform.Commandgroup1.Command1.Enabled=.f.
```

设置 Form1.Init 事件代码如下：

```
dd=SYS(5)+SYS(2003)+"\data\stud_jbxx.dbf"
SELECT stud_jbxx_temp
if RECC()>0
```

```
        ZAP
    ENDIF
    APPEND FROM &dd FOR LEFT(ALLT(学号),4)=ALLT(STR(YEAR(DATE())))
    n=RECC()+1
    xh=ALLT(STR(YEAR(DATE())))+REPLACE("0",4-LEN(ALLT(STR(n))))+ALLT(STR(n))
```

设置 Form1.Load 事件代码如下：

```
SET DATE TO ANSI
SET CENTURY ON
PUBLIC xh,dd
```

（2）命令按钮组 Commandgroup1 中各按钮的 Click 事件代码

设置“添加”按钮 Commandgroup1.Command1.Click 事件代码如下：

```
SELECT stud_jbxx_temp
n=RECC()+1
xh=ALLT(STR(YEAR(DATE())))+REPLACE("0",4-LEN(ALLT(STR(n))))+ALLT(STR(n))
Thisform.Text1.Value=xh
Thisform.Text2.Value=""
Thisform.Text3.Value=""
Thisform.Text4.Value=""
Thisform.Text5.Value=""
Thisform.Text6.Value=""
Thisform.Text7.Value=""
Thisform.Text8.Value=""
Thisform.Text9.Value=""
Thisform.Text10.Value=""
Thisform.Text11.Value=""
Thisform.Text12.Value=""
Thisform.Text13.Value=""
Thisform.Edit1.Value=""
Thisform.Image1.Picture=""
Thisform.Text2.Setfocus
Thisform.Commandgroup1.Command2.Enabled=.T.
Thisform.Commandgroup1.Command1.Enabled=.F.
```

设置“确定”按钮 Commandgroup1.Command2.Click 事件代码如下：

```
aa=SYS(5)+SYS(2003)+"\data\photo\"+ALLT(Thisform.Text1.Value)+".jpg"
IF NOT FILE(aa)
    MESSAGEBOX("没有对学生进行照片采集，请进行拍照！",64+0,"提示信息")
ELSE
    IF EMPTY(Thisform.Text2.Value) OR EMPTY(Thisform.Text3.Value);
        OR EMPTY(Thisform.Text4.Value) OR EMPTY(Thisform.Text5.Value);
        OR EMPTY(Thisform.Text6.Value) OR EMPTY(Thisform.Text7.Value);
```

```
            OR EMPTY(Thisform.Text8.Value) OR EMPTY(Thisform.Text9.Value);
            OR EMPTY(Thisform.Text10.Value)
          MESSAGEBOX("学生基本信息不完整!",64+0,"提示信息")
      ELSE
          SELECT stud_jbxx_temp
          APPEND BLANK
          REPLACE 学号 WITH Thisform.Text1.Value
          REPLACE 姓名 WITH Thisform.Text2.Value
          REPLACE 性别 WITH Thisform.Text3.Value
          REPLACE 出生日期 WITH DTOD(Thisform.Text4.Value)
          REPLACE 政治面貌 WITH Thisform.Text5.Value
          REPLACE 民族 WITH Thisform.Text6.Value
          REPLACE 院系 WITH Thisform.Text7.Value
          REPLACE 专业 WITH Thisform.Text8.Value
          REPLACE 班级 WITH Thisform.Text9.Value
          REPLACE 身高 WITH val(Thisform.Text10.Value)
          REPLACE 毕业学校 WITH Thisform.Text11.Value
          REPLACE 联系电话 WITH Thisform.Text12.Value
          REPLACE 家庭住址 WITH Thisform.Text13.Value
          REPLACE 简历 WITH Thisform.Edit1.Value
          REPLACE 是否退学 WITH .F.
          Thisform.Commandgroup1.Command2.Enabled=.F.
          Thisform.Commandgroup1.Command1.Enabled=.F.
      ENDIF
  ENDIF
```

设置“拍照”按钮 Commandgroup1.Command3.Click 事件代码如下：

```
filename='.\data\photo\'+ALLT(Thisform.Text1.Value)+'.bmp'
RUN /n .\dll\capusb.exe &filename
WAIT WINDOW '正在拍照... (完成后单击鼠标即可)'
RUN /n .\dll\Cutbmpusb.exe &filename 90 10 140 180
RUN /n .\dll\bmp2jpg.exe &filename
ERASE &fileame
Thisform.Image1.Picture='.\data\photo\'+ALLT(Thisform.Text1.Value)+'.jpg'
Thisform.Refresh
```

设置“归档”按钮 Commandgroup1.Command4.Click 事件代码如下：

```
y=MESSAGEBOX("是否对所添加的数据进行归档操作吗？",4+32+256,"提示信息")
IF y=6
    SELECT stud_jbxx_temp
    COPY TO lsb
    IF RECC()>0
```

```
    ZAP
   ENDIF
   APPEND FROM &dd FOR NOT LEFT(ALLT(学号),4)=ALLT(STR(YEAR(DATE())))
   APPEND FROM lsb
   COPY TO &dd
   ERASE lsb.dbf
   ERASE lsb.fpt
   MESSAGEBOX("已完成对数据的归档操作！",0+64,"提示信息")
   Thisform.Text2.Enabled=.F.
   Thisform.Text3.Enabled=.F.
   Thisform.Text4.Enabled=.F.
   Thisform.Text5.Enabled=.F.
   Thisform.Text6.Enabled=.F.
   Thisform.Text7.Enabled=.F.
   Thisform.Text8.Enabled=.F.
   Thisform.Text9.Enabled=.F.
   Thisform.Text10.Enabled=.F.
   Thisform.Text11.Enabled=.F.
   Thisform.Text12.Enabled=.F.
   Thisform.Text13.Enabled=.F.
   Thisform.Edit1.Enabled=.F.
   Thisform.Commandgroup1.Command1.Enabled=.F.
   Thisform.Commandgroup1.Command2.Enabled=.F.
   Thisform.Commandgroup1.Command3.Enabled=.F.
   Thisform.Commandgroup1.Command4.Enabled=.F.
  ENDIF
```

设置“退出”按钮 Commandgroup1.Command5.Click 事件代码如下：

```
Thisform.Release
```

6. 保存文件

保存表单为 append1-1.scx。

7. 测试表单

当运行表单时，学生的学号系统通过计算自动产生，并且不能进行修改，然后依次录入其他相应内容。当需要获取学生的照片时，单击“拍照”按钮，系统将激活摄像头，并弹出图像捕捉窗口，此时学生照片已显示在捕捉窗口，单击捕捉窗口中“拍照”按钮，则学生照片将显示在表单的学生照片处，单击“确定”按钮，将该学生的信息保存在“临时表”中。

如果继续录入新的学生信息，单击“添加”按钮，系统将产生新的学生学号，并依次录入其他信息。如果结束则单击“归档”按钮，依提示进行操作。

知识拓展

1. 编辑框控件 Edit

在编辑框中可以编辑长字符字段或备注字段中的文本。编辑框中允许输入多段文本，也可以使用方向键、PageUp 键、PageDown 键、滚动条来移动文本。编辑框只能处理字符型数据。编辑框生成器含有格式、样式、值三个选项卡，用法与文本框生成器类似。

（1）常用属性　编辑框的属性是编辑框的重要特性，通过在“属性”窗口或程序语句中对其进行设置，可以改变或定义编辑框的外表特征及其某一方面的行为。编辑框的常用属性，见表 4-2。

表 4-2　编辑框的常用属性

属 性 名	默 认 值	功 能
ALLowTabs	.F.	设置用户是否可以在编辑框中用<Tab>键前后移动。如果允许，应明确地指出用户可以按<Ctrl+Tab>键移到下一控件
ControlSource	（无）	设置将哪个数据库的表的哪个字段的值显示在编辑框中
HideSelection	.T.	当编辑框失去焦点时，选定文本是否以选定状态显示
ReadOnly	.F.	设置用户是否可以改变编辑框的文本
ScrollBars	2-垂直	设置是否显示垂直滚动条。0 为没有滚动条
SelLength	0	返回用户在控制的文本区域中选定的字符数目，或指定要选定的字符数目。其取值范围在 0 与编辑区中的字符总数之间
SelStart	0	返回控件的文本输入区域中用户选择文本的起始点。当没有选定文本时，指示插入点的位置。另外，它还可以指定控件的文本输入区域中选择的文本起始点
SelText	（无）	返回用户选定的文本，如果没有选定任何文本，则返回空字符串。该属性在设计时不可用，在运行时可读写

（2）应用举例

例 4-1　制作一个具有查找替换功能的表单，如图 4-3 所示。

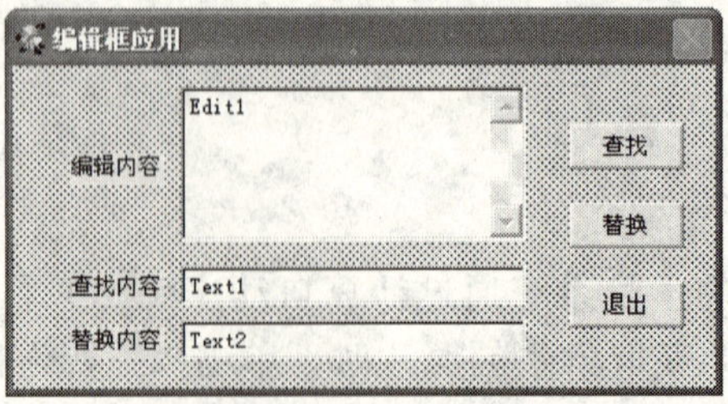

图 4-3　制作表单

具体步骤如下：

1）新建一个表单，将其 Caption 属性设置为“编辑框应用”，AutoCenter 设置为.T.，同时设置其图标。

2）向表单中添加3个标签控件Label1～Label3，将其Caption属性分别设置为“编辑内容”、“查找内容”和“替换内容”，添加1个编辑框控件Edit1和2个文本框控件Text1、Text2，再添加3个命令按钮控件Command1～Command3，其Caption属性分别设置为“查找”、“替换”和“退出”，使各控件布局美观。

3）设置编辑框Edit1的HideSelection属性为.F.。

4）编写代码：

设置“查找”按钮Commandgroup1.Command1.Click事件代码如下：

```
a=ALLT(Thisform.Text1.Value)
b=Thisform.Edit1.Value
IF EMPTY(a) AND EMPTY(b)
    MESSAGEBOX("编辑或查找的内容不能为空！",0+16,"警告信息")
    Thisform.Edit1.Setfocus
ELSE
    n=AT(a,b)
    IF n<>0
        Thisform.Edit1.SelStart=n-1
        Thisform.Edit1.SelLength=LEN(a)
    ELSE
        MESSAGEBOX("没有相匹配的信息！",0+16,"警告信息")
        Thisform.Text1.Setfocus
    ENDIF
ENDIF
```

设置“替换”按钮Commandgroup1.Command2.Click事件代码如下：

```
c=ALLT(Thisform.Text2.Value)
IF EMPTY(c)
    MESSAGEBOX("需要替换的内容不能为空！",0+16,"警告信息")
ELSE
    IF Thisform.Edit1.Seltext=a
      Thisform.Edit1.Seltext=c
    ENDIF
ENDIF
```

设置“退出”按钮Commandgroup1.Command3.Click事件代码如下：

```
Thisform.Release
```

5）保存文件

保存表单为find.scx。

2. 图像控件Image

图像控件可以用来在表单中显示文件的图像，图像文件的类型分为BMP、ICO、GIF、JPG 4种。图像控件也有其他控件所具有的属性、事件和方法，因此，图像控件可以在运行时动态地改变。图像控件的常用属性，见表4-3。

表 4-3 图像控件的常用属性

属性名	默认值	属性值类型	说明
Picture	（无）	字符型	设置显示要显示的图像
BorderStyle	0-无	数值型	设置图像是否有边框
Stretch	0-剪切	数值型	如果设置为 0-剪切，表示图像中超出图像控件范围的部分不显示。若设置为 1-等比填充，则表示图像控件保持图片原有尺寸比例，但尽可能地显示在控件中。如果为 2-变比填充，也就是系统自动调整图像的大小，与图像控件的高度与宽度相匹配
BackStyle	1-不透明	数值型	确定图像是否透明
BorderColor	0,0,0	数值型	设置图像边框的颜色

触类旁通

1. 照片处理

在对学生照片进行拍照的过程中，由于摄像头的拍摄效果的限制，也可以利用已经存在的学生数码照片。具体方法是将学生数码照片的文件名改为该学生的学号，并将其保存在 Photo 文件夹中。比如，某名学生“张三”的数码照片文件名为“张三.jpg”，其学号为 20110013，将其更改为 20110013.jpg，然后将其保存在 Photo 文件夹中。

2. 自动求和表单设计

在对学生成绩进行输入的过程中，随着各科目成绩的录入，其中总成绩可以自动地显示出来，这在工作中是非常有实际意义的。

假如有 6 个科目，分别为语文、数学、英语、物理、化学、生物，其成绩分别对应存储在表单的 6 个文本框 Text1～Text6 中，总成绩保存在 Text7 中。在实际录入信息时，输入某科成绩，然后按回车键，接着输入下一科目，以回车作为该成绩输入结束的标志，可以设置不同文本框的 Keypress 事件来实现成绩的自动求和。具体设置如下：

1）设置文本框 Text1～Text7 的 Value 属性值为 0。

2）设置文本框 Text1～Text6 的 Keypress 事件代码如下：

```
IF nKeyCode=13
    Thisform.Text7.Value=Thisform.Text1.Value+Thisform.Text2.Value+Thisform.Text3.Value+Thisform
.Text4.Value+Thisform.Text5.Value+Thisform.Text6.Value
ENDIF
```

任务 2 创建学生信息修改模块

任务情境

学生信息管理系统的操作员在操作系统时，由于疏忽将学生信息录入错误了，因此需要对信息进行适当的修改。

通常情况是依据某个学生的姓名进行修改。如果找到该学生的信息，则弹出该学生的信息显示窗口，进行修改。

任务分析

首先需要设计一个输入学生姓名的表单，如果没有输入学生姓名，则弹出错误信息；如果查找到，则调用修改学生信息的表单，否则弹出相应信息，表明找到该学生信息，运行表单，如图 4-4 所示。

图 4-4　按姓名修改表单

然后设计学生信息修改的表单，表单显示该学生各种信息，此时学生信息处于不能修改的状态。如果有同名的学生存在，则 4 个浏览按钮有效，可以对学生信息进行浏览；如果没有同名的学生存在，则各浏览按钮无效。如果发现某名学生信息有误，则通过单击“修改”按钮使各学生信息变成修改状态，可以对学生信息进行修改，如果学生的相片效果不理想可以重新进行拍照。修改完成之后，单击“归档”按钮进行保存。表单运行界面，如图 4-5 所示。

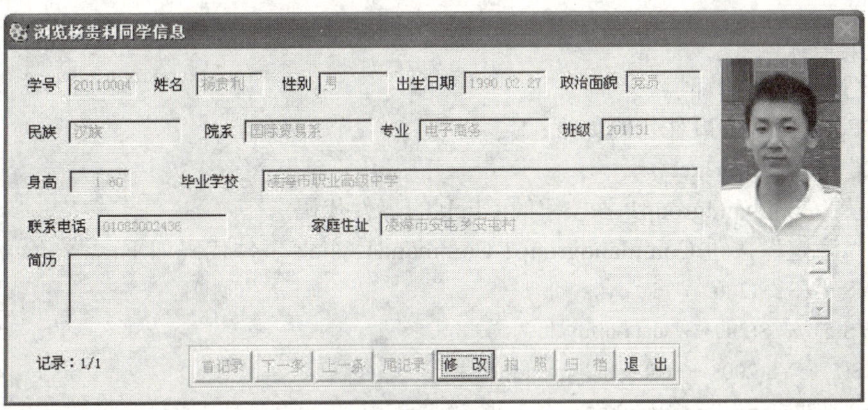

图 4-5　修改学生信息

任务实施

1. 创建按姓名修改表单

（1）创建表单及添加数据环境　创建空白表单，将 stud_jbxx_temp.dbf 数据表添加到数据环境中，并设置 Exclusive 属性值为.T.。

（2）添加控件　在表单中添加 1 个标签控件 Label1、1 个文本框控件 Text1 和 1 个命令按钮组 Commandgroup1。

（3）设置表单及控件属性　设置表单及控件属性，见表 4-4。

表 4-4　表单及控件属性

控件名称	属性名	属性值	控件名称	属性名	属性值
Form1	AutoCenter	.T.	Form1	Icon	自定
Form1	BorderStyle	0	Form1	Caption	转换专业
Form1	MinButton	.F.	Label1	Caption	按姓名修改
Form1	Closable	.F.	Commandgroup1/Command1	Caption	首记录
Form1	MaxButton	.F.	Commandgroup1/Command7	Caption	退出

利用布局工具调整各控件位置，使其美观，如图 4-6 所示。

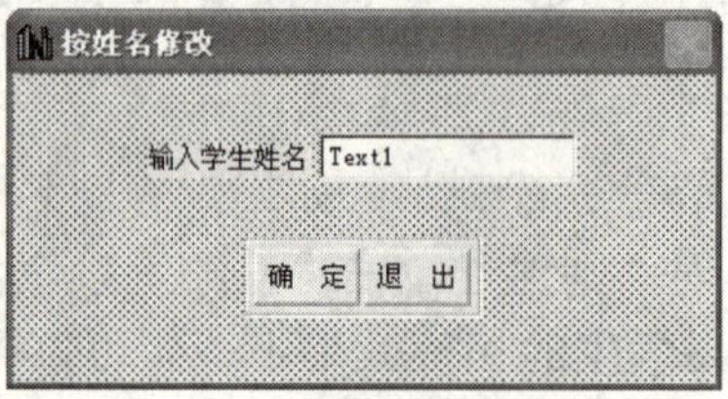

图 4-6　设计转换专业表单

（4）编写代码

1）设置表单初始环境。

设置 Form1.Load 事件代码如下：

```
PUBLIC xm,dd,fn1,fn2,rec_zs
```

2）设置 Commandgroup1 各按钮的 Click 的事件代码。

设置“确定”按钮 Commandgroup1.Command1.Click 事件代码如下：

```
fn1=SYS(5)+SYS(2003)+"\data\yxzy.dbf"
fn2=SYS(5)+SYS(2003)+"\data\bjfdy.dbf"
dd=SYS(5)+SYS(2003)+"\data\stud_jbxx.dbf"
xm=ALLT(Thisform.Text1.Value)
IF EMPTY(xm)
    MESSAGEBOX("学生姓名信息不能为空!",16+0,"警告信息")
    Thisform.Text1.Setfocus
ELSE
    SELECT stud_jbxx_temp
    IF RECC()>0
        ZAP
    ENDIF
    APPEND FROM &dd FOR ALLT(姓名)==xm
    rec_zs=RECC()
    IF rec_zs>0
```

```
        DO Form stud_xg1
    ELSE
        MESSAGEBOX("在学生信息中没有找到指定学生信息!",16+0,"警告信息")
        Thisform.Text1.Setfocus
        Thisform.Text1.Value=""
    ENDIF
ENDIF
```

设置“退出”按钮 Commandgroup1.Command2.Click 事件代码：

```
Thisform.Release
```

（5）保存文件　保存表单为 stud_xg_name.scx。

2. 设计修改学生信息表单

（1）创建表单及添加数据环境　创建空白表单，将 stud_jbxx_temp.dbf、stud_jbxx_bak.dbf、mz.dbf 数据表添加到数据环境中，并设置 Exclusive 属性值为.T.。

（2）表单及控件属性设置　打开数据环境设计器，选择 stud_jbxx_temp.dbf 数据表，将数据表中各字段拖至空白表单的合适位置。在表单中添加 6 个组合框控件 Combo1～Combo6；1 个标签 Label1 和 1 个命令按钮组 Commandgroup1。利用布局工具调整各控件位置，使其美观，如图 4-7 所示。

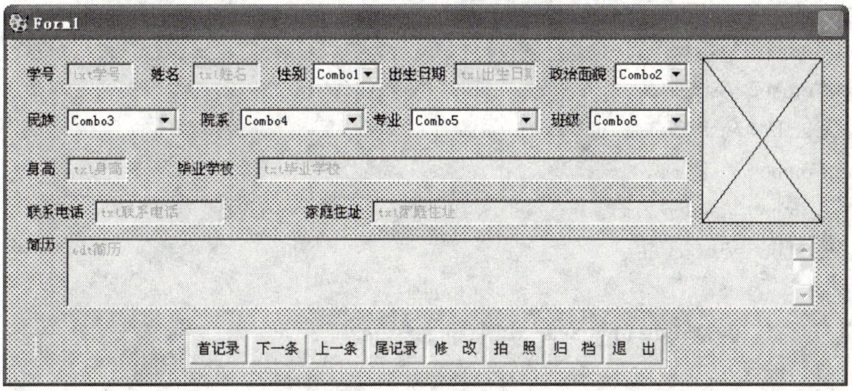

图 4-7　修改学生信息表单

特别要注意以下几个方面：

1）表单中的 6 个组合框的 Style 属性均设置为“2-下拉列表框”。Combo1 用于显示性别，其 RowSourceType 设置为 1，RowSource 设置为“男，女”；Combo2 用于显示政治面貌，其 RowSourceType 设置为 1，RowSource 设置为“团员，学生，党员”；Combo3 用于显示民族，其 RowSourceType 设置为 6，RowSource 设置为“mz.mz”；其他组合框 Combo4～Combo6 为默认值。

2）利用布局工具栏，将文本框 txt 性别与组合框 Combo1 的大小设置为“相同大小”，并使两个控件在表单的显示位置重合，目的是为了修改学生性别时进行选择。对于文本框 txt 政治面貌、txt 民族、txt 院系、txt 专业和 txt 班级，分别与组合框 Combo2、Combo3、Combo4、Combo5 和 Combo6 对应，其处理方法与前者相同。

3）标签 Label1 的 Autosize 属性设置为.T.，设置 Caption 属性为""，用于动态显示该班级总的人数和当前记录指针数。

（3）编写代码

1）设置表单初始环境。

设置 Form1.Activate 事件代码如下：

```
Thisform.Caption="浏览"+xm+"同学信息"
Thisform.Label1.Caption="记录："+ALLT(STR(RECN()))+"/"+ALLT(STR(rec_zs))
IF rec_zs>1
    Thisform.Commandgroup1.Command1.Enabled=.T.
    Thisform.Commandgroup1.Command2.Enabled=.T.
    Thisform.Commandgroup1.Command3.Enabled=.T.
    Thisform.Commandgroup1.Command4.Enabled=.T.
ELSE
    Thisform.Commandgroup1.Command1.Enabled=.F.
    Thisform.Commandgroup1.Command2.Enabled=.F.
    Thisform.Commandgroup1.Command3.Enabled=.F.
    Thisform.Commandgroup1.Command4.Enabled=.F.
ENDIF
Thisform.Commandgroup1.Command6.Enabled=.F.
Thisform.Commandgroup1.Command7.Enabled=.F.
Thisform.Combo1.Visible=.F.
Thisform.Combo2.Visible=.F.
Thisform.Combo3.Visible=.F.
Thisform.Combo4.Visible=.F.
Thisform.Combo5.Visible=.F.
Thisform.Combo6.Visible=.F.
GO TOP
a1=SYS(5)+SYS(2003)+"\data\photo\"+ALLT(学号)+".jpg"
IF FILE("&a1")
    Thisform.Image1.Picture=a1
ELSE
    Thisform.Image1.Picture=""
ENDIF
```

2）其他控件的事件代码。

设置 5 个文本框与对应的组合框的相关事件代码如下：

说明：在运行表单时，如果需要修改某一项内容，如学生的性别时，可用鼠标单击文本框，自动弹出关于性别的组合框 Combo1，从中选择正确的性别，此时组合框自动消失，则完成对性别的修改。

设置组合框 Combo1.Click 事件代码如下：

```
Thisform.Combo1.Visible=.T.
Thisform.Combo1.Value=1
This.Visible=.F.
```

设置文本框 txt 性别.Click 事件代码如下：

```
Thisform.txt 性别.Value=This.DisplayValue
This.Visible=.F.
Thisform.txt 性别.Visible=.T.
```

设置组合框 Combo2.Click 事件代码如下：

```
Thisform.Combo2.Visible=.T.
Thisform.Combo2.Value=1
This.Visible=.F.
```

设置文本框 txt 政治面貌.Click 事件代码如下：

```
Thisform.txt 政治面貌.Value=this.DisplayValue
This.Visible=.F.
Thisform.txt 政治面貌.Visible=.T.
```

设置组合框 Combo3.Click 事件代码如下：

```
Thisform.Combo3.Visible=.T.
Thisform.Combo3.Value=1
This.Visible=.F.
```

设置文本框 txt 民族.Click 事件代码如下：

```
Thisform.txt 民族.Value=This.DisplayValue
This.Visible=.F.
Thisform.txt 民族.Visible=.T.
```

设置组合框 Combo4.Click 事件代码如下：

```
Thisform.Combo4.Visible=.T.
This.Visible=.F.
Thisform.Combo4.RowSourceType=3
Thisform.Combo4.RowSource="SELECT DIST 院系 FROM &fn1 INTO CURSOR llz1"
Thisform.Combo4.Value=1
```

设置文本框 txt 院系.Click 事件代码如下：

```
Thisform.txt 院系.Value=This.DisplayValue
This.Visible=.F.
Thisform.txt 院系.Visible=.T.
```

设置组合框 Combo5.Click 事件代码如下：

```
Thisform.Combo5.Visible=.T.
This.Visible=.F.
Thisform.Combo5.RowSourceType=3
Thisform.Combo5.RowSource="SELECT DIST 专业 WHERE ALLT(院系);
==ALLT(Thisform.txt 院系.Value) FROM &fn1 INTO CURSOR llz2"
Thisform.Combo5.Value=1
```

设置文本框 txt 专业.Click 事件代码如下：

```
Thisform.txt 专业.Value=This.DisplayValue
This.Visible=.F.
```

```
Thisform.txt 专业.Visible=.T.
```

设置组合框 Combo6.Click 事件代码如下：

```
Thisform.Combo6.Visible=.T.
This.Visible=.F.
Thisform.Combo6.RowSourceType=3
Thisform.Combo6.RowSource="SELECT DIST 班级 WHERE ALLT(专业);
==ALLT(Thisform.txt 专业.Value) FROM &fn2 INTO CURSOR llz3"
Thisform.Combo6.Value=1
```

设置文本框 txt 班级.Click 事件代码如下：

```
Thisform.txt 班级.Value=This.DisplayValue
This.Visible=.F.
Thisform.txt 班级.Visible=.T.
```

3）命令按钮组 Commandgroup1 中各命令按钮的 Click 事件代码。

设置"首记录"按钮 Commandgroup1.Command1.Click 事件代码如下：

```
GO TOP
a1=SYS(5)+SYS(2003)+"\data\photo\"+ALLT(Thisform.txt 学号.Value)+".jpg"
IF FILE("&a1")
    Thisform.Image1.Picture=a1
ELSE
    Thisform.Image1.Picture=""
ENDIF
Thisform.Label1.Caption="记录："+ALLT(STR(RECN()))+"/"+ALLT(STR(rec_zs))
Thisform.Refresh
```

设置"下一条"按钮 Commandgroup1.Command2.Click 事件代码如下：

```
SKIP
IF EOF()
    GO TOP
ENDIF
a1=SYS(5)+SYS(2003)+"\data\photo\"+ALLT(Thisform.txt 学号.Value)+".jpg"
IF FILE("&a1")
    Thisform.Image1.Picture=a1
ELSE
    Thisform.Image1.Picture=""
ENDIF
Thisform.Label1.Caption="记录："+ALLT(STR(RECN()))+"/"+ALLT(STR(rec_zs))
Thisform.Refresh
```

设置"上一条"按钮 Commandgroup1.Command3.Click 事件代码如下：

```
SKIP -1
IF BOF()
    GO BOTTOM
```

```
ENDIF
a1=SYS(5)+SYS(2003)+"\data\photo\"+ALLT(Thisform.txt 学号.Value)+".jpg"
IF FILE("&a1")
    Thisform.Image1.Picture=a1
ELSE
    Thisform.Image1.Picture=""
ENDIF
Thisform.Label1.Caption="记录："+ALLT(STR(RECN()))+"/"+ALLT(STR(rec_zs))
Thisform.Refresh
```

设置“尾记录”按钮 Commandgroup1.Command4.Click 事件代码如下：

```
GO BOTTOM
a1=SYS(5)+SYS(2003)+"\data\photo\"+ALLT(Thisform.txt 学号.Value)+".jpg"
IF FILE("&a1")
    Thisform.Image1.Picture=a1
ELSE
    Thisform.Image1.Picture=""
ENDIF
Thisform.Label1.Caption="记录："+ALLT(STR(RECN()))+"/"+ALLT(STR(rec_zs))
Thisform.Refresh
```

设置“修改”按钮 Commandgroup1.Command5.Click 事件代码如下：

```
Thisform.txt 姓名.Enabled=.T.
Thisform.txt 性别.Enabled=.T.
Thisform.txt 出生日期.Enabled=.T.
Thisform.txt 政治面貌.Enabled=.T.
Thisform.txt 民族.Enabled=.T.
Thisform.txt 院系.Enabled=.T.
Thisform.txt 专业.Enabled=.T.
Thisform.txt 班级.Enabled=.T.
Thisform.txt 身高.Enabled=.T.
Thisform.txt 毕业学校.Enabled=.T.
Thisform.txt 联系电话.Enabled=.T.
Thisform.txt 家庭住址.Enabled=.T.
Thisform.edt 简历.Enabled=.T.
Thisform.Commandgroup1.Command6.Enabled=.T.
Thisform.Commandgroup1.Command7.Enabled=.T.
Thisform.Caption="修改"+xm+"同学信息"
```

设置“拍照”按钮 Commandgroup1.Command6.Click 事件代码如下：

```
filename='.\data\photo\'+ALLT(Thisform.txt 学号.Value)+"-"+'.bmp'
RUN /n .\dll\capusb.exe &filename
WAIT WINDOW '正在拍照... (完成后单击鼠标即可)'
```

```
RUN /n .\dll\Cutbmpusb.exe &FILEname 90 10 140 180
RUN /n .\dll\bmp2jpg.exe &FILEname
ERASE &filename
Thisform.Image1.Picture='.\data\photo\';
+ALLT(Thisform.txt 学号.Value)+"-"+'.jpg'                &&修改后的照片文件名
Thisform.Refresh
```

说明：由于对学生信息进行修改，需要重新进行拍照，其原来的照片已经存在，因此修改后的照片文件名在原来文件名的后面加了“-”，如 20110003-.jpg，用于区别修改前的文件名。

设置“归档”按钮 Commandgroup1.Command7.Click 事件代码如下：

```
y=MESSAGEBOX("是否将所修改的数据进行归档保存？",1+32+256,"提示信息")
IF y=1
    SELECT stud_jbxx_temp
    COPY TO temp
    GO TOP
    DO WHILE NOT EOF()
        zp=SYS(5)+SYS(2003)+"\data\photo\"+ALLT(学号)+".jpg"
        zp1=SYS(5)+SYS(2003)+"\data\photo\"+ALLT(学号)+"-"+".jpg"
        IF FILE(zp1)
            COPY FILE &zp1 TO &zp
            ERASE &zp1
        ENDIF
        SKIP
        IF EOF()
            EXIT FOR
        ENDIF
    ENDDO
    dd=SYS(5)+SYS(2003)+"\data\stud_jbxx.dbf"
    SELECT stud_jbxx_bak
    IF RECC()>0
        ZAP
    ENDIF
    APPEND FROM &dd FOR NOT ALLT(姓名)==xm
    APPEND FROM temp
    ERASE temp.dbf
    ERASE temp.fpt
    COPY TO &dd
    MESSAGEBOX("已完成数据归档操作！",0+64,"提示信息")
    Thisform.txt 姓名.Enabled=.F.
    Thisform.txt 性别.Enabled=.F.
```

```
    Thisform.txt出生日期.Enabled=.F.
    Thisform.txt政治面貌.Enabled=.F.
    Thisform.txt民族.Enabled=.F.
    Thisform.txt院系.Enabled=.F.
    Thisform.txt专业.Enabled=.F.
    Thisform.txt班级.Enabled=.F.
    Thisform.txt身高.Enabled=.F.
    Thisform.txt毕业学校.Enabled=.F.
    Thisform.txt联系电话.Enabled=.F.
    Thisform.txt家庭住址.Enabled=.F.
    Thisform.edt简历.Enabled=.F.
    Thisform.Commandgroup1.Command1.Enabled=.F.
    Thisform.Commandgroup1.Command2.Enabled=.F.
    Thisform.Commandgroup1.Command3.Enabled=.F.
    Thisform.Commandgroup1.Command4.Enabled=.F.
    Thisform.Commandgroup1.Command5.Enabled=.F.
    Thisform.Commandgroup1.Command6.Enabled=.F.
    Thisform.Commandgroup1.Command7.Enabled=.F.
ENDIF
```

设置“退出”按钮 Commandgroup1.Command8.Click 事件代码如下：

```
Thisform.Release
```

3. 保存文件

保存表单为 stud_xg1.scx。

4. 测试表单

运行 stud_zx 表单，输入要求修改信息的学生姓名，如果没有输入任何内容，则弹出相应错误信息；如果在学生信息表中没有找到学生姓名，则弹出相应错误信息。如果一切正确，则弹出修改学生信息表单，即表单 stud_xg1.scx。

如果出现同名现象时，则 4 个浏览按钮有效，进行浏览该班级的学生信息，否则无效。如果某学生的信息需要修改，则单击“修改”按钮，此时学生的所有信息框将被激活，可以修改其相关内容，如单击性别文本框，则自动弹出选择性别的组合框，选择其中一项后，组合框自动消失。其他组合框操作也是如此。

如果需要修改照片，可单击“拍照”按钮，完成照片修改。

如果该名学生信息修改完成，则单击“归档”按钮，根据提示进行操作后，将修改结果自动进行保存。

知识拓展

所有可视化的控件在程序运行时都是可以被拖动的，拖动功能允许用户将对象拖放在表单上的任何位置。与拖放有关的属性、事件和方法，见表 4-5。

表 4-5　与拖放有关的属性、事件和方法

属性、事件或方法	说　明
DragMode 属性	指定是自动还是人工拖动控件
DrawIcon 属性	指定控件在拖动时显示的图标
DrawDrop 事件	识别控件何时放在对象上
DrawOver 事件	识别控件何时拖动控件
Draw 方法程序	启动或停止人工拖动

例 4-2　拖动色块到圆中可以将圆填充为相应的颜色，如图 4-8 所示。

设计步骤：

（1）添加控件　新建空白表单，在表单中添加 4 个形状控件 Shape1～Shape4、1 个标签控件 Label1 和 1 个命令按钮 Command1。

（2）设置不同的控件属性　设置不同控件的属性，见表 4-6。

表 4-6　不同的控件属性

对　象	属　性	属 性 值	对　象	属　性	属 性 值
Shape1	BackColor	255,0,0	Shape1～Shape3	DragMode	1-自动
Shape2	BackColor	0,255,0	Shape4	Curvature	99
Shape3	BackColor	0,0,255	Shape4	SpecialEffect	0-3 维
Shape4	BackColor	255,255,255	Command1	Caption	退出
Label1	Caption	见图例	Label1	AutoSize	.T.
Label1	WordWrap	.T.			

利用布局工具调整各控件位置，使其美观，拖动色块表单设计界面，如图 4-9 所示。

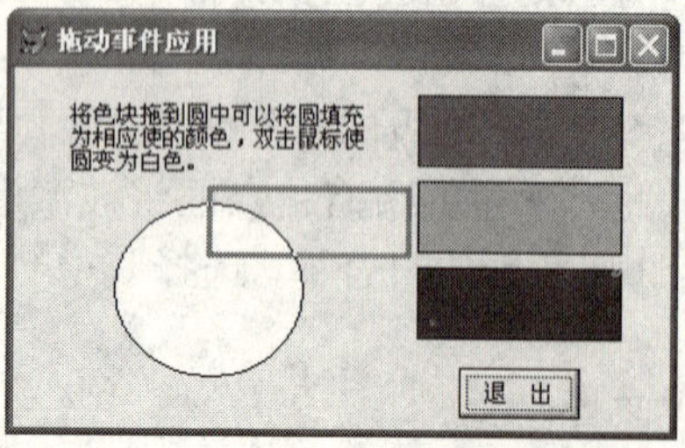

图 4-8　拖动色块

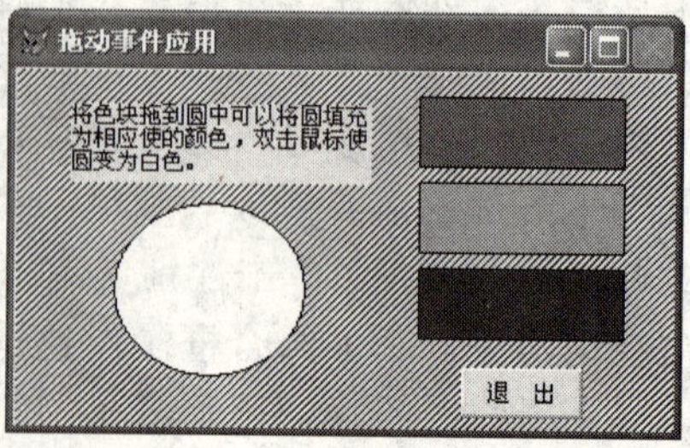

图 4-9　拖动色块表单设计界面

（3）编写代码

设置 Shape4 的 DblClick 事件代码如下：

```
This.Backcolor=RGB(255,255,255)
```

设置 Shape4 的 DragDrop 事件代码如下：

```
LPARAMETERS oSource, nXCoord, nYCoord
```

```
This.Backcolor=oSource.Backcolor
```

注意：

1）事件代码接收的参数 oSource 表示被拖动的对象。

2）MouseMove 事件在拖动鼠标时发生，参数 nXCoord 和 nYCoord 表示鼠标箭头初始位置。

3）DragDrop 事件在松开鼠标时发生，参数 nXCoord 和 nYCoord 表示鼠标箭头当前坐标。

触类旁通

在开发医药行业应用软件过程中，对药品的检索多采用根据药品名称的拼音码来筛选药品的方法，非常方便、灵活。如何将汉字转换成首位拼音码呢？

进行拼音码的转换是根据汉字拼音的排列原理，通过对一个表的汉字字段进行排序实现的。在教材所提供的资料中给出了汉字拼音数据表 PY.dbf。现编写一个自定义函数 hztopy()，其程序代码如下：

```
PARAMETER cHZCHR
LOCAL cPYCHR,i,j,C,HZ
cPYCHR=""
SET COLLATE TO "PINYIN"    &&设置当前排序方式为拼音方式
PYCode="八嚓咑妸发旮铪讥讥咔垃呣拿讴趴七呥仨他哇哇哇夕丫匝咗" &&从b开始每个拼音码的首
字符
FOR   i=1 TO LEN(cHZCHR)
   IF ASC(SUBSTR(cHZCHR,i,1))>160 &&判断是否为汉字
         HZ=SUBSTR(cHZCHR,i,2)
         C=""
         FOR j=1 TO 26
              IF SUBSTRC(HZ,1,1)<SUBSTRC(PYCode,j,1) &&进行汉字比较
                  C=CHR(96+j)   &&得到首位拼音码
                  EXIT
              ENDIF
         ENDFOR
         cPYCHR=cPYCHR+UPPER(C)
         i=i+1
      ELSE
         cPYCHR=cPYCHR+UPPER(SUBSTR(cHZCHR,i,1))
   ENDIF
ENDFOR
RETURN cPYCHR
```

例如：? hztopy("速效")，其结果：SX。

任务 3 创建删除学生信息模块

任务情境

学生信息管理系统的操作者在向学生基本信息表录入信息的过程中，如果出现了误操作，将错误信息录入到学生基本信息表时，则需要将该错误信息进行删除，以达到信息的完整性和正确性。删除模块所设计的表单界面，如图 4-10 所示。另外，在操作 Windows 下的应用软件时，可以将显示的操作窗口任意地进行缩放，以适应操作的使用，增大可视面积。

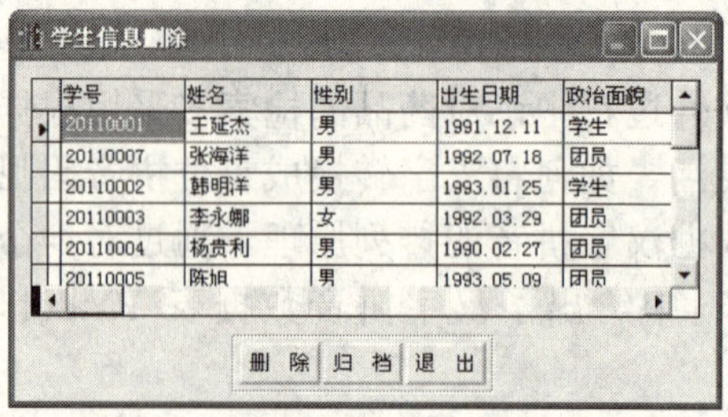

图 4-10　删除学生信息表单运行界面

任务分析

如果使操作窗口的大小可以任意地进行缩放，则可以在表单的 ReSize 事件代码中设置表单中其他控件的大小的位置，以实现任意缩放的功能。

如果要删除学生基本信息表中错误的信息，首先要将信息显示出来，供操作者进行选择错误的信息，以便删除，可以使用表格控件来完成。

表格 Grid 是一种二维表形式的容器对象，其外观与 Browse 窗口相似，按行或列的形式显示数据。一个表格由若干个列对象（Column）组成，每个列对象包含一个头对象 (header) 和若干个控件。表格、列、标头和控件都有自身的属性、事件和方法，用户在使用时可以灵活地对表格进行操作。

1. 表格生成器

表格设计可以使用表格生成器来进行。通过表格生成器能够交互式地快速设置表格的相关属性，创建所需要的表格。表格生成器的使用步骤如下：

1）通过“表单控件”工具栏在表单上放置一个表格。

2）使用鼠标右键单击表格控件，在快捷菜单中选择“生成器”命令，打开“表格生成器”对话框。在“表格生成器”对话框中有 4 个选项卡，分别为“表格项”、“样式”、“布局”和“关系”。它们的具体含义如下：

① 在“表格项”选项卡中，可以在“数据库和表”列表中选择一个默认目录中的数据库或表；若想打开其他目录中的数据库或表，可单击该列表框右侧的“...”，在弹出的“打开”对话框中选择一个表打开。打开表后，系统会自动将其所有字段放入“表格项”选项卡的“可用字段”列表中，用户可以选择所需字段添加到“选定字段”列表中，使用其中

的双箭头按钮可将所有可用字段一次全部添加到选定字段列表中，如图 4-11 所示。

② 在“样式”选项卡中，系统提供了 5 种样式，其默认值为“保留当前样式”，另外 4 种样式为专业型、标准型、浮雕型和账务型，当选择其中一项时，在对话框左侧会预览出其效果，如图 4-12 所示。

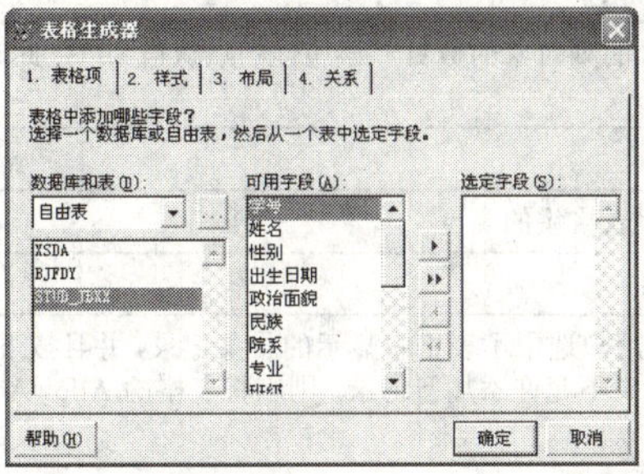

图 4-11 “表格生成器”—“表格项”选项卡

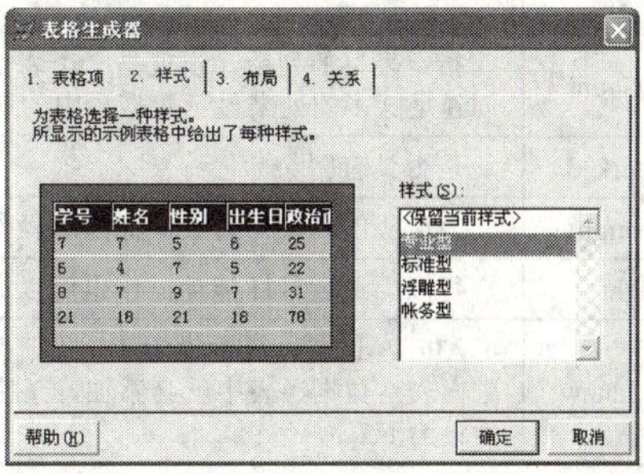

图 4-12 “表格生成器”—“样式”选项卡

③ 在“布局”选项卡中，可以调整和设置行与列，拖动列标题的右边线可调整列宽；拖动行的下边线可调整行高；在“标题”文本框中可为列设置其 Caption(标题)属性；在“控件类型”列表框中可改变列的控件类型，如图 4-13 所示。

④ 在“关系”选项卡中，设置一个一对多的关系，指明父表中的关键字段和与子表中的相关索引，如图 4-14 所示。

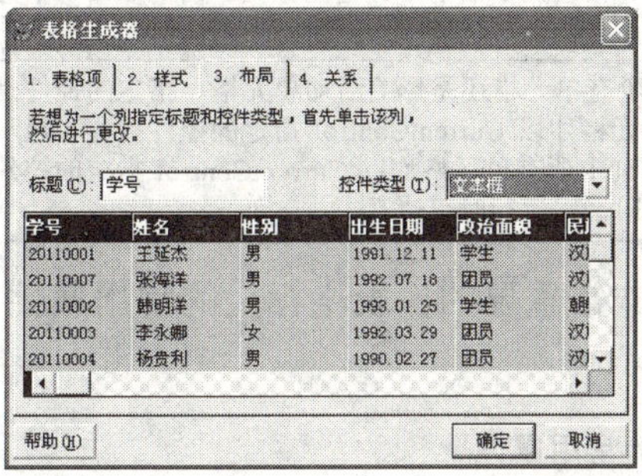

图 4-13 “表格生成器”—“布局”选项卡

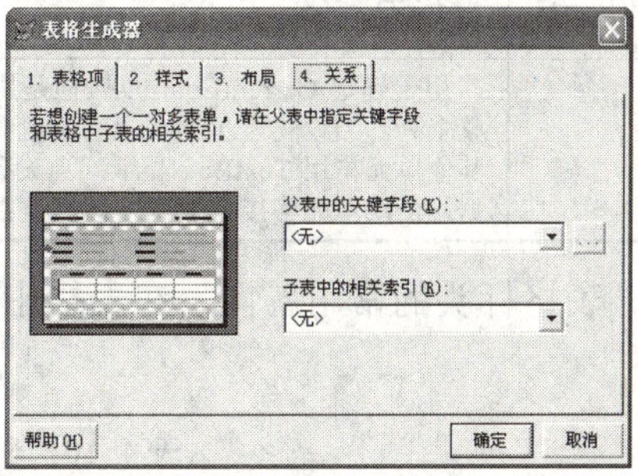

图 4-14 “表格生成器”—“关系”选项卡

2. 常用的表格属性

（1）RecordSourceType 和 RecordSource 属性　RecordSourceType 属性指明表格数据源的类型，RecordSource 属性指明表格数据源。RecordSourceType 属性的取值范围及含义，见表 4-7。

表 4-7　RecordSourceType 属性的设置值

属 性 值	说　明
0	表。数据来源于 RecordSource 属性指定的表，该表能被自动打开
1	别名（默认）。数据来源于已打开的表，由 RecordSource 属性指定该表的别名
2	提示。运行时，由用户根据系统的提示选择表格的数据源
3	查询（.qpr）。将.qpr 文件执行结果作为表格的数据源，如 RecordSource="a1.qpr"
4	SQL 语句。将 SQL SELECT 语句的执行结果作为表格的数据源，如 RecordSource="SELECT * FROM stud_jbxx"

（2）表格的常用属性　表格还有其他属性可以对表格进行设置。表格的常用属性，见表 4-8。

表 4-8　表格的常用属性

属　　性	说　　明
ColumnCount	指定表格的列数，也就是一个表格对象所包含的列对象的数目。该属性的默认值为-1，此时表格将创建足够多的列来显示数据源中的所有字段
DeleteMark	是否具有删除标记
HeaderHeight	表格头的高度。通过鼠标拖动操作也可以调整表格头的高度
RowHeight	行高。通过鼠标拖动操作也可以调整表格的行高
AllowAddnew	AllowAddnew 属性设为.T.时，则在运行时，当用户选中了表格中显示的一条记录，并且按下方向键，则向表格数据源表中就会添加一条空白记录；如果不允许添加新记录，则应将表格的 AllowAddnew 属性设为.F.

（3）表格列对象的常用属性　表格的列对象也有其自身的属性。表格列对象的常用属性，见表 4-9。

表 4-9　表格列对象的常用属性

属　　性	说　　明
ControlSource	指定在列中显示的数据源，常见的是表中的一个字段。该属性在设计时可用，在运行时可读写
CurrentControl	指定列对象中的一个控件，该控件用于显示和接收列中活动单元格的数据。列中非活动单元格的数据将在默认的 TextBox 中显示
Sparse	用于确定 CurrentControl 属性是影响列中的所有单元格还是影响活动单元格。指定的控件是否影响整个列。当设置为.T.时，只有在列中的活动单元格才以 CurrentControl 指定的控件接收和显示数据，其他单元格用 TextBox 显示；当设置为.F.时，列中所有单元格均以 CurrentControl 指定的控件显示数据，活动单元格接收数据。该属性在设计时可用，在运行时可读写

（4）表格标头的常用属性　在表格中标头是非常重要的。表格标头的常用属性，见表 4-10。

表 4-10　表格标头的常用属性

属　　性	说　　明
Caption	指定标头对象的标题文本，显示于列顶部
Alignment	指定标题文本在对象中显示的对齐方式。默认方式时属性值为 3；在对齐方式基于控件数据源的数据类型时为：数值型数据右对齐，其他数据类型左对齐

任务实施

1. 创建表单及数据环境

创建空白表单，将 stud_jbxx_temp.dbf 添加到数据环境中，并设置 Exclusive 属性为.T.。

2. 添加控件

在表单的适当位置添加一个表格控件 Grid1，执行表格“生成器”命令，将数据环境中 Stud_jbxx.dbf 添加到表格，在表单中适当调整表格的大小及位置；添加 1 个命令按钮组控件 Commandgroup1。

3. 表单及控件属性设置

设置表单及控件属性，见表 4-11。

表 4-11　表单及控件属性

控件名称	属性名	属性值	控件名称	属性名	属性值
Form1	AutoCenter	.T.	Form1	Caption	学生信息删除
Form1	BorderStyle	0	Commandgroup1.Command1	Caption	删除
Form1	MinButton	.F.	Commandgroup1.Command2	Caption	归档
Form1	Closable	.F.	Commandgroup1.Command3	Caption	退出

利用布局工具调整各控件位置，使其美观，如图 4-15 所示。

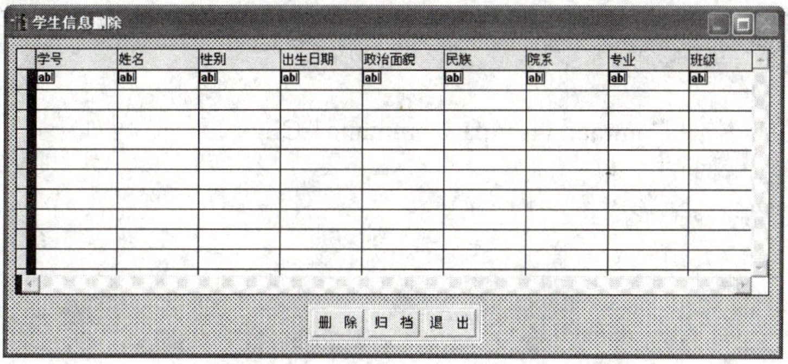

图 4-15　设计学生信息删除表单

4. 编写代码

（1）设置表单初始环境　设置 Form1.Resize 事件代码如下：

```
Thisform.Grid1.Top=10
Thisform.Grid1.Left=10
Thisform.Grid1.Height=Thisform.Height-60
Thisform.Grid1.Width=Thisform.Width-20
Thisform.Commandgroup1.Top=Thisform.Height-40
Thisform.Commandgroup1.Left=(Thisform.Width-Thisform.Commandgroup1.Width)/2
```

设置 Form1.Init 事件代码如下：

```
dd=SYS(5)+SYS(2003)+"\data\stud_jbxx.dbf"
SELECT stud_jbxx_temp
IF RECC()>0
    ZAP
ENDIF
APPEND FROM &dd
GO TOP
```

设置 Form1.Load 事件代码如下：

```
PUBLIC dd
SET DELETE OFF
```

（2）设置其他控件事件代码　设置 Grid1.AfterRowColChange 事件代码如下：

```
LPARAMETERS nColIndex                    &&此行是系统自动给出的
IF This.Activerow=RECN()
  Thisform.Commandgroup1.Command1.Caption="删除"
ELSE
  Thisform.Commandgroup1.Command1.Caption="恢复"
ENDIF
IF This.Activerow=RECN() AND DELE()
  Thisform.Commandgroup1.Command1.Caption="恢复"
ELSE
  Thisform.Commandgroup1.Command1.Caption="删除"
ENDIF
```

设置“删除”控件 Commandgroup1.Command1.Click 事件代码如下：

```
IF This.Caption="删除"
     This.Caption="恢复"
     DELE
ELSE
     This.Caption="删除"
     RECALL
ENDIF
```

设置“归档”控件 Commandgroup1.Command2.Click 事件代码如下：

```
SELECT stud_jbxx_temp
COPY TO lsb FOR NOT DELETED()
ZAP
APPEND FROM lsb
IF USED("lsb.dbf")
     USE
ENDIF
ERASE lsb.dbf
dd=SYS(5)+SYS(2003)+"\data\stud_jbxx.dbf"
IF USED("stud_jbxx.dbf")
    USE
ENDIF
COPY TO &dd
```

设置“退出”控件 Commandgroup1.Command3.Click 事件代码如下：

```
Thisform.release
```

5. 保存文件

保存表单为 stud_sc.scx。

6. 测试表单

打开 stud_sc.scx，单击“运行”按钮，在窗口中，当选中某一行学生信息时，单击“删除”按钮，此时该记录前面出现一个黑色方块，表明该记录被逻辑删除，此时“删除”按钮变成“恢复”按钮，再单击“恢复”按钮，此记录恢复正常；如果移到黑色方块的记录上时，“恢复”按钮又变成“删除”按钮，所有操作完成，再单击“归档”按钮，根据提示进行操作，则将结果自动进行保存。

知识拓展

页框是页的容器，一个页框可以包含多个页。每一个页控件又可包含相互独立的控件。在表单设计时，使用页框能够最大限度地节约空间。在页框中通过页面标题来选择页面，当前被选中的页面就是活动页面。

1. 创建与编辑页框

操作步骤如下：

1）新建一个表单，在表单工具箱中选择页框控件，并在表单中添加，完成页框的创建。通过修改页框 PageCount 属性值，来确定页框的数量。

2）选中页框，并单击鼠标右键，在其弹出的快捷菜单中选择“编辑”菜单项，此时页框四周出现绿色阴影，进入编辑状态。

通过设置不同页的 Caption 属性，以区别不同的页，在每页面上可加入不同的对象。

2. 页面中各对象的引用

（1）绝对引用方式

格式：Thisform.页框名.页名.页面对象名

（2）相对引用方式

同一页面不同对象的引用。

格式：This.Parent.引用对象名

不同页面间的对象的引用。

格式：This.Parent.Parent.引用对象名

3. 页框常用属性

页框常用属性，见表 4-12。

表 4-12　页框常用属性

属　性	说　明
ActivePage	返回页框中活动页的页号，或使页框中的指定页成为活动页
PageCount	用于指定一个页框对象所包含的页对象的数量，最小值为 0，最大值为 99

（续）

属　性	说　明
Pages	Pages 属性是一个数组，用于存取页框中的某个页对象
TabStrech	设置是否多行显示标签文本。值为 0 时可以多行显示标签文本；值为 1 时仅可单行显示。默认为 1 时，该属性仅在 Tabs 属性为.T.时有效
TabStyle	指定选项卡的样式。0 为默认，两端对齐；1 为非两端对齐
Tabs	指定页框中是否显示页面标签栏

4. 应用举例

例 4-3　设计一个页框，其中包含两个页面：“信息录入”和“信息显示”。通过对 yxzy.dbf 表进行相应操作。

具体步骤：

1）新建一个表单，将 AutoCenter 设为.T.，同时设置其图标。

2）在表单的空白处，单击鼠标右键，在弹出的快捷菜单中选择 yxzy.dbf，并添加到数据环境中。

3）在表单上添加页框 Pageframe1，设置 PageCount 属性为 2，Page1 的 Caption 属性设为“信息录入”，Page2 的 Caption 属性设为“信息显示”。

在 Page1 页面中添加 2 个 Label 控件，将其 Caption 属性分别设为“院系名称”、“专业名称”。添加 2 个 Text 控件，再添加 1 个 CommandGroup 控件，将各按钮的 Caption 属性分别设为“添加”和“确定”，使各控件布局美观，如图 4-16 所示。

在 Page1 页面中添加 1 个 Grid 控件，并设置 Grid1 的数据环境为 yxzy.dbf，并将其所有字段添加到 Grid1 中，使各控件布局美观，如图 4-17 所示。

图 4-16　“信息录入”页面

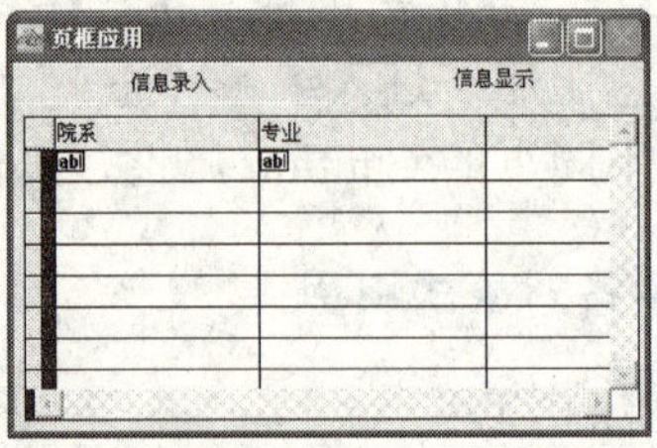

图 4-17　“信息显示”页面

4）编写代码：

Page1 页面的 Commandgroup1.Command1.Click 事件代码如下：

```
Thisform.Pageframe1.Page1.Text1.Value=""
Thisform.Pageframe1.Page1.Text2.Value=""
Thisform.Pageframe1.Page1.Text1.Setfocus
```

Page1 页面的 Commandgroup1.Command2.Click 事件代码如下：

```
a=ALLT(Thisform.Pageframe1.Page1.Text1.Value)
b=ALLT(Thisform.Pageframe1.Page1.Text2.Value)
IF EMPTY(a) AND EMPTY(b)
    MESSAGEBOX("院系名称及专业名称不能为空！",16+0,"警告信息")
    Thisform.Pageframe1.Page1.Text1.Setfocus
ELSE
```

```
        SELECT yxzy
        LOCATE ALL FOR ALLT(院系)==a AND ALLT(专业)==b
        IF found()
         MESSAGEBOX("所填写的院系及专业已经存在！",16+0,"警告信息")
        ELSE
            APPEND BLANK
            REPLACE 院系 WITH a
            REPLACE 专业 WITH b
        ENDIF
    ENDIF
    Thisform.Pageframe1.Page2.Refresh
```

触类旁通

在使用 Visual FoxPro 设计应用系统时，信息的浏览是相当重要的功能之一，通常采用的实现方法是用 Grid 对象来显示数据信息。如果当使用者在记录之间移动时，只有获得焦点的那条记录的某一字段可以以不同于 Grid 背景的颜色显示。用颜色动态变化显示相对光标所在的位置，可以更加突出不同的信息的显示状态。

首先定义一个 Grid 对象，设置其属性，然后编写 Grid 的 AfterRowColChange 事件代码：

```
    LPARAMETERS nColIndex
    This.Setall("dynamicbackcolor","iif(This.Activerow<>RECN(),RGB(255,255,255),RGB(0,0,255))","Column")
```

利用以上代码，当数据记录移动时，其相对的 Row 显示动态颜色变化。在设计中，首先使用了 Setall() 方法设定 Grid 中的 Column 层次的 DynamicBackColor（动态背景颜色属性），然后在第 2 个参数中使用了 Grid 对象的 ActiveRow 反映相对的行数。如果不等于记录编号时，则通过 RGB(255,255,255) 送出白色背景色；如果相对行等于记录编号时，则通过 RGB(0,0,255)送出绿色背景色，此颜色也可自行设定。

小结

本项目主要讲解学生信息管理系统中非常重要的模块—— 数据编辑模块，它包括 3 个非常实用的功能模块，即信息录入、数据修改和数据删除。本项目通过具体实例的讲解，可以使读者初步掌握如何利用 Visual FoxPro 编写应用系统三大功能模块的基本方法以及不同控件的使用方法。同时，通过知识的扩展，进一步了解其他控件的使用方法及应用技巧。

实战强化

1．根据项目 1 实战强化中关于工资管理项目，试编写以下 3 个表单，分别用于完成对职工工资信息的录入模块。

2．编写职工工资信息修改模块。

3．编写职工工资信息删除模块。

项目 5　设计学生信息的查询模块

职业能力目标

1）能够使用相关控件及语言结构建立信息单项查询表单。
2）能够使用相关控件及语言结构建立信息综合查询表单。
3）能够综合运用控件的不同属性设计并调试表单。

任何一个应用管理系统，都离不开信息查询模块，通过查询为应用系统提供更加完备的功能。本项目主要介绍学生信息管理系统中两个基本功能模块单项查询和综合查询的基本思路和方法，通过两个模块的设计对今后设计其他应用系统起到抛砖引玉的作用。

任务 1　创建学生信息单项查询模块

任务情境

所谓“单项查询”是指按照某项关键字的数据信息来查询相关的结果。在数据库应用系统中常常为那些查找目标较明确，而又经常使用的操作提供查询功能。例如，在“学生信息管理系统”中，查询学生信息是常用的功能，如按照学生姓名查询学生信息、按照不同民族查询学生信息等。这些功能也是信息管理系统中普遍存在的功能。下面按照学生姓名查询学生信息为例，对单项查询进行说明。

任务分析

1. 建立查询学生姓名表单

如果没有输入学生姓名信息，则弹出相应的提示信息，否则对学生信息进行查询；在学生信息中，如果没有要查询的学生信息，则弹出相应的提示信息；如果查询到要查询的学生信息，则调用具体显示该学生信息详细内容的表单。表单运行界面，如图 5-1 所示。

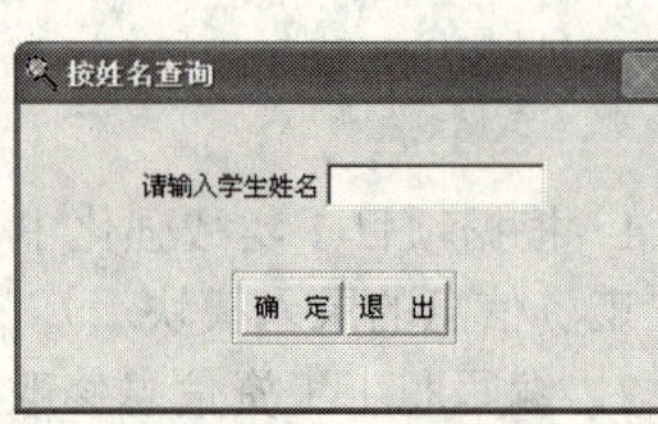

图 5-1　按学生姓名查询表单

2. 建立显示查询结果表单

在显示查询结果表单中，表单的标题要显示查询到的学生姓名；在设计过程中，要考虑到学生姓名相同的现象出现，因此要对表单中的各浏览按钮进行限制，如果出现同名的学生，则各浏览按钮有效，否则无效；如果希望要对查询到的学生信息进行打印，则提供打印输出功能，具体显示学生信息部分的设计与学生信息修改表单相似。表单运行界面，如图 5-2 所示。

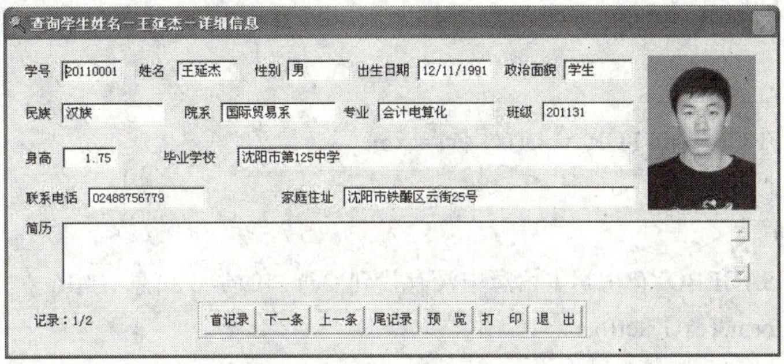

图 5-2　显示学生信息表单

任务实施

1. 创建查询学生姓名表单

（1）创建表单　创建空白表单，并将 stud_jbxx_temp.dbf 添加到数据环境中，设置其 Exclusive 属性值为.T.。

（2）属性设置　表单及控件属性设置，见表 5-1。

表 5-1　表单及控件属性设置

控件名称	属性名	属性值	控件名称	属性名	属性值
Form1	AutoCenter	.T.	Form1	Caption	按姓名查询
Form1	BorderStyle	0	Label1	Caption	请输入学生姓名
Form1	MinButton	.F.	Text1	默认	默认
Form1	Closable	.F.	Commandgroup1/Command1	Caption	确定
Form1	MaxButton	.F.	Commandgroup1/Command2	Caption	退出

利用布局控件使表单美观，表单设计界面，如图 5-3 所示。

（3）编写代码

1）设置表单初始环境。

设置 Form1.Load 事件代码如下：

```
PUBLIC dd,xm,rec_zs
```

2）设置 Commandgroup1 控件各按钮的 Click 事件代码。

图 5-3　设计按学生姓名查询表单

设置“确定”按钮 Commandgroup1.Command1.Click 事件代码如下：

```
dd=SYS(5)+SYS(2003)+"\data\stud_jbxx.dbf"
```

```
xm=ALLT(Thisform.Text1.Value)
IF EMPTY(xm)
    MESSAGEBOX("要查询的学生姓名不能为空！",16+0,"警告信息")
    Thisform.Text1.Setfocus
ELSE
    SELECT stud_jbxx_temp
    IF RECC()>0
        ZAP
    ENDIF
    APPEND FROM &dd FOR ALLT(姓名)==xm
    rec_zs=RECC()
    IF rec_zs=0
        MESSAGEBOX("在学生信息中没有找到要查询的学生信息！",16+0,"警告信息")
        Thisform.Text1.Setfocus
    ELSE
        DO Form stud_dxcx1
    ENDIF
ENDIF
```

设置“退出”按钮 Commandgroup1.Command2.Click 事件代码如下：

```
Thisform.Release
```

（4）保存文件　保存表单为 stud_dxcx.scx。

2. 创建显示查询结果表单

（1）创建表单　创建空白表单，并将 stud_jbxx_temp.dbf 添加到数据环境中。

（2）添加控件　在表单中添加控件，所添加的控件与学生信息删除表单设置类似。因篇幅有限，此处不再赘述。

（3）设置属性　表单及控件的属性设置，见表 5-2。

表 5-2　表单及控件的属性设置

控件名称	属性名	属性值	控件名称	属性名	属性值
Form1	AutoCenter	.T.	Commandgroup1/Command1	Caption	首记录
Form1	BorderStyle	0	Commandgroup1/Command2	Caption	下一条
Form1	MinButton	.F.	Commandgroup1/Command3	Caption	上一条
Form1	Closable	.F.	Commandgroup1/Command4	Caption	尾记录
Form1	MaxButton	.F.	Commandgroup1/Command5	Caption	预览
Form1	Icon	自定	Commandgroup1/Command6	Caption	打印
Label1	Caption	""	Commandgroup1/Command7	Caption	退出

其他显示学生信息的各控件设置与删除表单的控件属性设置相同。因篇幅有限，此处不再赘述。

利用布局控件使表单美观，其表单设计界面如图 5-4 所示。

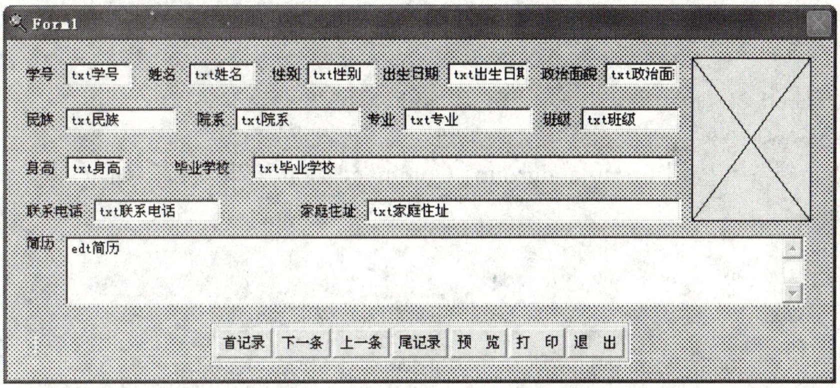

图 5-4　设计显示学生信息表单

（4）编写代码

1）设置表单初始环境。

设置 Form1.Activate 事件代码如下：

```
Thisform.Caption="查询学生姓名－"+xm+"－详细信息"
Thisform.Label1.Caption="记录："+ALLT(STR(RECN()))+"/"+ALLT(STR(rec_zs))
IF rec_zs>1
    Thisform.Commandgroup1.Command1.Enabled=.T.
    Thisform.Commandgroup1.Command2.Enabled=.T.
    Thisform.Commandgroup1.Command3.Enabled=.T.
    Thisform.Commandgroup1.Command4.Enabled=.T.
ELSE
    Thisform.Commandgroup1.Command1.Enabled=.F.
    Thisform.Commandgroup1.Command2.Enabled=.F.
    Thisform.Commandgroup1.Command3.Enabled=.F.
    Thisform.Commandgroup1.Command4.Enabled=.F.
ENDIF
go top
a1=SYS(5)+SYS(2003)+"\data\photo\"+ALLT(学号)+".jpg"
IF FILE("&a1")
    Thisform.Image1.Picture=a1
ELSE
    Thisform.Image1.Picture=""
ENDIF
```

2）设置 Commandgroup1 控件各按钮的 Click 代码。

设置“首记录”按钮 Commandgroup1.Command1.Click 事件代码如下：

```
go top
a1=SYS(5)+SYS(2003)+"\data\photo\"+ALLT(Thisform.txt 学号.Value)+".jpg"
IF FILE("&a1")
    Thisform.Image1.Picture=a1
ELSE
```

```
        Thisform.Image1.Picture=""
ENDIF
Thisform.Label1.Caption="记录："+ALLT(STR(RECN()))+"/"+ALLT(STR(rec_zs))
Thisform.Refresh
```

设置“下一条”按钮 Commandgroup1.Command2.Click 事件代码如下：

```
SKIP
IF EOF()
    GO TOP
ENDIF
a1=SYS(5)+SYS(2003)+"\data\photo\"+ALLT(Thisform.txt 学号.Value)+".jpg"
IF FILE("&a1")
    Thisform.Image1.Picture=a1
ELSE
    Thisform.Image1.Picture=""
ENDIF
Thisform.Label1.Caption="记录："+ALLT(STR(RECN()))+"/"+ALLT(STR(rec_zs))
Thisform.Refresh
```

设置“上一条”按钮 Commandgroup1.Command3.Click 事件代码如下：

```
SKIP -1
IF BOF()
    GO BOTTOM
ENDIF
a1=SYS(5)+SYS(2003)+"\data\photo\"+ALLT(Thisform.txt 学号.Value)+".jpg"
IF FILE("&a1")
    Thisform.Image1.Picture=a1
ELSE
    Thisform.Image1.Picture=""
ENDIF
Thisform.Label1.Caption="记录："+ALLT(STR(RECN()))+"/"+ALLT(STR(rec_zs))
Thisform.Refresh
```

设置“尾记录”按钮 Commandgroup1.Command4.Click 事件代码如下：

```
go bottom
a1=SYS(5)+SYS(2003)+"\data\photo\"+ALLT(Thisform.txt 学号.Value)+".jpg"
IF file("&a1")
    Thisform.Image1.Picture=a1
ELSE
    Thisform.Image1.Picture=""
ENDIF
Thisform.Label1.Caption="记录："+ALLT(STR(recn()))+"/"+ALLT(STR(rec_zs))
Thisform.Refresh
```

设置“预览”按钮 Commandgroup1.Command5.Click 事件代码如下：

```
Report Form xsmd preview
```

设置“打印”按钮 Commandgroup1.Command6.Click 事件代码如下：

```
Report Form xsmd to printer
```

设置“退出”按钮 Commandgroup1.Command7.Click 事件代码如下：

```
Thisform.Release
```

（5）保存文件　保存表单为 stud_dxcx1.scx。

“预览”和“打印”两个按钮的调用代码是利用 Visual FoxPro 所提供的报表设计功能完成的，将所查询到的结果以报表的形式可以通过打印机输出，这部分内容将在项目 8 中进行介绍。

3. 测试表单

运行表单 stud_dxcx，输入要查询的学生姓名，如果没有输入学生，则弹出相应的错误信息；如果没有查询到该姓名的学生，则弹出相应的错误信息；如果查询到学生的姓名，则显示该学生的详细信息。

如果在查询的所有信息中，出现同名的情况，则 4 个浏览按钮“首记录”、“上一条”、“下一条”和“尾记录”将被激活，可以浏览同名的不同学生的信息。如果只有一名学生，则 4 个按钮无效。

知识拓展

在程序设计的基本结构中循环结构是非常重要的一种，在导学中已经介绍了“当型”循环结构和“步长型”循环结构，还有一种循环结构称为“表扫描”循环结构。该循环结构一般用于处理表中的记录。

```
格式：SCAN [<范围>][FOR <条件 1> |WHILE <条件 2>]
            [命令序列]
      ENDSCAN
```

说明：

1）<范围>默认值为 All。

2）该结构是针对当前打开的数据表进行操作的，其功能是：对当前打开的数据表中指定范围内符合条件的记录，逐个进行<命令序列>所有操作，如果在默认范围和出现条件子句时，则对所有记录逐个进行<命令序列>规定的操作。

3）表扫描型循环结构每循环一遍，记录指针自动移动到下一条记录，不需要设置 SKIP 语句。

4）SCAN 和 ENDSCAN 语句要配对使用，且各占一行。

5）在<命令序列>的适当位置也可以放置 EXIT 和 LOOP 语句，功能和用法同其他循环结构类似。

例 5-1　用表扫描循环结构将 stud_jbxx 表中 1990 年以前出生的学生姓名及所在班级等信息输出，并统计这些学生的人数。

```
CLEAR
USE stud_jbxx
n=0
```

```
SCAN FOR YEAR(出生日期)<1990
    n=0
    DISPLAY 姓名，班级
ENDSCAN
?"1990 年以前出生的人数有："+str(n,2)+"人。"
USE
RETURN
```

触类旁通

在实际应用过程中，有时候需要查询某一个班级学生的具体情况。如果要创建一个具有查询功能的表单，则通过对“院系”、“专业”和“班级”进行选择，得到某个班级的学生信息，然后通过另一个表单显示学生信息，并提供打印输出功能。

1. 创建查询表单

（1）创建表单及添加数据环境

1）创建空白表单，并将 stud_jbxx_temp.dbf 添加到数据环境中，为了存放所查询的数据，设置其 Exclusive 属性值为.T.。

2）在表单上添加 3 个标签 Label1～Label3、3 个组合框 Combo1～Combo3 和 1 个命令按钮组 Commandgroup1。

（2）设计表单及控件属性　表单及控件属性的设置，见表 5-3。

表 5-3　表单及控件属性的设置

控件名称	属性名	属性值	控件名称	属性名	属性值
Form1	AutoCenter	.T.	Combo2	Style	2
Form1	BorderStyle	0	Combo3	Style	2
Form1	MinButton	.F.	Label1	Caption	选择院系
Form1	Closable	.F.	Label2	Caption	选择专业
Form1	MaxButton	.F.	Label3	Caption	选择班级
Form1	Icon	自定	Commandgroup1/Command1	Caption	确定
Combo1	Style	2	Commandgroup1/Command2	Caption	退出

利用布局控件使表单美观。其表单设计界面如图 5-5 所示。

图 5-5　设计按班级查询学生信息表单

（3）设计不同事件代码

1）设置表单初始环境。

设置 Form1 的 Activate 事件代码如下：

```
fn1=SYS(5)+SYS(2003)+"\data\yxzy.dbf"
fn2=SYS(5)+SYS(2003)+"\data\bjfdy.dbf"
dd=SYS(5)+SYS(2003)+"\data\stud_jbxx.dbf"
Thisform.Combo1.Rowsourcetype=3
Thisform.Combo1.Rowsource="SELECT DIST 院系 FROM &fn1 INTO CURSOR llz1"
Thisform.Combo1.Value=1
```

设置 Form1.Load 事件代码如下：

```
public yx,zy,bj,dd,fn1,fn2,xsxx,bjxx
```

2）设置不同控件的事件代码。

设置 Combo1.Click 事件代码如下：

```
Thisform.Combo2.RowsourceType=3
Thisform.Combo2.Rowsource="SELECT DIST 专业 FROM &fn1 WHERE ALLT(院系)= ALLT(This.
DisplayValue) INTO CURSOR llz2"
Thisform.Combo2.Value=1
```

设置 Combo2.Click 事件代码如下：

```
Thisform.Combo3.Rowsourcetype=3
Thisform.Combo3.Rowsource="SELECT DIST 班级 FROM &fn2 WHERE ;
ALLT(专业)=ALLT(This.DisplayValue) INTO CURSOR llz3"
Thisform.Combo3.Value=1
```

设置“确定”按钮 Commandgroup1.Command1.Click 事件代码如下：

```
IF EMPTY(Thisform.Combo1.DisplayValue) or EMPTY(Thisform.Combo2.display;
Value) or EMPTY(Thisform.Combo3.DisplayValue)
    MESSAGEBOX("请选择院系、专业和班级！",48+0,"提示信息")
ELSE
    yx=ALLT(Thisform.Combo1.DisplayValue)
    zy=ALLT(Thisform.Combo2.DisplayValue)
    bj=ALLT(Thisform.Combo3.DisplayValue)
    SELECT stud_jbxx_temp
    IF RECC()>0
        ZAP
    ENDIF
    APPEND FROM &dd FOR ALLT(院系)=yx AND ALLT(专业)=zy AND ALLT(班级)=bj;
       AND not 是否退学
    COUNT TO xszs                                  &&求学生总数
    IF xszs>0
        DO Form bjcx1                              &&执行查询结果显示表单
    ELSE
        MESSAGEBOX("没有学生信息，请首先进行输入！",16+0,"提示信息")
    ENDIF
ENDIF
```

设置“退出”按钮 Commandgroup1.Command2.Click 事件代码如下：

```
Thisform.Release
```

（4）保存文件

保存表单为 bjcx.scx。

2. 创建查询结果显示表单

（1）创建表单及添加数据环境

1）创建空白表单，并将 stud_jbxx_temp.dbf 添加到数据环境中。

2）在表单上添加 1 个 Grid 表格、1 个命令按钮组控件 Commandgroup1。利用布局控件使表单美观。其表单设计界面如图 5-6 所示。

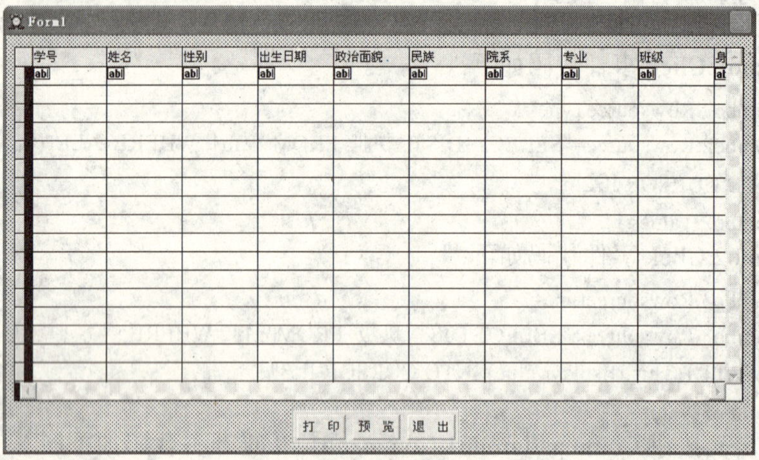

图 5-6　查询学生信息结果表单

（2）设计表单及控件属性　表单及控件属性设置，见表 5-4。

表 5-4　设置表单及控件属性

控件名称	属性名	属性值	控件名称	属性名	属性值
Form1	AutoCenter	.T.	Form1	Icon	自定
Form1	BorderStyle	0	Grid1	ReadOnly	.T.
Form1	MinButton	.F.	Commandgroup1 /Command1	Caption	打印
Form1	Closable	.F.	Commandgroup1 /Command2	Caption	预览
Form1	MaxButton	.F.	Commandgroup1 /Command3	Caption	退出

（3）设计不同事件代码

1）设置表单初始环境。

设置 Form1.Activate 事件代码如下：

```
Thisform.Caption=bjxx+"学生信息"        &&bjxx 为查询信息表单所得到的公共变量
```

2）设置不同控件的事件代码。

设置“打印”按钮 Commandgroup1.Command1.Click 事件代码如下：

```
Report Form bjmc TO PRINTER
```

设置“预览”按钮 Commandgroup1.Command2.Click 事件代码如下：

```
Report Form bjmc PREVIEW
```

设置“退出”按钮 Commandgroup1.Command3.Click 事件代码如下：

```
Thisform.Release
```

（4）保存文件　保存表单为 bjcx1.scx。

3. 测试表单

运行表单 bjcx.scx，通过选择院系组合框，选择某一个院系，然后在专业组合框中自动显示该院系所包含的所有专业，选择某一个专业，则在班级组合框中自动显示该专业所包含的所有班级。选择某一个班级后，单击“确定”按钮，如果该班级没有学生，则弹出相应的错误信息；如果有学生，则弹出标题为“××院系××专业××班级学生信息”的窗口，同时显示所属学生的信息并提供打印输出功能。

任务 2　创建学生信息综合查询模块

任务情境

在实际查询信息时，常常需要组合多种信息项来查询信息。例如，在“学生信息管理系统”中，常常要求查询各种情况的学生信息，而且，往往这些信息的查询条件和所涉及的信息项并不是固定的，这些功能也是信息管理系统中普遍存在的功能，如对学生不同民族、不同的政治面貌及所学的不同专业等情况进行学生信息的查询。现通过对学生的不同民族、不同政治面貌和不同专业等情况进行不同的组合，对综合查询进行说明。表单运行界面，如图 5-7 所示。

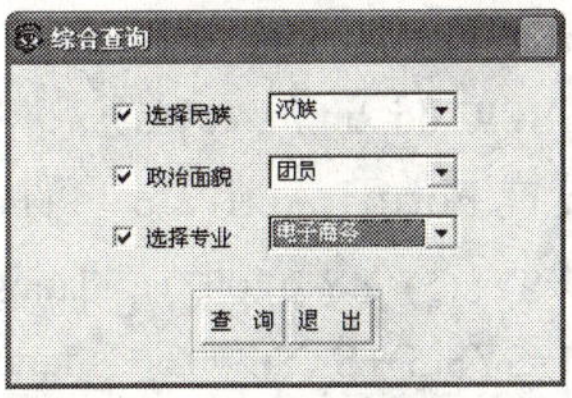

图 5-7　综合查询表单

任务分析

首先要定义查询条件，也就是确定需要进行查询的关键字。通过复选框是否被选中作为判断相应列表框可用的条件，通过民族、政治面貌和专业 3 个列表框进行选择其相应的内容，确定查询条件。

然后，通过确定查询条件，向临时数据表中追加符合条件的记录。如果查询到符合条件的记录，则显示查询到的信息，否则弹出相应的提示信息。在显示查询到的信息窗口中，将不同的关键字作为显示窗口的标题。

任务实施

1. 创建综合查询表单

（1）创建表单及添加数据环境　创建空白表单，并将 mz.dbf 和 stud_jbxx_temp.dbf 数据表添加到数据环境中，设置 stud_jbxx_temp.dbf 的 Exclusive 的属性值为.T.。

（2）设置表单及控件属性　表单及控件属性设置，见表 5-5。

表 5-5　表单及控件属性的设置

控件名称	属性名	属性值	控件名称	属性名	属性值
Form1	AutoCenter	.T.	Check2	Caption	政治面貌
Form1	BorderStyle	0	Check3	Caption	选择专业
Form1	MinButton	.F.	Combo2	Rowsource	学生，团员，党员
Form1	Caption	综合查询	Combo2	RowsourceType	1
Form1	Closable	.F.	Combo2	Style	2
Form1	MaxButton	.F.	Combo3	Rowsource	默认
Combo1	Rowsource	Mz.mz	Combo3	RowsourceType	默认
Combo1	RowsourceType	6	Combo3	Style	2
Combo1	Style	2	Commandgroup1/Command1	Caption	确定
Check1	Caption	选择民族	Commandgroup1/Command2	Caption	退出

利用布局控件使表单美观。其综合查询表单设计界面，如图 5-8 所示。

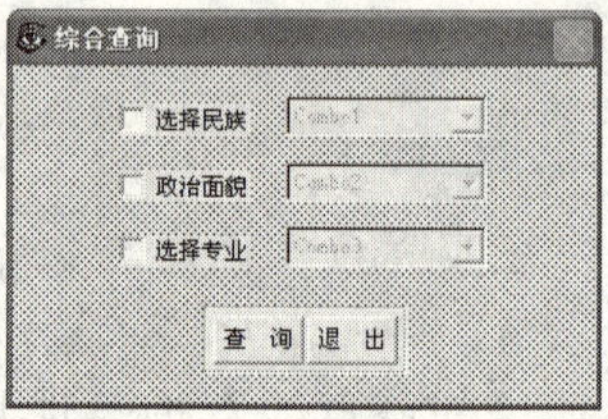

图 5-8　综合查询表单设计界面

（3）编写代码

1）设置表单初始环境。

设置 Form1.Load 事件代码如下：

```
PUBLIC dd,xm,fn,rec_zs
```

设置 Form1.Activate 事件代码如下：

```
dd=SYS(5)+SYS(2003)+"\data\stud_jbxx.dbf"
fn1=SYS(5)+SYS(2003)+"\data\yxzy.dbf"
Thisform.Combo3.RowsourceType=3
Thisform.Combo3.Rowsource="SELECT DIST 专业 FROM &fn1 INTO CURSOR llz1"
Thisform.Combo1.Value=1
Thisform.Combo2.Value=1
Thisform.Combo3.Value=1
```

2）设置 Commandgroup1 控件各按钮的 Click 代码。

设置“查询”按钮 Commandgroup1.Command1.Click 事件代码如下：

```
IF Thisform.Check1.Value=1
    mz1=ALLT(Thisform.Combo1.DisplayValue)
ENDIF
IF Thisform.Check2.Value=1
    zzmm1=ALLT(Thisform.Combo2.DisplayValue)
ENDIF
IF Thisform.Check3.Value=1
    zy1=ALLT(Thisform.Combo3.DisplayValue)
ENDIF
sele stud_jbxx_temp
IF RECC()>0
    ZAP
```

```
ENDIF
****第 1 种情况　选择民族、政治面貌和专业组合框，变量 mt 为显示查询结果的标题
IF Thisform.Check1.Value=1 AND Thisform.Check2.Value=1;
 AND Thisform.Check3.Value=1
    APPEND FROM &dd FOR ALLT(民族)=mz1 AND ALLT(政治面貌)==zzmm1 AND ;
   ALLT(专业)==zy1
    mt="民族为"+mz1+" 政治面貌为"+zzmm1+" 专业为"+zy1+" 的学生信息"
ENDIF
****第 2 种情况　　选择民族和政治面貌，变量 mt 为显示查询结果的标题
IF Thisform.Check1.Value=1 AND Thisform.Check2.Value=1;
 AND Thisform.Check3.Value<>1
    APPEND FROM &dd FOR ALLT(民族)=mz1 AND ALLT(政治面貌)==zzmm1
    mt="民族为"+mz1+" 政治面貌为"+zzmm1+" 的学生信息"
ENDIF
****第 3 种情况　　选择民族和专业组合框，变量 mt 为显示查询结果的标题
IF Thisform.Check1.Value=1 AND Thisform.Check2.Value<>1;
 AND Thisform.Check3.Value=1
    APPEND FROM &dd FOR ALLT(民族)=mz1 AND ALLT(专业)==zy1
    mt="民族为"+mz1+" 专业为"+zy1+" 的学生信息"
ENDIF
****第 4 种情况　　选择民族组合框，变量 mt 为显示查询结果的标题
IF Thisform.Check1.Value=1 AND Thisform.Check2.Value<>1;
 AND Thisform.Check3.Value<>1
    APPEND FROM &dd FOR ALLT(民族)=mz1
    mt="民族为"+mz1+" 的学生信息"
ENDIF
****第 5 种情况　　选择政治面貌和专业组合框，变量 mt 为显示查询结果的标题
IF Thisform.Check1.Value<>1 AND Thisform.Check2.Value=1;
 AND Thisform.Check3.Value=1
    APPEND FROM &dd FOR ALLT(政治面貌)==zzmm1 AND ALLT(专业)==zy1
    mt="政治面貌为"+zzmm1+" 专业为"+zy1+" 的学生信息"
ENDIF
****第 6 种情况　　选择政治面貌组合框，变量 mt 为显示查询结果的标题
IF Thisform.Check1.Value<>1 AND Thisform.Check2.Value=1;
 AND Thisform.Check3.Value<>1
    APPEND FROM &dd FOR ALLT(政治面貌)==zzmm1
    mt="政治面貌为"+zzmm1+" 的学生信息"
ENDIF
****第 7 种情况　　选择专业组合框，变量 mt 为显示查询结果的标题
IF Thisform.Check1.Value<>1 AND Thisform.Check2.Value<>1;
 AND Thisform.Check3.Value=1
    APPEND FROM &dd FOR ALLT(专业)==zy1
    mt="专业为"+zy1+" 的学生信息"
```

```
ENDIF
****第 8 种情况    没有选择组合框，变量 mt 为显示查询结果的标题
IF Thisform.Check1.Value<>1 AND Thisform.Check2.Value<>1;
 AND Thisform.Check3.Value<>1
    APPEND FROM &dd
    mt="全体学生信息"
ENDIF
rec_zs=RECC()
IF rec_zs>0
    DO Form stud_zhcx1
ELSE
    MESSAGEBOX("没有查询到符合条件的学生信息！",16+0,"警告信息")
ENDIF
```

设置“退出”按钮 Commandgroup1.Command2.Click 事件代码如下：

```
Thisform.Release
```

（4）保存文件　保存表单为 stud_zhcx.scx。

2. 显示综合查询结果表单

显示查询结果表单的设计与单项查询结果显示表单相似，只是表单的标题需要重新设置。显示所查询到的不同民族、政治面貌和专业的学生情况。

设置 Form1.Activate 事件代码如下：

```
Thisform.Caption=mt
```

3. 测试表单

运行表单 stud_zhcx，通过 3 个复选框，决定是否激活相应的组合框。如果某一个组合框被激活，从组合框中选择某一个列表项，可以与其他复选框和相应的组合框进行任意组合。单击“查询”按钮，如果没有所设置的学生信息，则弹出相应的错误信息。如果找到符合要求的学生，则弹出标题为“民族为×××政治面貌为×××专业为×××”的窗口，窗口中将显示符合条件的所有学生信息。窗口标题是由在查询时所设置的不同情况决定的。

知识拓展

1. 计时器控件 Timer

计时器控件只与时间间隔有关，而与用户的操作无关，所以可通过编程使它在一定的时间间隔内完成某种操作。在运行时计时器是不可见的，所以它的位置和大小并不重要。

（1）常用属性

Enabled：如果希望在表单装入后立即启动计时器，则把该属性设置为.T.-真；否则把它设置为.F.-假，然后用一个外部事件（如单击命令按钮）来启动计时器。

Interval：设置计时器事件之间的时间间隔（单位为毫秒）。

计时器的 Enabled 属性不同于其他对象。对于大多数对象，Enabled 属性决定了能否响应用户的操作；对于计时器，设置 Enabled 属性为假，将停止计时器的运行。

注意：计时器事件是周期性的，间隔长度越小，事件产生就越频繁，响应事件所花费的时间就越多，这将会使应用程序的整体性能下降。所以一般不要设置很小的间隔。

（2）常用事件　Timer 是计时器最常用的事件，每隔 Interval 属性指定的时间间隔，这个事件就被触发一次。

2. 微调控件 Spinner

微调控件用于接收给定范围内的数值输入。使用微调控件一方面可以代替键盘接收一个值，另一方面可以在当前值的基础上做微小的增量或减量调节。

（1）常用属性　微调控件的属性是微调控件的重要特性，通过在“属性”窗口或程序语句中对其进行设置，可以改变或定义微调控件的外表特征及其某一方面的行为。表 5-6 列举了微调控件的常用属性。

表 5-6　微调控件的常用属性

属 性 名	默 认 值	类　型	功　能
Increment	1.00	数值型	用户单击向上或向下按钮时每次增大或减小的值
KeyboardHighValue	2147483647	数值型	能输入到微调控件文本框中的最大值
KeyboardLowValue	-2147483647	数值型	能输入到微调控件文本框中的最小值
SpinnerHighValue	2147483647	数值型	用户单击向上按钮时能达到的最大值
SpinnerLowValue	-2147483647	数值型	用户单击向下按钮时能达到的最小值
Value	0	数值型	返回用户设置的值

（2）常用事件　微调控件的事件可以对用户的操作或系统触发的事件作出响应，以实现人机的交互过程。表 5-7 列举了微调控件的常用事件。

表 5-7　微调控件的常用事件

事 件 名	功 能 说 明
DownClick	用户单击向下箭头时产生该事件
InteractiveChange	在使用键盘或鼠标更改微调控件的值时产生该事件
UpClick	用户单击向上箭头时产生该事件

3. 容器控件 Container

Container 是 Visual FoxPro 的容器控件，主要用来包容其他控件，如将一些标签和文本框放入到 Container 中。在进行表单设计时，如果拖动 Container，则该容器中包含的控件都会随之移动。同时如果想隐藏某个容器，则该容器中包含的所有控件都会随之隐藏。

如果向容器控件中添加其他控件，则可以采用以下方法。使用鼠标右键单击容器控件，在弹出的快捷菜单中选择“编辑”菜单项，容器控件的四周出现灰绿色边界，表明容器处于编辑状态，此时可以向容器中添加其他控件了。

4. 应用举例

例 5-2　为一个应用系统设计一个电子标题板，如图 5-9 所示。标题“热烈欢迎”在表单的黄色区域（容器中）自右向左反复移动，利用微调按钮调整标题运行的速度。

（1）创建表单及添加数据环境　创建空白表单，添加一个容器控件 Container1、一个微调按钮 Spinner1 和一个命令按钮组控件 Commandgroup1。为了将标签包容在容器中，使用鼠标右键单击容器控件，在弹出的快捷菜单中选择“编辑”菜单项，容器控件的四周出现灰绿色边界，表明容器处于编辑状态。此时在容器中增加一个时钟控件 Timer1 和 1 个标签控件 Label1。

（2）设置表单及相关控件的属性　表单及控件属性的设置见表 5-8。

表 5-8　表单及控件属性的设置

控件名称	属性	属性值	控件名称	属性	属性值
Form1	Caption	电子标题板	Spinner1	SpinnerHighValue	50
Container1	BackColor	255,255,0	Spinner1	KeyboardHighValue	50
Container1	SpecialEffect	1-凹下	Spinner1	SpinnerLowValue	1
Timer	Interval	0	Spinner1	KeyboardLowValue	1
Label1	Caption	热烈欢迎	Spinner1	Increment	1
Label1	AutoSize	.T.	Label1	FOReColor	255,0,0

利用布局工具调整各控件位置，使其美观。电子标题板设计表单，如图 5-10 所示。

图 5-9　电子标题板

图 5-10　电子标题板设计表单

（3）事件代码

设置 Form1.Activate 事件代码如下：

```
Thisform.Spinner1.Value=25
Thisform.Container1.Timer1.Interval=10*Thisform.Spinner1.Value
```

设置 Spinner1.InteractiveChange 事件代码如下：

```
Thisform.Container1.Timer1.Interval=10*This.Value
```

设置 Timer1.Timer 事件代码如下：

```
IF Thisform.Container1.Label1.Left+Thisform.Container1.Label1.Width>0
    Thisform.Container1.Label1.Left=Thisform.Container1.Label1.Left-5
ELSE
    Thisform.Container1.Label1.Left=Thisform.Container1.Width
ENDIF
```

设置 Commandgroup1.Command1.Click 事件代码如下：

```
IF This.Caption="暂　停"
    This.Caption="继　续"
    Thisform.Container1.Timer1.Enabled=.F.
ELSE
    This.Caption="暂　停"
    Thisform.Container1.Timer1.Enabled=.T.
ENDIF
```

设置 Commandgroup1.Command2.Click 事件代码如下：

```
Thisform.Release
```

（4）保存文件　保存表单为 LT6-2.scx。

触类旁通

在 Visual FoxPro 的众多函数中，有一个函数非常有意义，可以自动建立数组，并返回文件的个数，这个函数是 ADIR()函数，用于将文件信息存放到数组中，然后返回文件个数。

语法：ADIR(ArrayName [,cFileSkeleton [,cAttribute[,nFlag]]])

返回值数值型参数 ArrayName 用于指定数组名。如果数组不存在，则 Visual FoxPro 将自动创建此数组。如果数组存在，但其大小不足以包含所有信息，则 Visual FoxPro 自动增加数组大小，使得数组能容纳所有信息。

数组中每列的内容及其数据类型，见表 5-9。数组的最后一列包含匹配文件的文件属性。每个文件属性值由一个字母表示，一个文件可有多个属性。每个字母表示的文件属性，见表 5-10。

表 5-9　数组中每列的内容及其数据类型表

列	数 组 内 容	数 据 类 型
1	文件名	字符型
2	文件大小	数值型
3	文件最后修改日期	日期型
4	文件最后修改时间	字符型
5	文件属性	字符型

表 5-10　文件属性

字　母	属　性
A	档案文件——可读写
H	隐藏文件
R	只读文件
S	系统文件
D	目录或文件夹

说明：ADIR()函数返回数组的行数，即搜索到文件（和子目录）的个数。

例 5-3　计算当前目录所有 DBF 文件的大小。

```
zs=ADIR(sdbf,"*.dbf")                &&文件个数
zh_size=0
FOR i=1 TO zs
    zh_size=zh_size+sdbf(i,2)        &&计算累加总和
ENDFOR
?zh_size                             &&输出总和
```

小结

查询功能是各种应用系统中必不可少的功能模块。本项目通过不同的任务，介绍了查询设计的设计思路和基本方法。

实战强化

1．根据工资基本信息表中的信息，查询不同姓名职工的工资信息。
2．根据工资基本信息表中的信息，查询不同科室职工的工资信息。
3．根据工资基本信息表中的信息，查询不同职称职工的工资信息。

项目 6　设计学生信息统计模块

职业能力目标

1）能够使用相关控件及语言结构建立信息简单统计表单。
2）能够使用相关控件及语言结构建立信息综合统计表单。
3）能够应用 SQL 语言对数据进行统计。
4）能够综合运用控件的不同属性设计并调试表单。

数据统计功能对任何一个数据库应用系统来说都是必不可少的功能模块。通过对信息的分析统计获得有效的信息，为决策提供直接帮助。本项目主要介绍了“学生信息管理系统”中两个功能模块即简单统计模块和综合统计模块的设计思路和设计方法，为设计其他应用系统提供有益的帮助。

任务 1　创建学生信息简单统计模块

任务情境

统计数据，是从系统的数据中按照某种要求抽象出来的数据，这种信息一般是不定时或周期性统计出来的。在“学生信息管理系统”中，统计学生信息是常用的功能模块。比如，统计各专业不同政治面貌的学生数量，进而通过统计图表，直观地显示其分布情况，这在实际应用中是非常有用的。

任务分析

统计各专业不同政治面貌的学生数量，为了存储学生不同统计的结果，就需要建立统计结果的数据表。数据表 Stud_tj.dbf 的结构，见表 6-1。

表 6-1　Stud_tj.dbf 的结构

字段名	类型	宽度	小数位	字段名	类型	宽度	小数位
专业	字符型	20		团员	数值型	5	0
总人数	数值型	5	0	党员	数值型	5	0
学生	数值型	5	0				

通过专业名称，分别统计出各专业的总人数、政治面貌为“学生”的人数、政治面貌为“团员”的人数和政治面貌为“党员”的人数，并将统计结果存入 Stud_tj.dbf 数据表中。如果该专业没有学生，则该信息不存入统计表中。设计的简单统计功能表单，如图 6-1 所示。

将统计结果在另一表单中显示出来，以便对统计出来的数据进行分析，为决策提供资料，显示统计结果表单，如图 6-2 所示。同时也可以将统计出来的结果，以图表的形式表现出来，这样会更加直观。

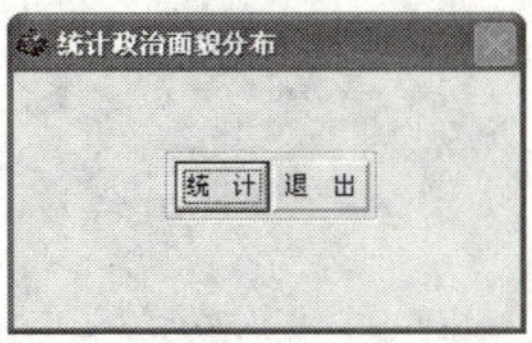

图 6-1 统计政治面貌分布

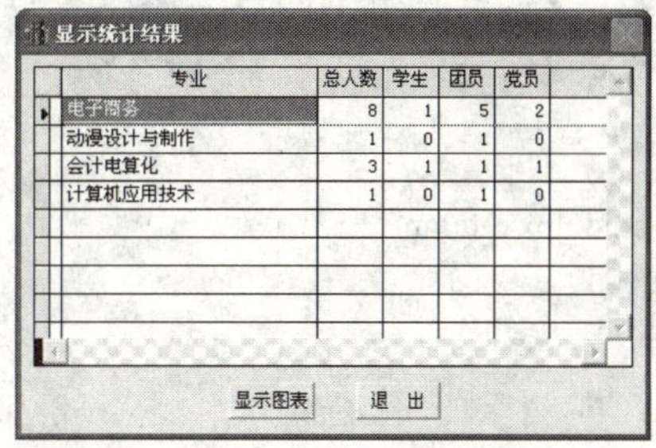

图 6-2 显示统计结果表单

任务实施

1. 创建统计表单

（1）创建表单、数据环境及添加控件

1）创建空白表单，并将 stud_jbxx_temp.dbf 和 stud_tj.dbf 分别添加到数据环境中，分别设置其 Exclusive 属性值为.T.。

2）在表单上添加 1 个命令按钮组 Commandgroup1。

（2）表单及控件的属性设置 见表 6-2。

表 6-2 表单及控件的属性设置

控件名称	属性名	属性值	控件名称	属性名	属性值
Form1	AutoCenter	.T.	Form1	MaxButton	.F.
Form1	BorderStyle	0	Form1	Caption	统计政治面貌分布
Form1	MinButton	.F.	Commandgroup1/Command1	Caption	确定
Form1	Closable	.F.	Commandgroup1/Command2	Caption	退出

利用布局控件使表单美观。其表单设计界面如图 6-3 所示。

图 6-3 设计统计政治面貌分布表单

（3）编写代码

1）设置表单初始环境。

设置 Form1.Load 事件代码如下：

```
PUBLIC dd
```

2）设置 Commandgroup1 控件各按钮的 Click 代码。

设置“统计”按钮 Commandgroup1.Command1.Click 事件代码如下：

```
dd=SYS(5)+SYS(2003)+"\data\stud_jbxx.dbf"
fn1=SYS(5)+SYS(2003)+"\data\yxzy.dbf"
SELECT stud_tj
IF RECC()>0
    ZAP
ENDIF
SELECT stud_jbxx_temp
IF RECC()>0
    ZAP
ENDIF
APPEND FROM &dd
SELECT DIST 专业 FROM &fn1 INTO CURSOR llz1
SELECT llz1
GO TOP
DO while NOT EOF()
    zy=ALLT(专业)
    SELECT stud_jbxx_temp
    COUNT TO zrs FOR ALLT(专业)=zy
    COUNT TO rs1 FOR ALLT(专业)=zy AND ALLT(政治面貌)="学生"
    COUNT TO rs2 FOR ALLT(专业)=zy AND ALLT(政治面貌)="团员"
    COUNT TO rs3 FOR ALLT(专业)=zy AND ALLT(政治面貌)="党员"
    IF zrs>0
        SELECT stud_tj
        APPEND BLANK
        REPLACE 专业 WITH zy
        REPLACE 总人数 WITH zrs
        REPLACE 学生 WITH rs1
        REPLACE 团员 WITH rs2
        REPLACE 党员 WITH rs3
    ENDIF
    SELECT llz1
    SKIP
ENDDO
SELECT stud_tj
IF RECC()>0
    Do Form stud_zytj1
ELSE
    MESSAGEBOX("没有统计出相应的数据！",16+0,"警告信息")
ENDIF
```

设置“退出”按钮 Commandgroup1.Command2.Click 事件代码如下：

Thisform.Release

（4）保存文件　保存表单为 stud_zytj.scx。

2. 创建显示统计结果表单

（1）创建表单及数据环境　创建空白表单，并将 stud_tj.dbf 分别添加到数据环境中。

（2）添加控件　在表单上添加 1 个表格 Grid1 和 1 个命令按钮 Command1 控件。

（3）属性设置　表单及控件属性设置，见表 6-3。

表 6-3　表单及控件的属性设置

控件名称	属性名	属性值	控件名称	属性名	属性值
Form1	AutoCenter	.T.	Form1	Caption	显示统计结果
Form1	BorderStyle	0	Grid1	默认	默认
Form1	MinButton	.F.	Command1	Caption	显示图表
Form1	Closable	.F.	Command2	Caption	退出
Form1	MaxButton	.F.			

利用布局控件使表单美观。其表单设计界面如图 6-4 所示。

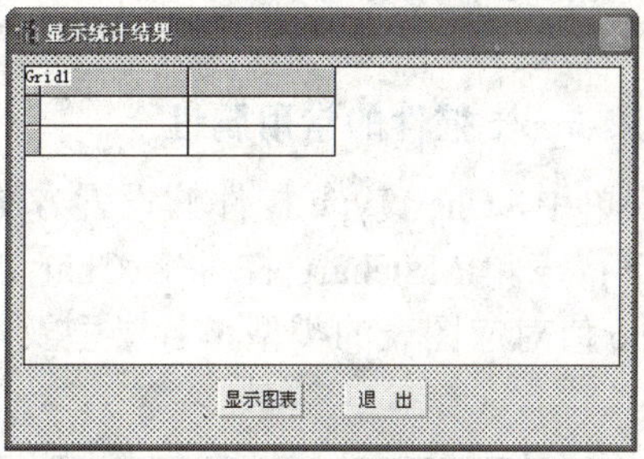

图 6-4　设计显示统计结果表单

（4）设置不同控件的事件代码　“显示图表”按钮 Command1.Click 事件代码如下：

```
DO Form showchart                  && showchart
为统计图表表单，将在后面介绍
```

“退出”按钮 Command2.Click 事件代码如下：

```
Thisform.Release
```

（5）保存文件　保存表单为 stud_zytj1.scx。

3. 测试表单

显示统计结果。单击表单“统计”按钮，将显示各专业人员分布情况表单。如果在学生信息表中没有学生数据，则弹出一个提示信息窗口。

知识拓展

为了使数据之间的对比关系直观地反映出来，可以使用图表进行显示。通过使用 Mschart 图表控件，可以方便地将一个数据表中的信息以图表的形式表现出来。

1. 添加 Mschart 控件

在表单中执行“工具”→“选项”命令，弹出“选项”对话框，选择“ActiveX 控件”单选按钮，选择 ActiveX 控件的 Mschart（Microsoft Char Control,version6.0）控件，单击“确定”按钮。

使用鼠标右键单击控件工具箱中的“查看类”按钮，从弹出的快捷菜单中选择“ActiveX 控件”，则在工具箱中就可以使用 Mschart 控件了。

2. 编辑 Mschart 控件

将 Mschart 控件添加到表单，如图 6-5 所示。

选中 Mschart 控件，并单击鼠标右键，在弹出的快捷菜单中选择“Mschart 属性”菜单项，打开“Mschart 属性”对话框，如图 6-6 所示。

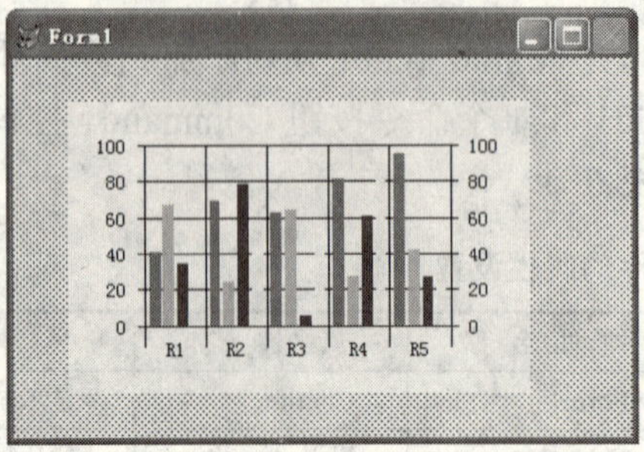

图 6-5　加入 Mschart 控件表单

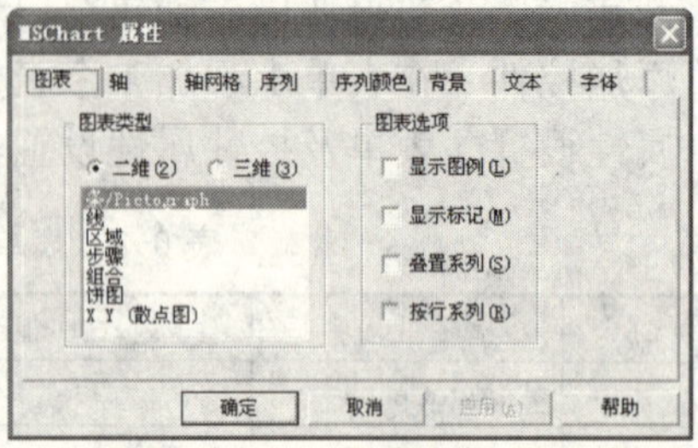

图 6-6　“Mschart 属性”对话框

在“Mschart 属性”对话框中共有 8 个选项卡，分别对 Mschart 的图表类型、X 和 Y 轴的坐标、刻度及颜色、显示的序列、序列的颜色、图表的背景、图表的标题文本和脚注文本及各部分的字体进行了设置。除了在属性窗口中通过对图表的设置之外，还可以通过编写代码的方式，对所设置的图表进行设置。

3. Mschart 控件的常用属性

在表单中，ChartType 控件的设置方法与其他常用控件的设置相同，设置图表的类型的格式如下：表单.MSChart 控件名.ChartType=值。Mschart 控件的常用属性，见表 6-4。ChartType 值对应图表的类型，各类型及对应数值，见表 6-5。

表 6-4　Mschart 控件的常用属性

属　性	说　明
ChartData	返回或设置一个数组，该数组包含将要被该图表显示的值
Column	数值型，返回或设置数据网格中当前的数据列
ColumnCOUNT	数值型，返回或设置与图表关联的当前数据网格中的列数
ChartType	属性描述了要显示的图表的类型
ColumnLabel	文本型，返回或设置与图表数据网格中的列关联的标签文本
ColumnLabelCOUNT	数值型，返回或设置与图表关联的数据网格中的列的标签级别数
ColumnLabelIndex	数值型，返回或设置与图表关联的特定列标签的级别
DataGrid	返回 DataGrid 对象的引用，它描述与图表关联的数据网格
FootNOTe	返回对 FootNOTe 对象的引用，它提供关于注释图表所用的描述性文字信息
FootNOTeText	文本型，返回或设置用作脚注的文本
Legend	对 Legend 对象的引用，包含有关小图标外观及其描述图表系列的文字信息
Plot	返回对 Plot 对象的引用，该对象描述图表的绘制区域
Row	数值型，返回或设置与图表关联的数据网格中当前列的指定行
RowCOUNT	数值型，返回或设置与图表关联的数据网格列的行数，默认值为 5
RowLabelCOUNT	返回或设置与图表关联的数据网格行标签的级别数
RowLabelIndex	数值型，返回或设置描述行标签级别的值
Size	设置字体的大小
Title	对 Title 对象的引用，该对象描述图表的标题文本
TitleText	返回或设置作为图表标题而显示的文本
Plot	Plot 对象表示图表显示的区域
ShowLegend	返回/设置一个决定图表的图例是否可见的值

表 6-5 ChartType 值对应图表的类型

值	功　能	值	功　能
0-3d Bar	三维条形图表	1-2d Bar	二维条形图表
2-3d Line	三维线形图表	3-2d Line	二维线形图表
4-3d Area	三维区域图表	5-2d Area	二维区域图表
6-3d Step	三维阶梯图表	7-2d Step	二维阶梯图表
8-3d Combination	三维组合图表	9-2d Combination	二维组合图表
14-2d Pie	二维饼形图表	16-2d XY	二维 XY 图表

触类旁通

制作统计图表的方法有很多种，比如通过将数据转入 Excel 表中，通过其图表向导制作，也可采用 Visual FoxPro 自身具有的 MsChart 控件来实现。现应用 MsChart 控件并以“学生信息管理系统”表中的统计各专业不同政治面貌的学生数量为数据来源，制作统计图表并进行说明。设计的统计图表如图 6-7 所示。

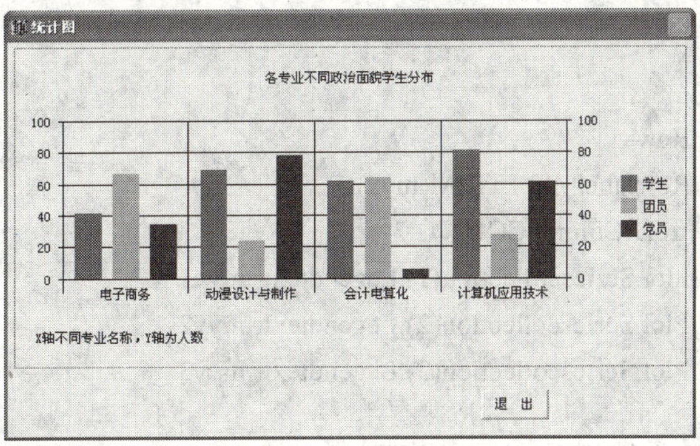

图 6-7 统计图表

1. 创建表单及数据环境

创建空白表单，并将 stud_tj.dbf 添加到数据环境中。

2. 设置控件

在表单上添加 1 个图表控件 MsChart 和 1 个命令按钮 Command1。

3. 设置表单及控件属性

表单及控件的属性设置，见表 6-6。

表 6-6 表单及控件的属性设置

控件名称	属性名	属性值	控件名称	属性名	属性值
Form1	AutoCenter	.T.	Form1	MaxButton	.F.
Form1	BorderStyle	0	Form1	Caption	统计图
Form1	MinButton	.F.	Olecontrol1	默认	默认
Form1	Closable	.F.	Command1	Caption	退出

4. 编写代码

（1）设置表单初始环境

设置 Form1.Init 事件代码如下：

```
This.Olecontrol1.Visible=.F.
```

设置 Form1.Activate 事件代码如下：

```
SELECT stud_tj
This.Olecontrol1.Visible=.T.
no=RECCOUNT()
This.Olecontrol1.ChartType = 1                &&设计统计图表类型
This.Olecontrol1.RowCount =no
This.Olecontrol1.TitleText ="各专业不同政治面貌学生分布"          &&图表标题
This.Olecontrol1.FootNoteText ="X 轴为不同专业名称，Y 轴为人数"   &&图表脚注
FOR i=1 TO no STEP 1
    GO i
    myX=stud_tj.专业
    myY1=FIELD(3)
    myY2=FIELD(4)
    myY3=FIELD(5)
    This.Olecontrol1.Row=i
    This.Olecontrol1.Rowlabel=ALLTRIM(myx)
    Thisform.OLecontrol1.ColumnCOUNT=3
    This.Olecontrol1.Plot.Seriescollection(1).Legendtext=myy1
    This.Olecontrol1.Plot.Seriescollection(2).Legendtext=myy2
    This.Olecontrol1.Plot.Seriescollection(3).Legendtext=myy3
ENDFOR
```

（2）设置 Command1 按钮的 Click 代码

```
Thisform.Release
```

5. 保存文件

保存表单为 showChart.scx。

6. 测试表单

打开 stud_zytj 表单，单击“统计”按钮，将显示各专业人员分布情况表单。此时单击“显示图表”按钮，将不同专业不同政治面貌的学生信息以直方图的形式显示出来。

任务 2 创建学生信息综合统计模块

任务情境

在学校信息管理系统中需要对不同院系学生的性别比例有所了解，才能对于今后更好地办学准备第一手资料。本模块通过选择不同的院系，对不同院系的学生按性别进行统计，其结果为学生总数、男生人数和女生人数。表单运行样式如图 6-8 所示。

通过组合框选择统计部门，选择某个院系之后，经过统计，自动将结果显示在统计结果的表单中，如图 6-9 所示。

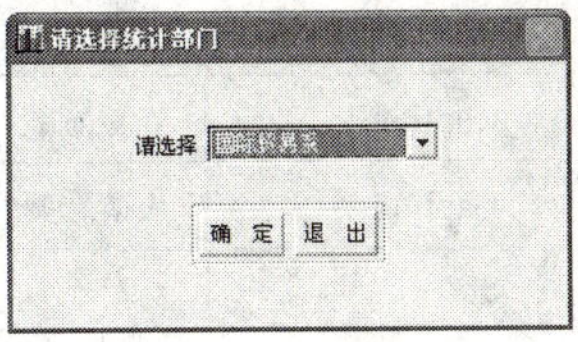

图 6-8 选择统计部门表单

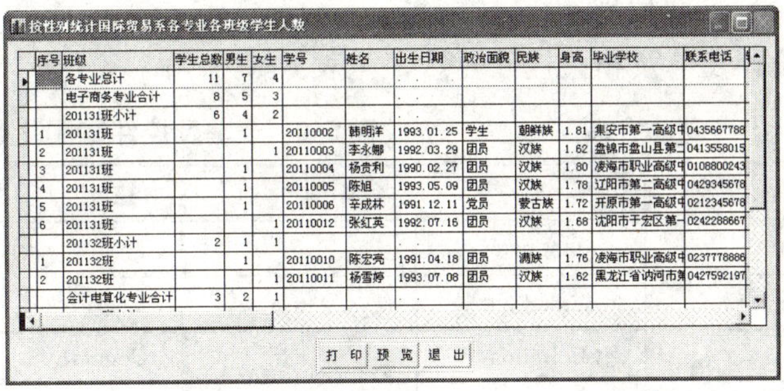

图 6-9 统计结果显示表单

任务分析

按性别统计不同院系、专业、班级不同性别的学生人数，并按需要建立一个统计结果的数据表——学生信息汇总表 stud_hz.dbf。该表结构见表 6-7。

表 6-7 学生信息汇总表结构

字 段 名	类 型	宽 度	小 数 位	字 段 名	类 型	宽 度	小 数 位
序号	字符型	10		出生日期	日期型	8	
班级	字符型	30		政治面貌	字符型	10	
学生总数	数值型	6	0	民族	字符型	10	
男生	数值型	5	0	身高	数值型	4	
女生	数值型	5	0	毕业学校	字符型	50	
学号	字符型	8		联系电话	字符型	15	
姓名	字符型	8		辅导员姓名	字符型	8	

该统计模块的基本思路为：

按性别统计分为 3 个层次：①本院系所有专业的总计；②本院系不同专业的合计；③本院系不同专业不同班级的小计。在第 3 个层次中具体显示了该班级每名学生的性别情况。

在某一个院系中包含若干个专业，通过选择该院系，利用 SQL 自动查询到该院系所包含的专业名称，根据不同的专业，同样使用 SQL 查询到该专业所包含的不同班级。具体到某一个班级时，根据同学的性别自动将数字“1”添加到不同性别对应的单元格内。

由于在程序运行时，通过不同的设置条件进行过滤器的设计，使所有处理的数据缩小范围，进而提高了统计的速度。

任务实施

1. 设计选择统计部门的表单

（1）创建表单、数据环境及添加控件

1）创建空白表单，并将 stud_jbxx_temp.dbf 和 stud_hz.dbf 添加到数据环境中，分别设置其 Exclusive 属性值为.T.。

2）在表单上添加 1 个标签 label1、1 个组合框 combo1 和 1 个命令按钮组。

（2）设置属性

设计表单及相关控件属性，见表 6-8。

表 6-8　表单及控件属性设置

控件名称	属性名	属性值	控件名称	属性名	属性值
Form1	AutoCenter	.T.	Form1	Caption	显示统计结果
Form1	BorderStyle	0	label1	Caption	请选择
Form1	MinButton	.F.	Combo1	Style	2
Form1	Closable	.F.	Commandgroup1.Command1	Caption	确定
Form1	MaxButton	.F.	Commandgroup1.Command2	Caption	退出

利用布局控件使表单美观。其表单设计界面如图 6-10 所示。

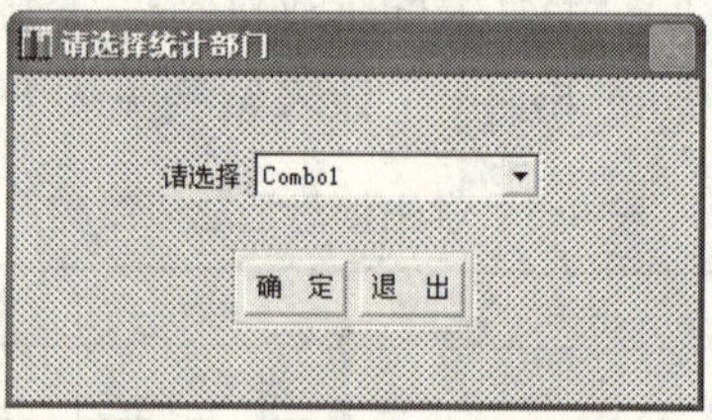

图 6-10　选择统计部门表单

（3）编写代码

1）设置表单初始环境。

设置 Form1.Activate 事件代码如下：

```
fn1=SYS(5)+SYS(2003)+"\data\yxzy.dbf"
fn2=SYS(5)+SYS(2003)+"\data\bjfdy.dbf"
Thisform.Combo1.RowsourceType=3        &&设置组合框的数据源的类型为 SQL
Thisform.Combo1.Rowsource="SELECT DIST 院系 FROM &fn1 INTO CURSOR llz1"
Thisform.Combo1.value=1
```

设置 Form1.Load 事件代码：

```
PUBLIC yx,zy,bj,dd,fn1,fn2,rec_zs
```

2）设置 Commandgroup1 控件各按钮的 Click 代码

设置“确定”按钮 Commandgroup1.Command1.Click 事件代码如下：

```
dd=SYS(5)+SYS(2003)+"\data\stud_jbxx.dbf"
SELECT stud_jbxx_temp
IF RECC()>0
    ZAP
ENDIF
yx=ALLT(Thisform.Combo1.DisplayValue)
APPEND FROM &dd FOR ALLT(院系)==yx AND NOT 是否转专业 AND NOT 是否休学 AND NOT 是否退学
```

```
COUNT TO stud_zs                          &&计算全系学生人数
COUNT TO stud_man FOR 性别="男"           &&计算全系男生学生人数
COUNT TO stud_woman FOR 性别="女"         &&计算全系女生学生人数
IF stud_zs>0
    SELECT DIST 专业名称 FROM &fn1 WHERE ALLT(院系)==yx INTO CURSOR llz2
                                          &&统计某系所包括的不同专业名称
    SELECT stud_hz
    IF RECC()>0
        ZAP
    ENDIF
    APPEND BLANK
    REPLACE 班级 WITH "各专业总计"
    REPLACE 学生总数 WITH stud_zs
    REPLACE 男生 WITH stud_man
    REPLACE 女生 WITH stud_woman
    SELECT llz2
    GO TOP
    DO while NOT EOF()
        zy=ALLT(专业)
        SELECT stud_jbxx_temp
        SET FILTER TO zy=ALLT(专业)                &&设置某专业过滤器
        COUNT TO stud_zs                          &&计算全系某专业学生人数
        COUNT TO stud_man FOR 性别="男"           &&计算全系某专业男生学生人数
        COUNT TO stud_woman FOR 性别="女"         &&计算全系某专业女生学生人数
        SELECT stud_hz
        APPEND BLANK
        REPLACE 班级 WITH zy+"专业合计"
        REPLACE 学生总数 WITH stud_zs
        REPLACE 男生 WITH stud_man
        REPLACE 女生 WITH stud_woman
        SELECT DIST 班级名称,辅导员姓名 FROM &fn2 where ALLT(专业)==zy ;
          INTO CURSOR llz3 &&统计某专业所包括的不同班级名称及对应的辅导员姓名
        SELECT llz3
        GO TOP
        DO WHILE NOT EOF()
            bj=ALLT(班级)
            fdy=辅导员姓名
            SELECT stud_jbxx_temp
            SET FILTER TO ALLT(班级)==bj AND ALLT(专业)==zy    &&设置过滤器
            COUNT TO stud_zs                                 &&计算班级人数
            COUNT TO stud_man FOR 性别="男"                  &&计算班级男生人数
            COUNT TO stud_woman FOR 性别="女"                &&计算班级女生人数
            SELECT stud_hz
```

```
APPEND BLANK
REPLACE 班级 WITH bj+"班小计"
REPLACE 学生总数 WITH stud_zs
REPLACE 男生 WITH stud_man
REPLACE 女生 WITH stud_woman
SELECT stud_jbxx_temp
GO TOP
i=0
DO while NOT EOF()
    i=i+1
    xh=学号
    xm=姓名
    csrq=出生日期
    xb=性别
    zzmm=政治面貌
    mz=民族
    sg=身高
    byxx=毕业学校
    lxdh=联系电话
    SELECT stud_hz
    APPEND BLANK
    REPLACE 序号 WITH ALLT(str(i))
    REPLACE 学号 WITH xh
    REPLACE 姓名 WITH xm
    REPLACE 出生日期 WITH csrq
    IF xb="男"
        REPLACE 男生 WITH 1
    ENDIF
    IF xb="女"
        REPLACE 女生 WITH 1
    ENDIF
    REPLACE 班级 WITH bj+"班"
    REPLACE 政治面貌 WITH zzmm
    REPLACE 民族 WITH mz
    REPLACE 身高 WITH sg
    REPLACE 毕业学校 WITH byxx
    REPLACE 联系电话 WITH lxdh
    REPLACE 辅导员姓名 WITH fdy
    SELECT stud_jbxx_temp
    SKIP
    IF EOF()
        EXIT
    ENDIF
```

```
                ENDDO
                SELECT llz3
                SKIP
                SET FILTER TO
                IF EOF()
                    EXIT
                ENDIF
            ENDDO
            SELECT llz2
            SKIP
            SET FILTER TO
            IF EOF()
                EXIT
            ENDIF
        ENDDO
        SELECT stud_jbxx_temp
        SET FILTER TO
        Do Form stud_tj1
    ELSE
        MESSAGEBOX(yx+"没有学生信息，请录入学生信息。",0+64,"提示信息")
    ENDIF
```

设置“退出”按钮 Commandgroup1.Command2.Click 事件代码如下：

```
Thisform.Release
```

（4）保存文件

保存表单为 stud_tj.scx。

2. 设计统计结果显示表单

（1）创建表单、数据环境及添加控件

1）创建空白表单，并将 stud_hz.dbf 添加到数据环境中，分别设置其 Exclusive 属性值为.T.。

2）在表单上添加 1 个表格控件 Grid1 和 1 个命令按钮组控件 CommandGroup1。

（2）设计表单及相关控件属性　表单及相关控件属性的设置，见表 6-9。

表 6-9　表单及控件的属性设置

控件名称	属性名	属性值	控件名称	属性名	属性值
Form1	AutoCenter	.T.	Form1	Caption	显示统计结果
Form1	BorderStyle	0	label1	Caption	请选择
Form1	MinButton	.F.	Grid1	Rowsource	stud_ hz
Form1	Closable	.F.	Commandgroup1. Command1	Caption	打印
Form1	MaxButton	.F.	Commandgroup1. Command2	Caption	预览
Combo1	Style	2	Commandgroup1. Command3	Caption	退出

利用布局控件使表单美观。其表单设计界面如图 6-11 所示。

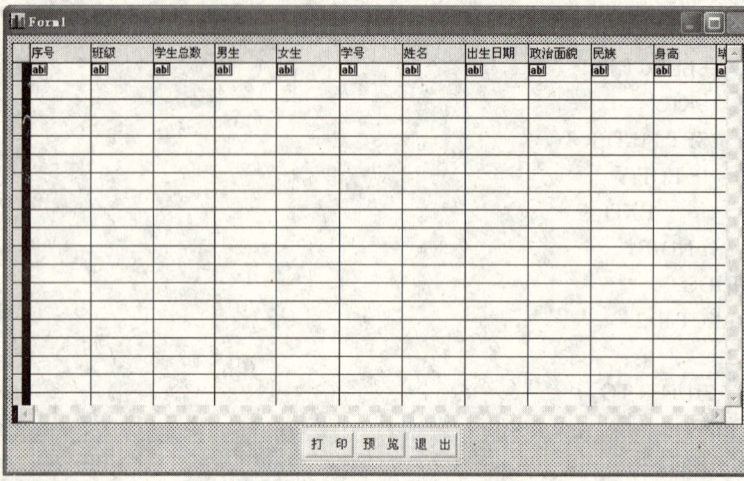

图 6-11　统计结果显示的表单

（3）编写代码

1）设置表单初始化环境。

设置 Form1.Activate 事件代码如下：

```
Thisform.caption="按性别统计"+yx+"各专业各班级学生人数"
```

为了使表单能够自动调整表单窗口的大小，设置 Form1.Resize 事件代码如下：

```
Thisform.Grid1.TOP=10
Thisform.Grid1.Left=10
Thisform.Grid1.Height=Thisform.Height-60
Thisform.Grid1.Width=Thisform.Width-20
Thisform.Commandgroup1.Top=Thisform.Height-40
Thisform.Commandgroup1.left=(Thisform.Width-Thisform.Commandgroup1.Width)/2
```

2）设置按钮组 Commandgroup1 的 Click 事件代码

设置“打印”按钮 Commandgroup1.Command1.Click 事件代码如下：

```
REPORT Form xsmd PRINTER
```

设置“预览”按钮 Commandgroup1.Command2.Click 事件代码如下：

```
REPORT Form xsmd PREVIEW
```

设置“退出”按钮 Commandgroup1.Command3.Click 事件代码如下：

```
Thisform.Release
```

（4）保存文件

保存表单为 stud_tj1.scx。

3. 测试表单

当运行表单 stud_tj 时，选择列表框中的某一个院系，单击“确定”按钮，如果该院系所属各专业各班级都有学生，则按照各专业总计、其中某一个专业合计、该专业所属各班级小计，以及该专业各班级的具体学生信息的顺序依次显示出现。

如果所选择的院系没有录入学生信息，则弹出相应的提示信息。

知识拓展

1．复选框

复选框（Check）通常代表一个逻辑值。它是由一个方框和一个标题组成，一般情况下，用空框表示该复选项未被选择，而当用户选中某一个复选项时，该复选框前面会出现一个对勾。复选框通常具有未被选取、选取和禁用 3 种状态，其常用属性见表 6-10。

表 6-10　复选框的常用属性

属　性	说　明
ControlSource	确定复选框的数据源，一般为表的逻辑型字段。字段值为.T.，则复选框被选中；字段值为.F.，则复选框未被选中。字段值为.NULL.，则复选框以灰色显示
Value	表示当前复选框的状态。0-未选中、1-选中、2-禁用；也可设置.T.为选中，.F.为未选中，.NULL.或 NULL 为禁用
Caption	指定复选框的标题
Picture	设定一个图像作为复选框的标题
Style	确定显示风格：0-标准状态　1-图形状态
DisableForeColor	确定复选框失效时的前景色
DisabaleBackColor	确定复选框失效时的背景色

2．选项组按钮 Optiongroup

选项组按钮是用来包含单选按钮的控件，一个单选按钮组可以包含多个单选按钮，但在同一时刻，只能有一个单选按钮处于选中的状态，被选中的单选按钮前有一个大黑点。

（1）选项组按钮设置

1）使用鼠标右键单击表单设计器中的选项组按钮，在弹出的快捷菜单中选择“编辑”命令。

2）执行完此命令后，整个选项组按钮外围出现淡绿色的阴影，此时，我们可以单击选中其中的单选按钮，设置其 Caption 属性等。

3）也可在“属性”窗口的对象列表中直接选择选项组按钮中各单选按钮的名字，再设置其属性。

（2）选项组按钮的常用属性　选项组按钮的常用属性，见表 6-11。

表 6-11　选项组按钮的常用属性

属　性	说　明
ButtonCount	设置单选按钮组内的单选框的个数
Capion	设置单选按钮组的标题
ControlSource	确定单选按钮组的数据来源
DisableForeColor	确定单选按钮失效时的前景色
DisableBackColor	确定单选按钮失效时的背景色

说明：

1）选项组按钮的 Button 属性指定单选按钮的个数，单选按钮组的 Value 属性指定一个单选按钮是否被选中。如 Button Count 属性设置为 6，而 Value 属性设置为 2，则表示单选按钮组共有 6 个单选按钮，当前选中第 2 个按钮。

2）选项组按钮中各单选按钮的 Caption 属性为各单选按钮的提示信息。Value 属性为该单选按钮是否被选中，Value 为 1 表示当前的单选按钮被选中，否则为 0。

3）选项组按钮的 CoutrolSource 属性与表的字段绑定后，运行时被选中的单选按钮的 Caption 属性值被送入字段中。

3. 复选框和选项组按钮的联合运用

例 制作一个表单，通过选择不同的选项组按钮和复选框使文字显示不同的效果。运行效果，如图 6-12 所示。

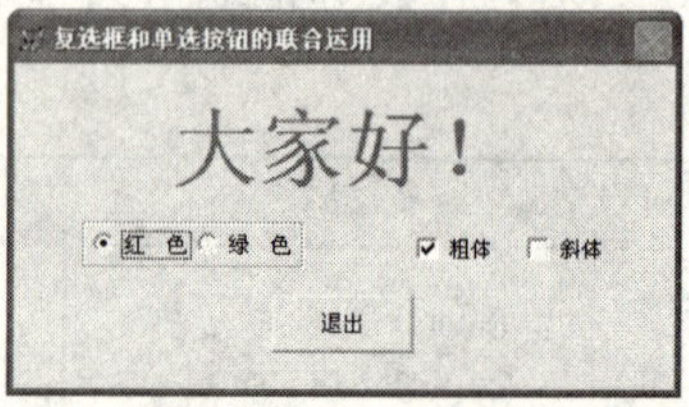

图 6-12 复选框和选项组按钮的联合运用

具体步骤如下：

（1）创建表单

新建一个表单，设置 AutoCenter 属性值为.T.，同时将“最小化”、“最大化”和“关闭”的属性设置为.F.。

（2）添加控件

向表单中添加一个标签 label1，设置其 Caption 属性为“大家好！”，设置 FontSize 属性为 30；设置 Optiongroup1 的两个单行按钮的 Caption 属性值分别为“红色”和“绿色”；设置 Check1、Check2 的 Caption 属性分别为“粗体”和“斜体”。

（3）编写代码

设置 Check1.Click 事件代码如下：

```
Thisform.Label1.Fontbold=Thisform.Check1.Value
```

设置 Check2.Click 事件代码如下：

```
Thisform.Label1.Fontitalic=Thisform.Check2.Value
```

设置选项组按钮 Option1.Click 事件代码如下：

```
Thisform.Label1.Forecolor=RGB(255,0,0)
```

设置选项组按钮 Option2.Click 事件代码如下：

```
Thisform.label1.Forecolor=RGB(0,255,0)
```

（4）保存表单

保存并运行表单，运行时分别单击复选框和选项组按钮，可以看到标签的颜色和加粗及倾斜会随之发生变化。

触类旁通

在学校的日常工作中，经常要对学生考试座位进行排列。如果让计算机对学生座位进行随机排列，不但可以减轻教学管理人员的劳动强度，而且可以更加公平地反映出学生的考试成绩。设计这样的应用程序，其核心是利用随机数产生学生的座位号，然后根据座位号确定学生在数据表所处的记录号，从而实现学生座位的随机排列。

在下面代码中利用数组设计，在程序段中 n 代表学生总数，m 代表参加考试的人数，在实际应用中这两个数应该是相同的。

```
m=10
n=20
```

```
DIME b(m)
b(1)=INT(n*RAND()+1)                    &&保证产生的随机数为整数并且在[1，n]区间内
i=2
DO WHILE i<=m
    t=1                                 &&为检验产生的记录号是否重复的标志
    a=INT(n*RAND()+1)
    j=1
    DO WHILE j<=i-1                     &&检验新产生的记录号是否与前 i–1 个记录号重复
        IF a=b(j)
            t=-1
            EXIT
        ELSE
            j=j+1
        ENDIF
    ENDDO
    IF t=-1                             &&若重复，重新产生
        LOOP
    ELSE
        B(i)=a                          &&不重复，第 i 个记录号产生
        i=i+1
    ENDIF
ENDDO
FOR i=1 TO m
    ?b(i)                               &&输出产生的不同的座位号
NEXT i
```

利用这段程序代码的设计思想，可以应用在计算机自动生成试卷、随机抽取人员等应用系统的设计中。

小结

统计功能是各种应用系统中必不可缺少的功能模块。为了不断完备应用系统的功能必须设计出符合实际需要的模块，才能满足用户的实际需求。

本项目通过不同的任务，介绍了不同统计功能模块常用的设计思路与方法，同时还涉及理论知识。通过本项目的学习，可以使读者了解统计模块设计的基本方法。希望读者结合例题和练习举一反三，多练习，牢固掌握统计设计思想的内涵。

实战强化

1．根据工资基本信息表中的信息，统计不同科室职工工资各项汇总。

2．统计全单位不同科室全年不同月份职工工资各项合计。

项目7　设计学生信息管理模块

职业能力目标

1）能够使用相关控件及语言结构建立转换专业管理表单。
2）能够使用相关控件及语言结构建立退学管理表单。
3）能够综合运用控件的不同属性设计并调试表单。

在“学生信息管理系统”中，除了要有一般应用系统所共有的数据编辑、查询、统计等模块之外，从学生信息管理自身特点出发，还要对学生信息的日常管理进行操作，比如在特殊情况下会出现学生转换专业、休学、退学等情况。本项目主要根据“学生信息管理系统”的特点，介绍转换专业模块、退学模块的设计方法及设计思路等内容，为应用系统设计起到抛砖引玉的作用。

任务1　创建学生转换专业管理模块

任务情境

通常情况下，学生到学校报到的时候，所选的专业是固定不变的。但也有一些特殊原因，个别学生入校学习之后，会变换所学的专业。虽然这种情况不多见，但作为“学生信息管理系统”，必须将问题考虑充分全面，因此，同样要设计对学生转换专业进行管理的表单。

任务分析

首先要设计一个查找转换专业学生的表单，通过输入学生的姓名，在学生基本信息表中进行查找。如果找到，则调用转换专业管理的表单，否则弹出相应的提示信息。转换专业管理表单的运行界面，如图7-1所示。为了使所查找到的学生信息显示在转换专业管理的表单上，就必须将学生的一部分基本信息保存在某些变量中，以便传递给转换专业管理表单，传递的信息包括学号、姓名、性别、出生日期、院系名称、专业名称、班级名称等。

图7-1　转换专业管理表单

在设计学生转换专业管理的表单时，需要考虑到以下几个方面的问题：

1）需要进行转换专业的学生可以任意转换到任意一个院系、专业和班级（理论上的），同时说明转换的理由。

2）在该表单中，要显示学生原来所在的院系、专业和班级，以供参考。

3）当需要进行转换时，转换的院系、专业和班级被激活，以供选择。

4）在所有的转换设置完成后，进行保存，并弹出提示信息供用户操作选择。如果保存，则系统自动将转换专业的学生信息进行修改，同时将转换的信息自动保存在学生转换专业管理的表 stud_zzy.dbf 中。该表单运行界面，如图 7-2 所示。

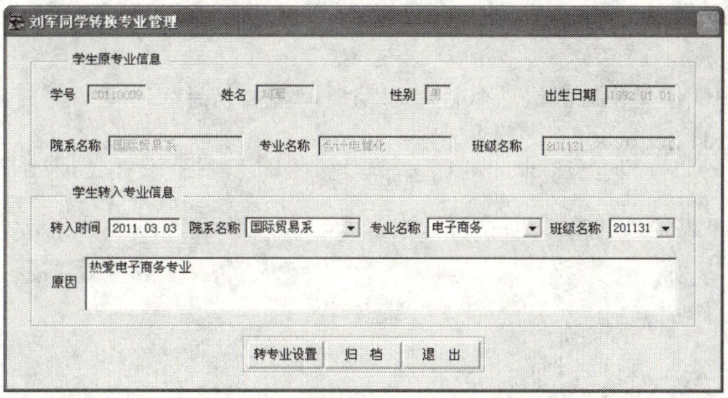

图 7-2　学生转换专业管理表单

任务实施

1. 创建转换专业学生表单

（1）创建表单及添加数据环境　创建空白表单，将 stud_jbxx_temp.dbf 数据表添加到数据环境中，并设置 Exclusive 属性值为.T.。

（2）添加控件　在表单中添加 1 个标签控件 Label1、1 个文本框控件 Text1 和 1 个命令按钮组 Commandgroup1。

（3）设置属性　设置表单及控件属性，见表 7-1。

表 7-1　表单及控件属性

控件名称	属性名	属性值	控件名称	属性名	属性值
Form1	AutoCenter	.T.	Form1	Icon	自定
Form1	BorderStyle	0	Form1	Caption	转换专业
Form1	MinButton	.F.	Label1	Caption	输入学生姓名
Form1	Closable	.F.	Commandgroup1/Command1	Caption	首记录
Form1	MaxButton	.F.	Commandgroup1/Command7	Caption	退出

利用布局工具调整各控件位置，使其美观，如图 7-3 所示。

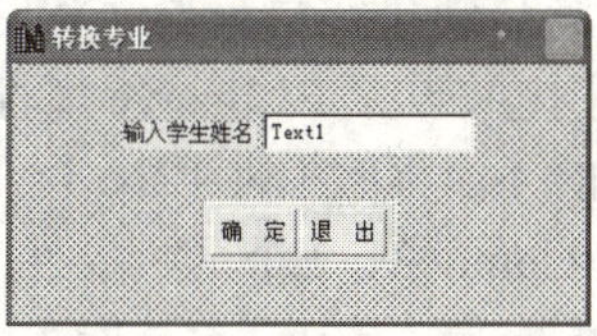

图 7-3　设计转换专业表单

（4）编写代码

1）设置表单初始环境。

设置 Form1.Load 事件代码如下：

```
public xm,dd,zzy(7)
```

2）设置 Commandgroup1 各按钮的 Click 的事件代码。

设置“确定”按钮 Commandgroup1.Command1.Click 事件代码如下：

```
dd=SYS(5)+SYS(2003)+"\data\stud_jbxx.dbf"
xm=ALLT(Thisform.Text1.Value)
IF EMPTY(xm)
    MESSAGEBOX("学生姓名信息不能为空!",16+0,"警告信息")
    Thisform.Text1.Setfocus
ELSE
    SELECT stud_jbxx_temp
    IF RECC()>0
        ZAP
    ENDIF
    APPEND FROM &dd
    LOCATE ALL FOR ALLT(姓名)==xm
    IF FOUND()
        zzy(1)=学号
        zzy(2)=姓名
        zzy(3)=性别
        zzy(4)=出生日期
        zzy(5)=院系
        zzy(6)=专业
        zzy(7)=班级
        DO Form stud_zx1
    ELSE
        MESSAGEBOX("在学生信息中没有找到指定学生信息!",16+0,"警告信息")
        Thisform.Text1.Setfocus
    ENDIF
ENDIF
```

设置“退出”按钮 Commandgroup1.Command2.Click 事件代码如下：

```
Thisform.Release
```

（5）保存文件　保存表单为 stud_zx.scx。

2. 创建学生转换专业设置表单

（1）创建表单界面及数据环境　创建空白表单，将 stud_jbxx_temp.dbf 和 stud_zzy_temp.dbf 数据表添加到数据环境中，并设置 Exclusive 属性值为.T.。

（2）添加控件　在表单中添加 14 个标签控件 Label1～Label14、9 个文本框控件 Text1～Text9、3 个组合框控件 Combo1～Combo3、2 个形状控件 Shape1、Shape2 和 1 个命令按钮组控件 Commandgroup1。

（3）设置属性　设置表单及控件属性，见表 7-2。

表 7-2　表单及控件属性

控件名称	属性名	属性值	控件名称	属性名	属性值
Form1	AutoCenter	.T.	Combo1～Combo3	Style	2
Form1	BorderStyle	0	Shape1、Shape2	BackStyle	0
Form1	MinButton	.F.	Shape1、Shape2	SpecialEffect	0
Form1	Closable	.F.	Label1～Label14	Caption	依据图例
Form1	MaxButton	.F.	Commandgroup1/Command1	Caption	转专业设置
Form1	Icon	自定	Commandgroup1/Command2	Caption	归档
Text1～Text9	Enabled	.F.	Commandgroup1/Command3	Caption	退出

利用布局工具调整各控件位置，使其美观，如图 7-4 所示。

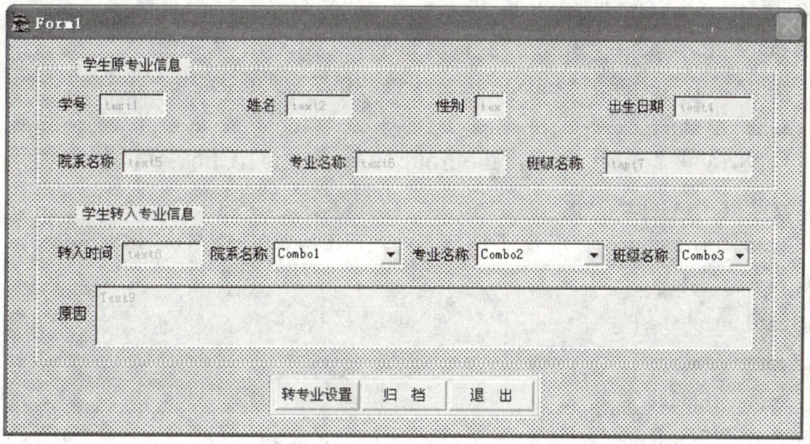

图 7-4　设计转换专业学生设置表单

（4）编写代码

1）设置表单初始环境。

设置 Form1.Load 事件代码如下：

```
public yx,zy,bj,fn1,fn2
```

设置 Form1.Activate 事件代码如下：

```
fn1=SYS(5)+SYS(2003)+"\data\yxzy.dbf"
fn2=SYS(5)+SYS(2003)+"\data\bjfdy.dbf"
dd=SYS(5)+SYS(2003)+"\data\stud_jbxx.dbf"
Thisform.Combo1.Enabled=.F.
Thisform.Combo2.Enabled=.F.
Thisform.Combo3.Enabled=.F.
Thisform.Caption=ALLT(zzy(2))+"同学转换专业管理"
Thisform.Text1.Value=zzy(1)
```

```
Thisform.Text2.Value=zzy(2)
Thisform.Text3.Value=zzy(3)
Thisform.Text4.Value=zzy(4)
Thisform.Text5.Value=zzy(5)
Thisform.Text6.Value=zzy(6)
Thisform.Text7.Value=zzy(7)
```

2）设置表单控件的事件代码。

设置 Combo1.Click 事件代码如下：

```
Thisform.Combo2.RowsourceType=3
Thisform.Combo2.Rowsource="SELECT DIST 专业 FROM &fn1 WHERE ;
ALLT(院系)==ALLT(This.DisplayValue) INTO CURSOR llz2"
Thisform.Combo2.Value=1
```

设置 Combo2.Click 事件代码如下：

```
Thisform.Combo3.RowsourceType=3
Thisform.Combo3.Rowsource="SELECT DIST 班级 FROM &fn2 WHERE ;
ALLT(专业)==ALLT(Thisform.Combo2.DisplayValue) INTO CURSOR llz3"
Thisform.Combo3.Value=1
```

设置“转专业设置”控件 Commandgroup1.Command1.Click 事件代码如下：

```
Thisform.Combo1.RowsourceType=3
Thisform.Combo1.Rowsource="SELECT DIST 院系 FROM &fn1 INTO CURSOR llz1"
Thisform.Combo1.Value=1
Thisform.Text8.Enabled=.T.
Thisform.Text9.Enabled=.T.
Thisform.Combo1.Enabled=.T.
Thisform.Combo2.Enabled=.T.
Thisform.Combo3.Enabled=.T.
Thisform.Text8.Value=DTOC(DATE())
```

设置“归档”控件 Commandgroup1.Command2.Click 事件代码如下：

```
y=MESSAGEBOX("是否要对"+ALLT(zzy(2))+"同学进行转换专业操作？",4+32+256,"提示信息")
IF y=6
    dd=SYS(5)+SYS(2003)+"\data\stud_jbxx.dbf"
    SELECT stud_jbxx_temp
    LOCATE FOR ALLT(学号)=zzy(1)
    REPLACE 院系 WITH Thisform.Combo1.DisplayValue
    REPLACE 专业 WITH Thisform.Combo2.DisplayValue
    REPLACE 班级 WITH Thisform.Combo3.DisplayValue
    COPY TO &dd
    dd=SYS(5)+SYS(2003)+"\data\stud_zzy.dbf"
    SELECT stud_zzy_temp
    IF RECC()>0
        ZAP
```

```
        ENDIF
        APPEND FROM &dd
        APPEND BLANK
        REPLACE 学号 WITH zzy(1)
        REPLACE 姓名 WITH zzy(2)
        REPLACE 原系名称 WITH zzy(5)
        REPLACE 原专业 WITH zzy(6)
        REPLACE 原班级 WITH zzy(7)
        REPLACE 转入时间 WITH CTOD(Thisform.Text8.Value)
        REPLACE 新系名称 WITH Thisform.Combo1.DisplayValue
        REPLACE 新专业 WITH Thisform.Combo2.DisplayValue
        REPLACE 新班级 WITH Thisform.Combo3.DisplayValue
        REPLACE 原因 WITH Thisform.Text9.Value
        COPY TO &dd
        MESSAGEBOX("已完成转专业操作",64+0,"提示信息")
ENDIF
```

设置“退出”控件 Commandgroup1.Command3.Click 事件代码如下：

```
Thisform.Release
```

（5）保存文件　保存表单为 stud_zx1.scx。

3．测试表单

运行 stud_zx 表单，输入要求转换专业的学生姓名，如果没有输入任何内容，则弹出相应错误信息；如果在学生信息表中没有找到学生姓名，则弹出相应错误信息。如果一切正确，则弹出学生转换专业设置表单。

在转换专业设置表单中，将显示进行转换专业学生的信息。通过单击“转专业设置”按钮，将当前日期自动显示在转入时间文本框中，对转入新院系、新专业和新班级进行选择，同时输入转换的原因。单击“归档”按钮，完成学生的转换专业的设置。

在所有操作完成后，系统自动将学生新的院系、专业和班级等信息进行修改，同时将转换的信息存入 stud_zzy.dbf 数据表中，以备使用。

知识拓展

设计的应用程序需要播放背景音乐，那么 Visual FoxPro 是如何进行音乐播放的呢？用户可以利用 OLE 容器控件、利用 API 库 FOXTOOLS.FLL、利用 Win32 API 函数 Beep 和使用 Visual FoxPro 中的 SET BELL TO 命令等多种方法。

但在使用过程中发现，使用 OLE 方法，如果 WAV 文件不存在，则会发生 OLE 错误；使用 Visual FoxPro API 库 FOXTOOLS.FLL 是为提供向后兼容性提供的一种方法。此两种方法在表单启动时都存在延迟现象；Win32 API 是一种在声卡不存在的情况下不得已的方法，应用比较麻烦。现以 SET BELL TO 命令为例进行说明，如何播放背景音乐。

格式： SET BELL TO [cWAVFileName,nDuration]

说明： cWAVFileName 为一个 WAV 文件，nDuration 为持续时间（此项不能省略，否则会产生语法错误）。当程序的初始模块中用 SET BELL TO 定向一个 WAV 文件后，便可在后面的模块中用“?CHR(7)”来播放该 WAV 文件。

代码如下：

```
SET BELL ON                         &&使 BELL 有效
SET BELL TO "雨的印记.wav",0        &&使 BELL 定向到"雨的印记.wav"文件
?CHR(7)                             &&播放"雨的印记.wav"文件
SET BELL TO                         &&取消定向
```

利用此方法，如果指定的声音文件不存在，并不产生错误而是播放由 WIN.INI 文件中声音部分的 SystemDefault 项指定的默认声音。如果计算机上没有安装声卡，则使用 PC 喇叭鸣叫一声，这是一种傻瓜型的播放背景音乐的方法。

触类旁通

在数据操作过程中，查找两个表中相同的记录，或者查找两个表中不同的记录，在实际应用中是非常有实际意义的。在具体使用时，可以使用 SQL 结构化查询语言，简化设计。

假设有两个表，表 Stud_jbxx.dbf 包含有一个班级所有学生的信息，表 Exam.dbf 包含有该班级学生的数学考试成绩，因为其他原因个别学生没有参加考试，在 Exam.dbf 表中没有反映出来，如图 7-5 所示。

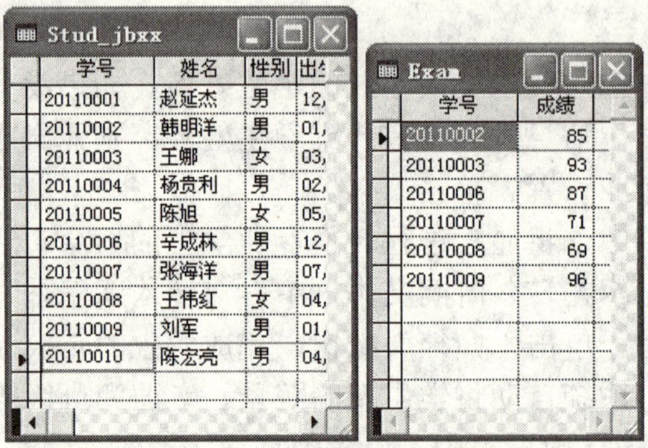

图 7-5　Stud_jbxx 与 Exam 表

通过图 7-5 发现，两个表有一个相同字段“学号”作为对应关系，通过比较两个表中的记录，会发现没有参加数学考试的学生学号分别是 20110001、20110004、20110005 和 20110010，共 4 名学生。

1）如果查找所有参加数学考试的学生的学号和姓名，可以使用如下命令：

```
SELECT 学号,姓名 FROM Stud_jbxx WHERE Stud_jbxx.学号 IN (SELECT Exam.学号 FROM Exam)
```

其运行结果，如图 7-6 所示。

2）如果查找出参加数学考试的学生，并将学号、姓名和成绩组成一个新表 New.dbf，可以使用如下命令：

```
SELECT Stud_jbxx.学号,Stud_jbxx.姓名,Exam.成绩 INTO TABLE New_table FROM Stud_jbxx,Exam
WHERE Stud_jbxx.学号=Exam.学号
```

其运行结果，如图 7-7 所示。

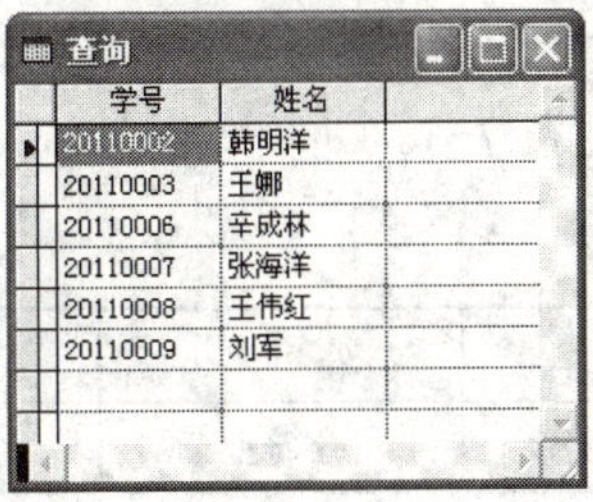

图 7-6　查找所有参加考试的学生学号和姓名

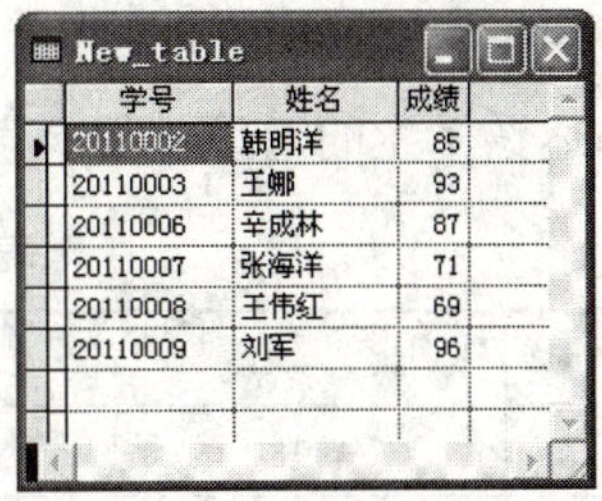

图 7-7　由 Stud_jbxx,Exam 表组成的新表

3）如果查找出没有参加数学考试的学生的学号和姓名，此次操作与找出参加考试的学生的结果正相反，只要在先前的 SQL 语句中加入 NOT 关键字，可以使用如下命令：

```
SELECT 学号,姓名 FROM Stud_jbxx WHERE Stud_jbxx.学号 NOT IN (SELECT Exam.学号 FROM Exam)
```

其运行结果，如图 7-8 所示。

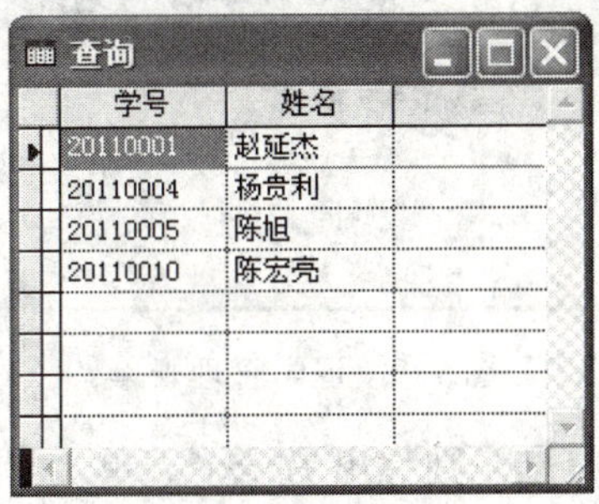

图 7-8　查找没有参加考试的学号和姓名

任务 2　创建学生退学管理模块

任务情境

个别学生入校学习之后，由于一些特殊原因，不能继续求学，就要退学。这种情况虽然不多见，但作为“学生信息管理系统”必须将问题考虑充分全面。需要设计学生退学管理的功能模块。

任务分析

在“学生信息管理系统”中，如果某名学生因某种特殊情况，出现退出的现象。在对这种情况进行处理的过程中，要考虑到以下几方面的问题：

1）某名学生退学，在 Stud_jbxx.dbf 表中的学生信息如何处理呢？在 Stud_jbxx.dbf 中有一个是否退学字段，该字段类型为逻辑型，如果某名学生正常上学，则其字段的值为.F.；如果出现退学现象，则该属性值为.T.，表明学生已经退学。

2）如果某名学生发生退学现象，如何将学生退学的相关经过进行记录呢？此时就需要建立一个存储学生退学数据的表 Stud_tx.dbf，如果某名学生退学，则自动在该表中增加一条记录，描述该学生的退学过程。学生退学表结构，见表 7-3。

表 7-3　学生退学表结构

字　段　名	类　　型	宽　　度	字　段　名	类　　型	宽　　度
学号	字符型	8	辅导员姓名	字符型	10
姓名	字符型	10	班级	字符型	10
院系	字符型	20	退学时间	日期型	8
专业	字符型	20	原因	字符型	100

在设计具有退学管理功能表单时，需要制作两个表单，一是确定需要退学的某学生查询表单，如图 7-9 所示。

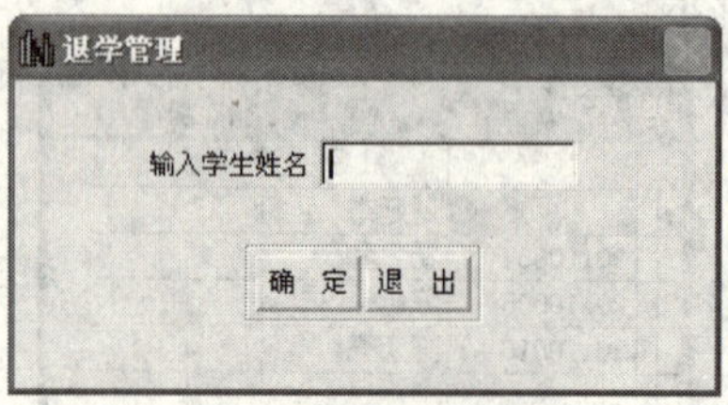

图 7-9　退学管理表单

如果查询到该学生的具体信息，则弹出另一个表单，显示学生退学信息的所有字段，供用户进行参考，同时使用一组按钮，提供对学生退学设置进行操作，如图 7-10 所示。

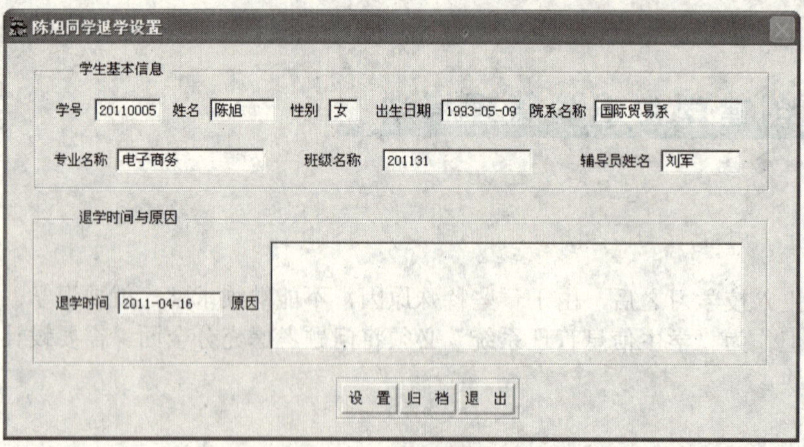

图 7-10　退学设置表单

任务实施

1. 创建退学管理表单

（1）创建表单及添加数据环境　创建空白表单，将 stud_jbxx_temp.dbf 数据表添加到数据环境中，并设置 Exclusive 属性值为.T.。

（2）添加控件　在表单中添加 1 个标签控件 Label1、1 个文本框控件 Text1 和 1 个命令按钮组 Commandgroup1。

（3）设置属性　设置表单及控件属性，见表 7-4。

表 7-4　表单及控件属性

控件名称	属性名	属性值	控件名称	属性名	属性值
Form1	AutoCenter	.T.	Form1	Icon	自定
Form1	BorderStyle	0	Form1	Caption	退学管理
Form1	MinButton	.F.	Label1	Caption	输入学生姓名
Form1	Closable	.F.	Commandgroup1/Command1	Caption	确定
Form1	MaxButton	.F.	Commandgroup1/Command2	Caption	退出

利用布局工具调整各控件位置，使其美观，如图 7-11 所示。

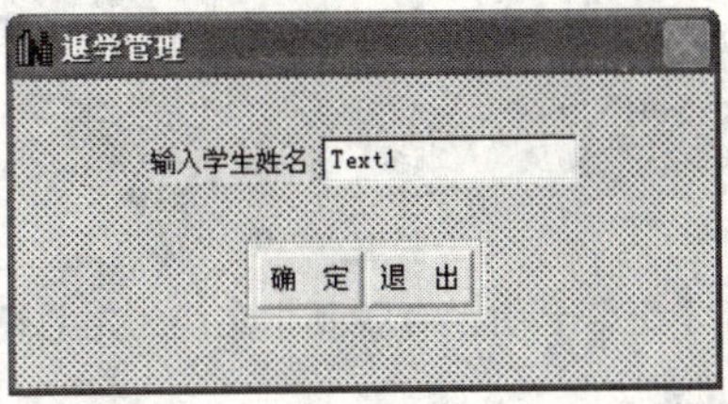

图 7-11　设计退学管理表单

（4）编写代码

1）设置表单初始环境。

设置 Form1.Load 事件代码如下：

```
public xm,dd,zzy(8),fn2
```

2）设置 Commandgroup1 各按钮的 Click 事件代码。

设置“确定”按钮 Commandgroup1.Command1.Click 事件代码如下：

```
fn2=SYS(5)+SYS(2003)+"\data\bjfdy.dbf"
dd=SYS(5)+SYS(2003)+"\data\stud_jbxx.dbf"
xm=ALLT(Thisform.Text1.Value)
IF EMPTY(xm)
    MESSAGEBOX("学生姓名信息不能为空!",16+0,"警告信息")
    Thisform.Text1.Setfocus
ELSE
    SELECT stud_jbxx_temp
    IF RECC()>0
        ZAP
    ENDIF
    APPEND FROM &dd
    LOCATE ALL FOR ALLT(姓名)==xm
    IF FOUND()
        LOCATE ALL FOR ALLT(姓名)==xm AND NOT 是否退学
        IF FOUND()
```

```
            zzy(1)=学号
            zzy(2)=姓名
            zzy(3)=性别
            zzy(4)=出生日期
            zzy(5)=院系
            zzy(6)=专业
            zzy(7)=班级
            SELECT * FROM &fn2 WHERE zzy(6)==ALLT(专业) AND ;
               zzy(7)==ALLT(班级) INTO CURSOR lsls
            SELECT lsls
            zzy(8)=ALLT(辅导员姓名)
           Do Form stud_tx1
        ELSE
            MESSAGEBOX("该学生已经退学，不能重复退学操作!",16+0,"警告信息")
            Thisform.Text1.Setfocus
         ENDIF
      ELSE
         MESSAGEBOX("在学生信息中没有找到指定学生信息!",16+0,"警告信息")
         Thisform.Text1.Setfocus
         Thisform.Text1.Value=""
      ENDIF
   ENDIF
```

设置“退出”按钮 Commandgroup1.Command2.Click 事件代码如下：

```
Thisform.Release
```

（5）保存文件　保存表单为 stud_tx.scx。

2. 创建退学设置表单

（1）创建表单及添加数据环境　创建空白表单，将 stud_jbxx_temp.dbf 和 stud_tx_temp.dbf 数据表添加到数据环境中，并分别设置 Exclusive 属性值为.T.。

（2）添加控件　在表单中添加 12 个标签控件 Label1～Label12、10 个文本框控件 Text1～Text10、2 个形状控件 Shape1、Shape2 和 1 个命令按钮组 Commandgroup1。

（3）设置属性　设置表单及控件属性，见表 7-5。

表 7-5　表单及控件属性

控件名称	属性名	属性值	控件名称	属性名	属性值
Form1	AutoCenter	.T.	Label1～Label12	Caption	参考图例
Form1	BorderStyle	0	Text1～Text10	默认	默认
Form1	MinButton	.F.	Shape1、Shape2	Backstyle	0
Form1	Closable	.F.	Shape1、Shape2	SpecialEffect	0
Form1	MaxButton	.F.	Commandgroup1/Command1	Caption	确定
Form1	Icon	自定	Commandgroup1/Command2	Caption	退出

利用布局工具调整各控件位置，使其美观，如图 7-12 所示。

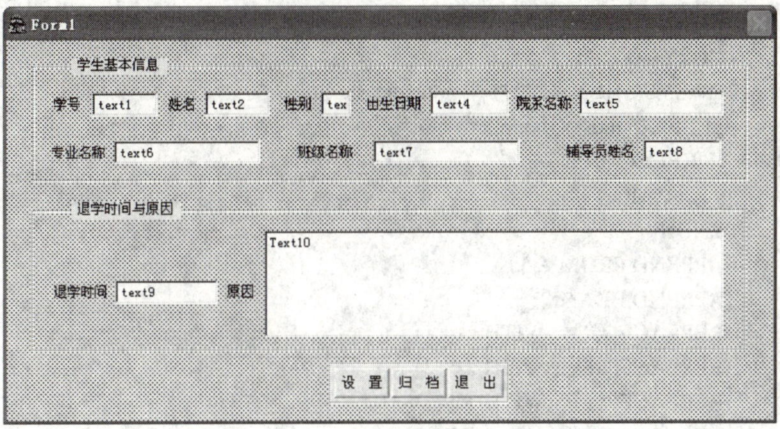

图 7-12　设计退学设置表单

（4）编写代码

1）设置表单初始环境。

设置 Form1.Activate 事件代码如下：

```
Thisform.Caption=ALLT(zzy(2))+"同学退学设置"
Thisform.Text1.Value=zzy(1)
Thisform.Text2.Value=zzy(2)
Thisform.Text3.Value=zzy(3)
Thisform.Text4.Value=zzy(4)
Thisform.Text5.Value=zzy(5)
Thisform.Text6.Value=zzy(6)
Thisform.Text7.Value=zzy(7)
Thisform.Text8.Value=zzy(8)
Thisform.Text9.Enabled=.F.
Thisform.Text10.Enabled=.F.
```

2）设置 Commandgroup1 各按钮的 Click 事件代码。

设置“确定”按钮 Commandgroup1.Command1.Click 事件代码如下：

```
Thisform.Text9.Enabled=.T.
Thisform.Text10.Enabled=.T.
Thisform.Text9.Value=DTOC(DATE())
```

设置“归档”按钮 Commandgroup1.Command2.Click 事件代码如下：

```
IF EMPTY(ALLT(Thisform.Text10.Value))
    MESSAGEBOX("退学原因不能为空！",16+0,"警告信息")
    Thisform.Text9.Setfocus
ELSE
    y1=MESSAGEBOX("是否真的要对"+ALLT(zzy(2))+"进行退学操作吗？",4+32+256,"提示信息")
    IF y1=6
        y2=MESSAGEBOX("确定此次退学操作吗？",4+32+256,"提示信息")
        IF y2=6
            dd=SYS(5)+SYS(2003)+"\data\stud_jbxx.dbf"
            SELECT stud_jbxx_temp
            LOCATE ALL FOR ALLT(学号)=zzy(1)
```

```
            REPLACE 是否退学 WITH .t.
            COPY TO &dd
            dd=SYS(5)+SYS(2003)+"\data\stud_tx.dbf"
            SELECT stud_tx_temp
            IF RECC()>0
                ZAP
            ENDIF
            APPEND FROM &dd
            APPEND BLANK
            REPLACE 学号 WITH zzy(1)
            REPLACE 姓名 WITH zzy(2)
            REPLACE 性别 WITH zzy(3)
            REPLACE 出生日期 WITH zzy(4)
            REPLACE 院系 WITH zzy(5)
            REPLACE 专业 WITH zzy(6)
            REPLACE 班级 WITH zzy(7)
            REPLACE 辅导员姓名 WITH zzy(8)
            REPLACE 退学时间 WITH CTOD(Thisform.Text9.Value)
            REPLACE 原因 WITH ALLT(Thisform.Text10.Value)
            COPY TO &dd
            MESSAGEBOX("完成此次退学操作！",32+0,"提示信息")
            This.Enabled=.f.
        ENDIF
    ENDIF
ENDIF
```

设置“退出”按钮 Commandgroup1.Command3.Click 事件代码如下：

```
Thisform.Release
```

（5）保存文件 保存表单为 stud_tx1.scx。

3. 测试表单

运行 stud_tx 表单，要求输入需要退学的学生姓名，如果没有任何内容，则弹出相应错误信息；如果在学生信息表中没有找到学生姓名，则弹出相应错误信息。如果一切正确，则弹出学生退学设置表单。

在退学设置表单中，将显示需要退学的学生信息。通过单击“设置”按钮，将当前日期自动显示在退学时间文本框中，同时说明退学原因，单击“归档”按钮，完成退学学生操作的设置。

在所有操作完成后，系统将自动修改退学学生的相应信息，同时退学信息自动存入 stud_tx.dbf 数据表中，以备使用。

知识拓展

在进行一些通用性较强的应用程序设计时，通常让用户通过 GetFile()函数来选择数据表，而应用宏替换命令打开一些长文件名目录下的表时，会出现错误，发现 Visual FoxPro 并不支持长文件名。在具体应用过程中，可以使用 JUSTEXT()和 JUSTSTEM()函数来实现。

下面分别介绍这两个函数的用法，见表 7-6。

表 7-6 JUSTEXT () 和 JUSTSTEM () 函数用法

语 法	用 途	返回值	说 明	举 例
JUSTEXT (cpath)	从一个完整的路径加文件名中提取出文件的扩展名	字符型	Cpath 指定一个完整的路径；JUSTEXT()函数返回其中文件的扩展名	JUSTEXT("D:\VFP\stud.dbf") 结果：dbf
JUSTSTEM (cFileName)	从一个完整的路径加文件名中提取出文件的根名（不含扩展名的文件名）	字符型	cFileName 指定一个完整的路径；JUSTEXT()函数返回其中的根名（不含扩展名的文件名）	JUSTSTEM("D:\VFP\stud.dbf") 结果：stud

利用 GetFile()、JUSTEXT()和 JUSTSTEM()函数，创建一个表单 Form1，并添加命令按钮 Command1、文本框 Text1、表格 Grid1 和两个标签 Label1 和 Label2 对象，并对相关属性进行设置，使其美观，设计表单样式如图 7-13 所示。

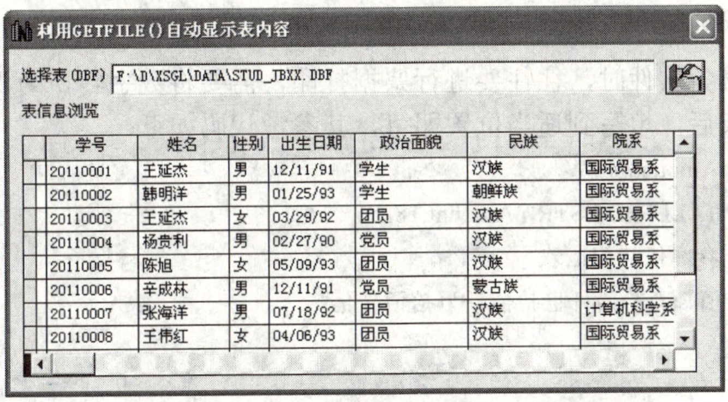

图 7-13 利用 GETFILE()自动显示表内容

命令按钮 Command1_Click 事件代码如下：

```
DBFFile=GETFILE("DBF","表文件：","打开",1)          &&选择表
IF !EMPTY(DBFFile)                                   &&判断 GetFile()返回的文件名是否为空
    THISFORM.Text1.Value=DBFFile                     &&在 Text1 中显示文件名
    IF JUSTEXT(DBFFile)="DBF"                        &&判断是否为 DBF 文件
        LCName=JUSTSTEM(DBFFile)                     &&返回不带路径和扩展名的文件名
        IF !USED(LCName)                             &&当前没有已经打开的重名的表
            USE "&DBFFile" ALIAS &LCName IN 0        &&打开表
        ENDIF
        THISFORM.GRID1.RECORDSOURCETYPE=1
        THISFORM.GRID1.RECORDSOURCE=LCName
    ELSE
        =MESSAGEBOX("打开的不是 DBF 文件！",0+48,"错误提示")
    ENDIF
    THISFORM.REFRESH
ENDIF
```

表单运行之后画面，如图 7-14 所示。

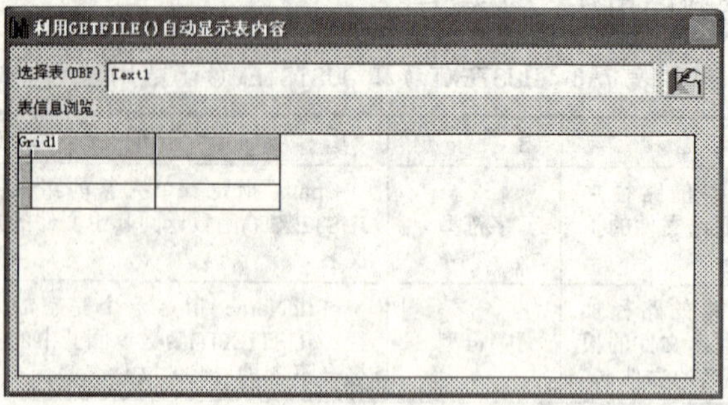

图 7-14　表单运行结果

触类旁通

在编写一些财务软件时，往往要进行票据打印，需要将数字转换为汉字大写。只要将数字进行大写转换后，填写到适当位置即可，其参考代码如下：

```
PARAMETERS nAmount,IsDW
nDZS=STRTRAN(ALLTRIM(STR(nAmount,18,2)),".","")          &&把小数点去掉
cHZDX="零壹贰叁肆伍陆柒捌玖"
cDW="分角元拾佰仟万拾佰仟亿拾佰仟万拾佰仟亿"
cRMBDX=""
nCd=LEN(nDZS)
FOR i=1 TO LEN(nDZS)
    cNumbers=SUBSTRC(cHZDX,INT(VAL(SUBSTR(nDZS,i,1))+1),1)     && 数字转换
    IF IsDW=1                                                  &&如果要单位
      cDWs=SUBSTRC(cDW,nCd,1)
    ELSE
      cDWs=SPACE(0)                                            &&不要单位的情况下
    ENDIF
    cRMBDX=cRMBDX+cNumbers+cDWS
    nCd=nCd-1
ENDFOR
FOR i=LEN(nDZS)+1 TO 6
    cRMBDX=SPACE(2)+cRMBDX
ENDFOR
RETURN cRMBDX
```

将以上代码保存为 NumToUppHz.prg。

如果希望显示单位，则在命令窗口中输入命令：?NumToUppHzSpace(4568.21,1)，则会在屏幕显示“肆仟伍佰陆拾捌元贰角壹分”。

如果不希望显示单位，则输入命令：?NumToUppHzSpace (4568.21,0)，则会在屏幕显示“肆伍陆捌贰壹”。

小结

本项目以“学生信息管理系统”中的转换专业管理模块、退学管理模块为范例，说明了如何进行创建不同的功能模块以及各模块的扩展功能，使读者更加透彻地掌握应用系统的开发方法和开发思路。

实战强化

1. 创建“职工工资管理系统”的调整工资模块，根据职工的不同职称进行工资调整，其具体调整数值自定。

2. 职工工作由一个部门调动到另一个部门工作，需要创建“职工工资管理系统”的职工工作部门调整模块。

3. 职工工作调动，不在该单位工作，需要创建“职工工资管理系统”的删除职工信息模块。

项目 8　设计报表模块

职业能力目标

1）能够使用报表设计器设计报表。
2）能够使用标签设计器设计标签。
3）能够使用相关命令和方法对报表和标签设计进行进一步的完善。
4）能够利用 OLE 对象对报表的输出功能进行扩展。

数据处理的结果不仅是为了在计算机屏幕上显示，更重要的是为了打印存档。报表是数据库管理系统的最终结果，是数据库功能中重要的部分，也是最常用的查看数据的方法。Visual FoxPro 提供了报表和标签功能，可以方便地对表中的数据和查询的结果进行打印。本项目介绍了报表、标签的组成、各带区的作用及设计方法，同时介绍了利用 OLE 对象进行报表输出的方法。

任务 1　创建班级学生信息报表

任务情境

在“学生信息管理系统”中，常常会需要打印一些纸质文稿。比如，在管理系统中，需要打印不同班级的学生花名册，以及该班级的学生人数，其中男生、女生都是多少人等信息。纸质文稿设计样式，如图 8-1 所示。

学生信息花名册

院系：国际贸易系　专业：电子商务　班级：201131　　　　**班级总人数：6　其中(男/女)：4/2**

学号	姓名	性别	出生日期	政治面貌	民族	身高	联系电话	毕业学校	家庭住址
20110002	韩明洋	男	1993.01.2	学生	朝鲜族	1.81	04356677888	集安市第一高级中学	吉林省集安市团结路5号
20110003	李永娜	女	1992.03.2	团员	汉族	1.62	04135580150	盘锦市盘山县第二高级中学	盘锦市盘山县高升镇二台子村
20110004	杨贵利	男	1990.02.2	团员	汉族	1.80	01088002436	凌海市职业高级中学	凌海市安屯乡安屯村
20110005	陈旭	男	1993.05.0	团员	汉族	1.78	04293456789	辽阳市第二高级中学	辽阳市鹏程园小区鹏程园
20110006	辛成林	男	1991.12.1	党员	蒙古族	1.72	02123456783	开原市第一高级中学	开原市站前街5委
20110012	张红英	女	1992.07.1	团员	汉族	1.68	02422886677	沈阳市于宏区第一职业高中	沈阳市于宏区张市

图 8-1　打印学生信息花名册

任务分析

1. 启动“报表设计器”

用户可以通过以下方式中的任何一种，启动“报表设计器”。

1）执行“文件”→“新建”命令，在弹出的“新建”对话框中选定“报表”单选按钮，然后单击“新建文件”按钮。

2）打开“项目管理器”对话框，在“文档”选项卡中选择“报表”选项，然后单击“新建”按钮，在弹出的“新建报表”对话框中单击“新建报表（N）”按钮。

3）在命令窗口中输入并执行如下命令：CREATE REPORT 或者 MODIFY REPORT。

4）执行“文件”→“打开”命令或者在常用工具栏上单击“打开”按钮，在弹出的“打开”对话框中选择已经存在的报表文件，再单击“确定”按钮。

2.“报表设计器”的组成及各带区的作用

（1）“报表设计器”的组成　启动“报表设计器”之后，弹出“报表设计器”窗口，如图 8-2 所示。“报表设计器”一般包括 3 个常用的数据带区：页标头、细节和页注脚。当执行“报表”→“标题/总结”命令时，将出现标题带区。

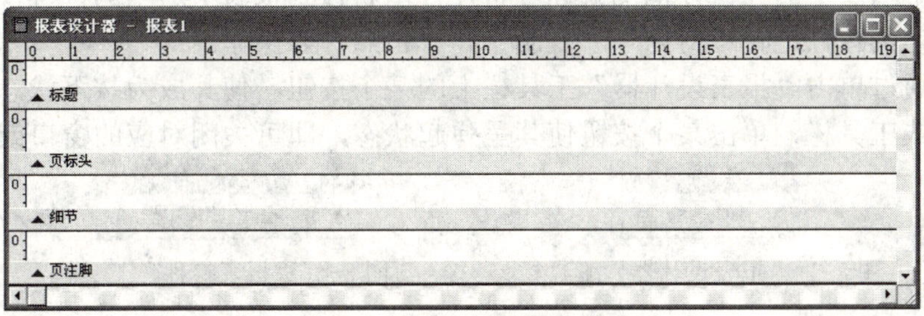

图 8-2 “报表设计器”窗口

（2）“报表设计器”各带区的作用　带区的主要作用是在打印报表或预览报表时控制数据在页面上的打印位置。对于“标题”带区，只是在报表开头打印一次该带区的内容；对于“页标头”带区，系统在每一页上打印一次该带区所包含的内容；对于“细节”带区，数据源中的每个记录都将打印一次该带区的内容。“报表设计器”刚刚启动时，系统默认显示“页标头”、“细节”、“页注脚” 3 个带区，根据需要，可以增加“标题”、“总结”、“组标头”、“组注脚”、“列标头”、“列注脚”等带区。“报表设计器”各带区的产生及其作用，见表 8-1。

表 8-1 “报表设计器”各带区的产生及其作用

带区名称	带区产生与删除	作　用
标题	单击“报表”菜单中的“标题/总结...”命令	每张报表开头打印一次，如报表标题
页标头	默认存在	每个页面开头打印一次，如报表的字段名称
列标头	单击“文件”菜单中的“页面设置...”命令	报表数据分栏时，每栏开头打印一次
组标头	单击“报表”菜单中的“数据分组...”命令	报表数据分组时，每组开头打印一次
细节	默认存在	每个记录打印一次
组注脚	单击“报表”菜单中的“数据分组...”命令	报表数据分组时，每组结尾打印一次
列注脚	单击“文件”菜单中的“页面设置...”命令	报表数据分栏时，每栏结尾打印一次
页注脚	默认存在	每个页面结尾打印一次，如页码和日期
总结	单击“报表”菜单中的“标题/总结...”命令	每张报表最后一页打印一次

3. 报表设计工具

“报表设计器”启动后，执行“显示”→“工具栏...”命令，弹出“工具栏”对话框，在该对话框中选择“报表设计器”、“报表控件”、“布局”、“调色板”复选框，单击“确定”

按钮，即可打开与“报表设计器”、“报表控件”、“布局”、“调色板”有关的报表设计工具栏。或者在菜单中单击“显示”后，在弹出的下拉菜单中也可直接单击“报表控件工具栏...”、“布局工具栏”、“调色板工具栏”命令来打开相应的工具栏。

（1）“报表设计器”工具栏 “报表设计器”工具栏，如图 8-3 所示。该工具栏上的 5 个按钮从左到右依次是“数据分组”、“数据环境”、“报表控件工具栏”、“调色板工具栏”、“布局工具栏”。

（2）“报表控件”工具栏 “报表控件”工具栏，如图 8-4 所示。该工具栏上的 8 个按钮从左到右依次是“选定对象”、“标签”、“域控件”、“线条”、“矩形”、“圆角矩形”、“图片/ActiveX 绑定控件”和“按钮锁定”。在“报表控件”工具栏中单击某一控件按钮，然后在报表窗口的适当位置单击鼠标左键或者拖曳鼠标，就可以实现在报表中添加所需要控件的操作了。

通过选定报表中的控件并拖曳鼠标可将控件重新移到报表中适当的位置，选定控件后可实现对选定的控件进行“剪切”、“复制”和“粘贴”等操作。

注意：通过单击“报表设计器”工具栏上的某个按钮，使其成为按下状态，即可打开对应的窗口或工具栏，单击某个按钮使其呈弹起状态，即可关闭对应的窗口或工具栏。

图 8-3 “报表设计器”工具栏

图 8-4 “报表控件”工具栏

（3）“调色板”工具栏 “调色板”工具栏，如图 8-5 所示。利用“调色板”工具栏可以设置控件的前景色或者背景色。使用方法为：选定报表中某一控件，单击前景色或背景色按钮，使其呈按下状态，然后再单击“颜色选择区”中的某一颜色或者其他颜色的按钮，选择一个颜色即可。

图 8-5 “调色板”工具栏

（4）“布局”工具栏 “布局”工具栏的使用方法与表单中的“布局”工具栏的使用方法完全一样。

4. 在报表中使用控件

（1）标签控件 标签控件用来在报表中添加说明性文字或者标题。单击“报表控件”工具栏中的“标签”按钮，然后在报表中的适当位置单击鼠标左键，在鼠标左键单击处将出现一个闪烁插入点，此时即可输入标签的文字内容。

如果要更改标签文字的字体和字号，选定该标签控件，然后执行“格式”→“字体...”命令，在弹出的“字体”对话框中进行设定即可。

（2）域控件按钮 通过在报表中添加域控件，可以将内存变量、函数、数据表中的字段变量或者表达式的计算结果放置在报表中。

1）添加域控件。在报表中添加数据表的字段变量控件，有以下两种方法。

① 是利用“报表控件”工具栏中的“域控件”按钮来添加域控件。单击“报表控件”工具栏中的“域控件”按钮，然后在报表中的某个带区内单击鼠标左键，就会弹出“报表表达式”对话框，如图 8-6 所示。

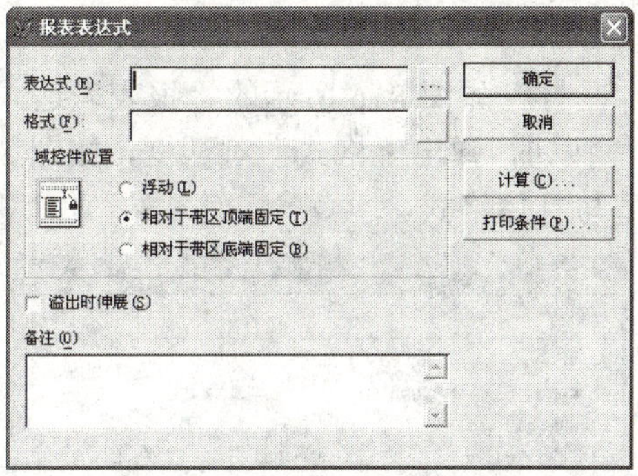

图 8-6 “报表表达式”对话框

② 是从“数据环境设计器”窗口中添加。在报表窗口的空白处单击鼠标右键，在弹出的快捷菜单中选择“数据环境...”命令或者直接单击“报表设计器”中的“数据环境”按钮，打开“数据环境设计器”窗口，在该窗口中添加表或者视图，然后把要在报表中输出的字段直接拖放到报表中的适当位置，这些字段将自动生成对应的域控件。

在“报表表达式”对话框的“表达式(E):”右边的文本框中直接输入有关的字段名，或者单击其右侧的“…”按钮，打开“表达式生成器”对话框，如图 8-7 所示。

在“表达式生成器”对话框左下角的“字段:”下面的列表框中双击要在报表中输出的字段名，该字段名就会自动出现在“表达式生成器”对话框上部的“报表字段的表达式:”下面的列表框中。如果“表达式生成器”对话框中的“字段:”下面的列表框为空，则说明没有指定数据源，应在数据环境中添加有关的表或视图。单击“表达式生成器”对话框中的“确定”按钮返回“报表表达式”对话框，指定的字段名就会出现在“报表表达式”对话框中“表达式:”右边的文本框中。

如果添加的字段是可计算的字段，则单击“报表表达式”对话框中的“计算...”按钮，将弹出“计算字段”对话框，如图 8-8 所示。在该对话框中可选定计数、总和、平均值、最大值、最小值、标准误差、方差等计算选项。

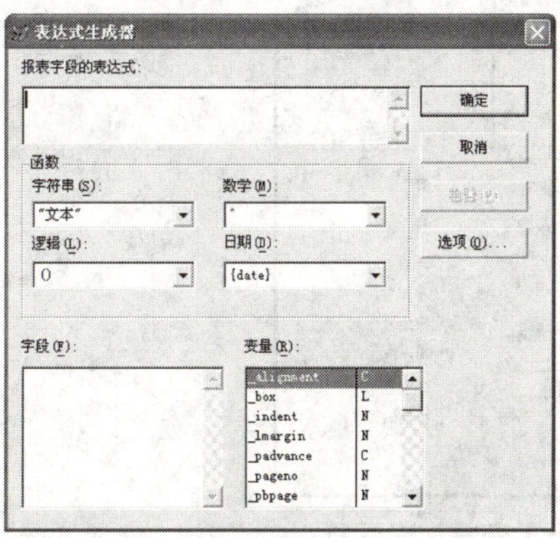

图 8-7 “表达式生成器”对话框

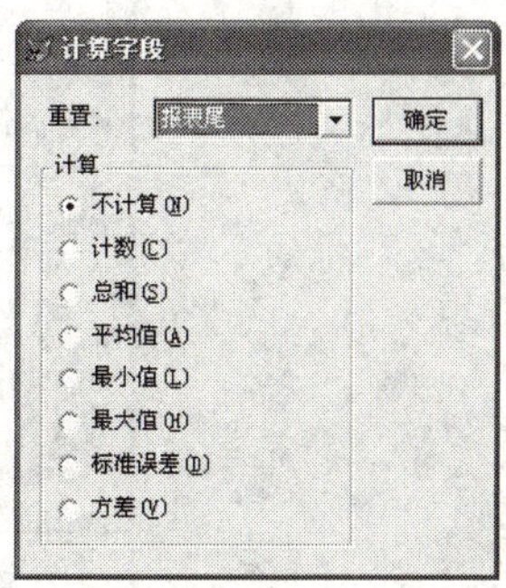

图 8-8 “计算字段”对话框

单击“报表表达式”对话框中的“确定”按钮，关闭“报表表达式”对话框，即可在报表中添加一个字段名域控件。

2）设置域控件的格式。根据需要改变域控件的数据类型和设定它的打印格式。这里设定的域控件格式将决定报表在打印输出时该域控件的格式，但不改变对应字段在数据表中的数据类型和格式。

双击报表中某一域控件，打开如图 8-6 所示的“报表表达式”对话框，单击该对话框中“格式:”框右侧的“…”按钮，弹出“格式”对话框，如图 8-9 所示。通过该对话框可设置当前域控件的数据类型与具体格式。

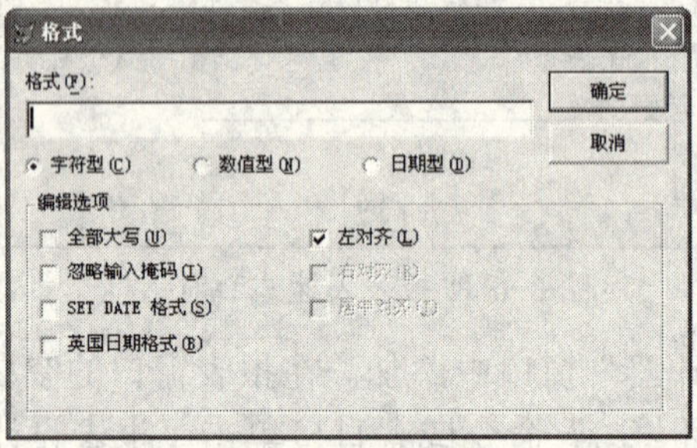

图 8-9　域控件的“格式”对话框

在“格式”对话框中，可以设置该域控件的数据类型为字符型、数值型、日期型 3 种。设定不同的数据类型，该对话框的“编辑选项”框中的各个选项将随之改变。当设置为字符型数据时，“编辑选项”框中可设定该字符数据格式为大小写方式、输入掩码、对齐方式等；当设定为数值型数据时，“编辑选项”框中可设定该数值型数据格式为是否加前导零、是否为货币型、是否为科学计数法格式、负数是否加括号等；当设定为“日期型”数据时，可设置该日期型数据为“SET DATE 格式”还是“英国日期格式”。

3）在域控件中使用变量。创建报表时，可以使用创建的报表变量，报表变量可以用在域控件的任何表达式中。创建报表变量的步骤如下。

① 在报表设计器窗口打开的情况下，执行菜单“报表”→“变量...”命令，将弹出“报表变量”对话框，如图 8-10 所示。

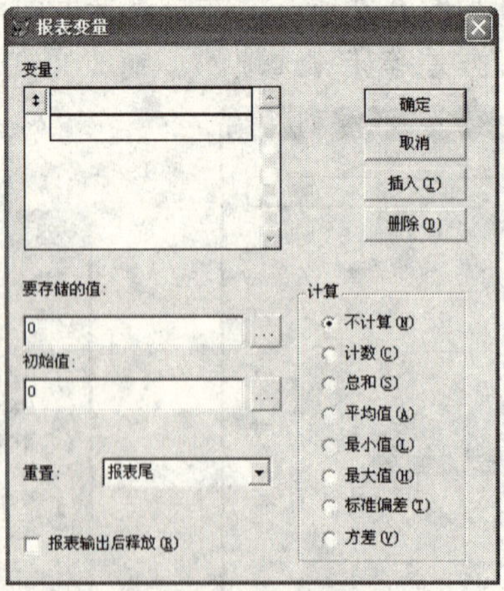

图 8-10　“报表变量”对话框

② 在“报表变量”对话框的“变量:”下的文本框中输入一个变量名；在“要存储的值:”下的文本框中输入一个具体的数值或表达式；在“初始值”下的文本框中指定其初始值。

③ 在“计算”选择框中选择一种计算方式或不计算。

④ 单击“确定”按钮，完成设置。

（3）线条、矩形和圆角矩形　单击“报表控件”工具栏中的“线条”、“矩形”、“圆角矩形”按钮，然后在“报表设计器”窗口中的适当位置开始拖动鼠标，即可形成与所单击图形按钮相应的线条或图形。

将图形控件选定，单击菜单中的“格式”命令，在随后的下拉菜单中指向“绘图笔”中相应的子命令并单击，则可设置所选图形线条的粗细和样式，可设置线条粗细在 1～6 磅，线条样式为“点线”、“虚线”、“点划线”或“双点划线”等。

对于圆角矩形，也可改变其样式。双击圆角矩形，打开“圆角矩形”对话框，在该对话框中可选择圆角矩形的样式，如不同程度的圆角矩形或椭圆等。

（4）图片/ActiveX 绑定控件　单击“报表控件”工具栏中的“图片/ActiveX 绑定控件”按钮，在“报表设计器”窗口的适当位置拖动鼠标，即可打开“报表图片”对话框，如图 8-11 所示。通过对该对话框进行设置，可在报表中插入图片、声音、文档等 OLE 对象，如职工的照片、图书的封面等。

如果在报表中插入的图片是由文件产生的，可在“报表图片”对话框中的“图片来源”框中选取“文件:”选项，并在其右边的文本框中输入图片文件的路径和文件名；也可单击该文本框右侧的“…”按钮，在弹出的“打开”对话框中选取一个.BMP、.JPG、.GIF 文件，单击“确定”按钮返回到“报表图片”对话框，再单击“确定”按钮，选定的图片即出现在报表中。

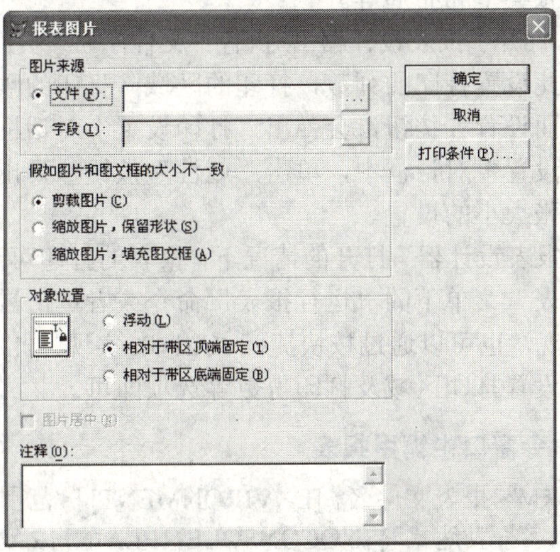

图 8-11　“报表图片”对话框

如果插入的图片是随着记录的变化而改变，则要选取“报表图片”对话框中“图片来源”框中的“字段”选项，并在其右边的文本框中输入数据表中通用型的字段名或者单击该文本框右侧的“…”按钮，在随后弹出的“选择字段/变量”对话框中选取字段。选定字段后，单击“报表图片”对话框中的“确定”按钮，该通用字段的占位符将出现在报表中。当在打印或者预览报表时，该通用字段将随着记录的改变而打印或显示相对应的图片。

5. 在“报表设计器”上的常见操作方法

（1）设置报表上对象的位置

1）单击“报表控件”工具栏中的“选定对象”按钮。

2）单击要移动位置的报表对象，则屏幕出现被选定的标志。

3）用鼠标拖曳被选中的对象到所需的位置，然后释放鼠标。

（2）设置报表上字段的长度

1）在报表细节带中，选定要设置的字段对象。

2）在对象 8 个方向的控制黑点上，根据需要缩放调整字段对象的大小。

（3）删除报表的对象

1）单击“报表控件”工具栏中的“选定对象”按钮。

2）单击要删除的对象，再按<Del>键。

（4）移动报表带

1）在要移动的带上按下鼠标键。

2）上下拖动鼠标，到适当位置后，释放鼠标，则报表带被移动。

6. 报表的打印和预览

完成了报表的设计工作后，就可以准备进行报表的打印输出。在打印报表前，可先单击常用工具栏上的“打印预览”按钮查看一下效果，如果有不符合要求的地方，可返回进行修改，直到满意为止。

为了得到一份满意的报表打印文档，设计完报表后，常常需要设置报表的页面，例如，报表文档的页边距，纸张类型和布局等。

1）设置报表页面：打开“报表设计器”，执行“文件”→“页面设置”命令，弹出“页面设置”对话框，可在此设置打印的列数，打印的区域，打印的顺序及左右页边距等。在该对话框中，单击“页面设置”按钮，会弹出“打印设置”对话框，可设置纸张的大小及打印的方向。在“打印设置”对话框中，单击“属性”按钮，弹出“属性”“对话框”，可进行高级页面设置和纸张大小的设置。

2）打印报表：在“报表设计器”打开的情况下，报表的打印可通过选择“文件”→“打印”命令，或选择“报表”菜单下的“运行报表”命令或者单击鼠标右键，在快捷菜单中选择“打印”命令来实现，也可以通过按快捷键<Ctrl+P>实现。此时，屏幕上出现“打印”对话框，在该对话框中设置打印区域及打印份数等选项即可。

7. 在程序中或在命令窗口中调用报表

```
格式：REPORT FORM <报表文件名> [ENVIRONMENT] [<范围>] [FOR <逻辑表达式>]
      [HEADING <字符表达式>] [NOCONSOLE] [PLAIN] [RANGE  开始页[,结束页]]
      [PREVIEW] [[IN] WINDOW <窗口名> IN SCREEN ][NOWAIT]]
      [TO PRINTER [PROMPT]|TO FILE <文件名> [ASCII]] [SUMMARY]
```

说明：

1）<报表文件名>：指出要打印的报表文件名，默认扩展名为.FRX。

2）ENVIRONMENT：用于恢复存储在报表文件中数据环境的信息。

3）HEADING <字符表达式>：<字符表达式>的值作为页标题打印在报表的每一页上。

4）NOCONSOLE：在打印机上打印报表时禁止报表内容在屏幕上显示。

5）PLAIN：将 HEADING 设置的页标题仅在报表的第一页中显示。

6）RANGE 开始页[,结束页]：指定打印的开始页和结束页，结束页的默认设置为 9999。

7）PREVIEW 子句：指定报表在屏幕上打印预览，不在打印机上输出，并可指定打印预览的输出窗口。

8）TO PRINTER 子句：将指定报表文件在打印机上输出。如果有 PROMPT 选项，则打印前弹出“打印”对话框，供用户进行打印范围、打印份数的选择。

9）TO FILE 子句：将报表输出内容输出到文本文件，ASCII 使打印机代码不写入文件。

10）SUMMARY：打印或打印预览“总结”带区的内容，不打印“细节”带区的内容。

任务实施

利用项目 5 中所设计的题目中查询到的数据，设计出某一个班级的学生信息表。

1．创建报表并进行页面设置

1）执行“文件”→“新建”命令，在弹出的“新建”对话框中选定“报表”单选按钮，然后单击“新建文件”按钮。

2）执行“文件”→“页面设置”命令，弹出“页面设置”对话框，单击“打印设置”按钮，弹出“打印设置”对话框，选择纸张大小：“A4”，方向：“横向”，单击“确定”按钮。

2．添加数据源

在报表设计器空白处单击鼠标右键，在弹出的快捷菜单中选择数据环境菜单项，打开“数据环境设计器”窗口，将数据表 stud_jbxx_temp.dbf 添加到数据环境中。

用鼠标分别拖动“学号”、“姓名”等若干字段至报表设计器细节区域，成为域控件。

3．设计报表布局

分别用“报表控件”工具栏中的“标签”按钮，在“页标头”区域添加“学号”、“姓名”等若干个标签控件；利用“报表控件”工具栏中的“线条”按钮，在“页标头”区域、“细节”区域设置线条；利用标签按钮，在“页标头”区域设置报表的标题，其内容为“学生信息花名册”并设置其字型字体为“宋体”、“二号并加粗”。

利用“报表控件”工具栏中的“域控件”按钮，在“页标头”区域添加两个域控件，两个变量分别表示班级信息的 bjxx 和学生信息的 xsxx，两个变量来自于班级学生信息查询。

在页注脚区域添加两个标签，“制表人：”和“制表时间：”，再添加一个域控件 date()，用于表示制表的日期，设计报表界面如图 8-12 所示。

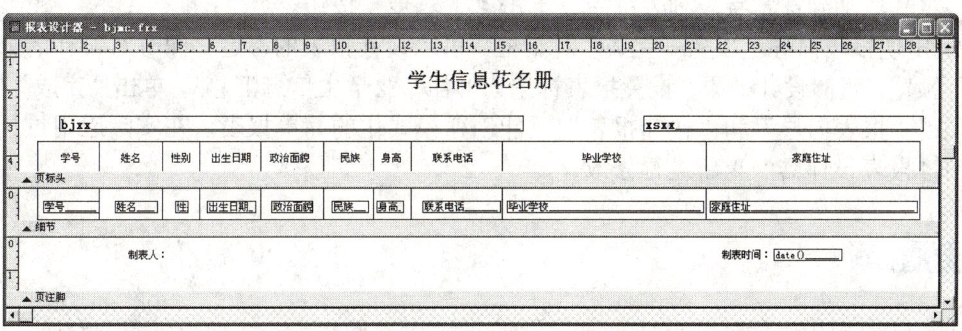

图 8-12　报表设计界面

注意：在报表布局设计的过程中，一定要使用“布局”工具栏和“复制”、“粘贴”

等命令操作，而且要仔细设计。在设计过程中，需不断进行“打印预览”，克服设计中存在的不足。

4. 保存文件

单击常用工具栏中的“保存”按钮，并输入文件名 bjmc.FRX。

知识拓展

在实际应用中，由于有时需要的报表数据是成组出现的，因此常需要把同类信息的数据打印在一起，使报表更易于阅读。分组可以明显地分隔每组记录、为组添加介绍和总结性数据。

设计分组报表，可采用向导进行设计，以学生信息管理系统中的数据表 stud_jbxx 为例进行设计，具体操作步骤如下：

1）执行菜单“文件”→“新建”命令，在弹出的“新建”对话框中选择“报表”单选按钮，然后单击“向导”按钮。在弹出的“向导选取”对话框中选择“报表向导”，单击“确定”按钮。

2）出现报表向导“步骤 1－字段选取”对话框。首先选择“数据库和表”中的数据，选择 stud_jbxx.dbf 数据表，此时“可用字段”列表框中出现该数据表中的所有字段，然后通过不同的添加按钮，将在报表中出现的各字段分别添加到“选定字段”列表框中，同时可以调整字段的排列顺序，单击“下一步”按钮。

3）出现报表向导“步骤 2－分组记录”对话框。选择分组字段，此时最多可以分三层分组，依次选择“院系”、“专业”和“班级”进行分组；此时可以单击“总结选项”按钮，对总结和细节进行不同的设置，设置“学号”为“计数”，用于统计该班级的学生人数，单击“下一步”按钮。

4）出现报表向导“步骤 3－选择报表样式”对话框。分组报表共提供 5 种分组样式供选择，选择“经营式”样式，单击“下一步”按钮。

5）出现报表向导“步骤 4－定义报表布局”对话框。报表布局分为“纵向”和“横向”，选择“横向”布局，单击“下一步”按钮。

6）出现报表向导“步骤 5－记录排序”对话框。选择可以用于排序的字段，最多可以选择 3 个字段用于排序，同时可以设置不同的排序方式。选择“性别”字段，单击“添加”按钮，将其添加到选定字段列表框中，单击“下一步”按钮。

7）出现报表向导“步骤－完成”对话框。可以设计报表的标题，同时对设计的分组报表进行预览，查阅设计效果。设置报表标题为“各专业学生信息汇总”，单击“完成”按钮。

采用“报表向导”和“快速报表”只能创建模式化的简单报表，在实际应用过程中需要使用“报表设计器”重新进行修改。

触类旁通

在实际应用中，有时要设计重复出现的指定内容的报表，比如设计“工资条”报表；有时要在收据、票证上进行打印，设计所说的“套打”报表；有时要在所设计的报表上显示报表的总页数；有时还要设计出满页的报表。这样的报表如何设计呢？

1. 设计“工资条”报表

在设计“工资条”报表时，将工资项目的具体名称和数据表中表示工资项目的不同字段添加到报表的细节带区，利用“布局”工具栏中的各按钮，将报表进行美化，就可以实现“工资条”报表的设计。

2. 设计“套打”报表

“套打”报表的设计，其实非常简单。首先按照收据、票证的样式，设计出与收据、票证完全一致的报表，然后将报表中的标签、线条等控件删除，只保留其他需要写的收据、票证上的域控件即可。

3. 设计“显示总页数”报表

Visual FoxPro 提供了系统内部函数_pageno，用于设置报表当前页的页码，但并没有提供报表总页数的函数。如果想求出报表总的页数，需要明确两个条件：一是报表每页打印多少条记录，二是当前数据表共有多少条记录，就可以确定报表的总页数。假设报表每页打印 m 条记录，当前数据表共有 n 条记录，则总页数=IIF(MOD(n,m)=0,n/m,INT(n/m)+1)。再通过域控件，将总页数变量添加到报表的页注脚区域即可。

4. 设计“如何使报表打满一页”的报表

如果打印的记录不足一页，“页注脚”会自动上移，影响报表的美观。解决的办法也是补足一页中所缺少的记录即可（补足空白记录），其代码如下：

```
SELECT   xxx              &&xxx 为提供打印数据的数据表
xx=10                     &&xx 一页细节区所打印的记录条数
mi=RECCOUNT()%xx          &&取得缺少的记录条数
FOR I=1 TO mi
    APPEND BLANK
ENDFOR
```

任务 2　创建学生信息卡

任务情境

在学生的日常管理中，很多学校都为学生制作了学生信息卡，为学生的日常管理带来了极大的方便。学生信息卡如图 8-13 所示。

图 8-13　学生信息卡

任务分析

制作学生信息卡是通过 Visual FoxPro 提供的标签进行设计的。标签与报表极为类似，其创建和修改方法也基本相同。不同之处在于，无论用户使用哪种方法（标签向导或标签设计器）来创建标签，都必须指明标签的类型，该类型确定了标签设计器中“细节”区的尺寸，产生的标签文件的扩展名为 LBX。

1. 用向导设计标签

设计步骤如下：

1）执行“文件”→“新建”命令或单击常用工具栏上的“新建”按钮。

2）在“新建”对话框中选择“标签”。

3）再单击“向导”按钮，打开“标签向导”对话框。

4）按向导的指引，完成各步骤的设置。

2. 使用“标签设计器”设计标签

设计步骤如下：

1）执行“文件”→“新建”命令或单击常用工具栏上的“新建”按钮。

2）在“新建”对话框中选择“标签”。

3）再单击“新文件”按钮，打开“新建标签”对话框。

4）在“新建标签”对话框中，选择标签布局，单击“确定”按钮，打开“标签设计器”对话框。

5）按照与设计报表时相同的方法设计标签，最后保存文件。

3. 修改标签

设计步骤如下：

1）执行“文件”→“打开”命令或单击常用工具栏上的“打开”按钮。

2）在“打开”对话框中选择文件类型为“标签”。

3）选择要打开的标签文件，单击“确定”按钮，打开“标签设计器”对话框。

4）按照与修改报表相同的方法修改标签，最后保存文件。

4. 在程序中或在命令窗口中调用标签

格式： LABEL FROM <标签文件名> [<范围>][FOR<条件>][WHILE<条件>][SAMPLE] [TO PRINT] [PREVIEW] [TO FILE<文件名>]

1）<标签文件名>：指出要打印的标签文件名，默认扩展名为.LBX。

2）其他参数与报表的命令格式中的各参数相同，不再详述。

任务实施

1. 创建标签布局

1）执行“文件”→“新建”命令，在“新建”对话框中选择“标签”按钮，再单击“新文件”按钮，打开“新建标签”对话框，如图 8-14 所示。

2）在“新建标签”对话框中选择标签布局，单击“确定”按钮，打开“标签设计器”对话框，如图 8-15 所示。

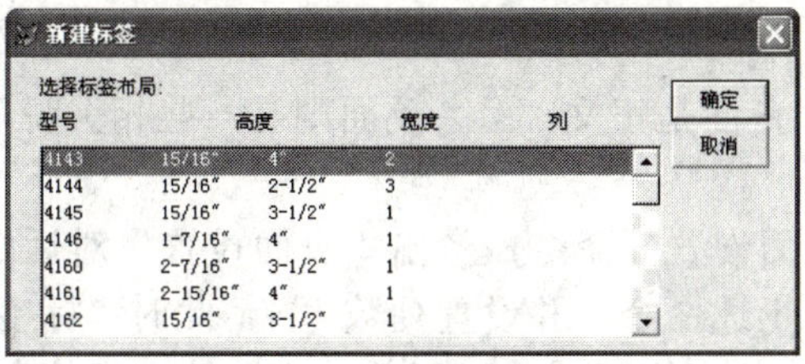

图 8-14 “新建标签”对话框

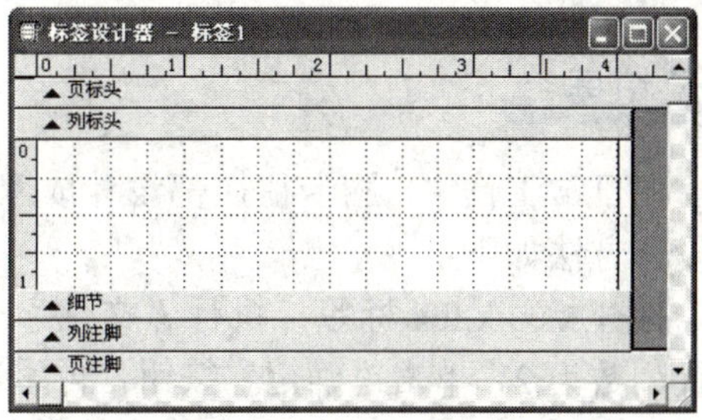

图 8-15 “标签设计器”对话框

2. 设置数据源及其他控件

按照报表数据源的添加方法将 stud_jbxx_temp.dbf 添加到“标签设计器”中，用鼠标分别将 5 个字段“学号”、“姓名”、“院系”、“专业”和“班级”拖动到“细节带区”的适当位置，成为域控件；同时添加 6 个标签，其标题分别为“×××学院学生信息卡”、“学号”、“姓名”、“院系”、“专业”和“班级”。

单击“报表控件”工具栏中的“图片/ActiveX 绑定控件”按钮，在“标签设计器”窗口的适当位置拖动鼠标，打开“报表图片”对话框，在“图片来源”框中选取“文件:”选项，在其右边的文本框中输入图片文件的路径和文件名;SYS(5)+SYS(2003)+"\data\photo\"+allt(学号)+".jpg"，选择“缩放图片，填充图文框”选项，单击“确定”按钮，选定的图片就出现在报表中。

3. 调整各控件样式和位置

设置各标签、域控件的字体和字号，并调整图片框的位置和大小，同时调整各带区的位置。设计的标签样式，如图 8-16 所示。在设计过程中，通过“预览”显示设计效果，并不断进行修改。

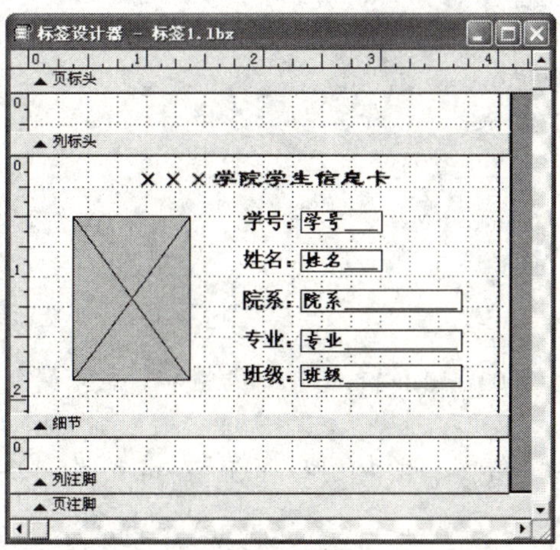

图 8-16　标签样式

说明：通常情况下，学生信息卡采用 A4 名片纸进行打印，通过调整不同带区的位置，使每张纸上的格式都设置为 5 行 2 列，共计 10 个标签。

4. 保存标签

单击常用工具栏上的“保存”按钮，并输入文件名 xsxxk.lbx。

知识拓展

在日常工作中，胸卡往往都设计成双面的，正面是正文部分，反面则是一些相关说明。其设计方法如下：

打开 xsxxk.lbx 标签，执行“文件”→“页面设置”命令，弹出“页面设置”对话框，设置列数为 2，单击“确定”按钮，再重新执行上述命令，并设置列数为 1，此时“标签设计器”窗口中的设计区域变为原来的 2 倍，可在其右侧区域添加相关说明性的文字信息，这样就完成了双面标签的设计。

打印完成的标签通过切卡机进行切卡，然后用塑封套和塑封机将其封在一起。

触类旁通

在打印标签的过程中，如果出现学生照片不齐全等现象时，就不能进行正常的标签打印工作，这种情况需要如何处理呢？

1. 打印“指定”学生信息卡

说明：利用表格控件的删除标记列属性 DeleteMark。利用鼠标单击表格右侧的删除标记列，将出现“黑色”标记，表明该记录被逻辑删除。

```
SELECT stud_jbxx_bak                    &&该数据表存放学生信息
LOCATE ALL FOR DELE()
IF NOT FOUND()
    MESSAGEBOX("如果要打印数据，必须选中要打印的记录。",64+0,"警告信息")
ELSE
    COPY TO lsb FOR dele()
    SELECT stud_jbxx_temp
    IF RECC()>0
        ZAP
    ENDIF
    APPEND FROM lsb
    GO TOP
    FOR i=1 TO RECC()
        zp=SYS(5)+SYS(2003)+'\data\photo\'+allt(学号)+".jpg"
        IF !FILE("&zp")
            MESSAGEBOX("选择学生的照片不完整，请拍照！",64+0,"警告信息")
            RECALL ALL
            RETURN
        ENDIF
        SKIP
        IF EOF()
```

```
            EXIT
          ENDIF
      NEXT i
      DELETE FILE lsb.dbf
      LABEL FORM xsxxk.lbx PREVIEW
      RECALL all
ENDIF
```

2. 检测哪些学生缺少照片

说明：由于学生照片的文件名与学生学号是一致的，因此可以通过检测是否存在照片来确定哪些学生缺少照片，从而获得缺少照片的学生信息。

```
pdzp=0                     &&判断学生照片完整的标志，0 表示完整，否则为大于 0 的数
zpbh=""
SELECT stud_jbxx_bak
GO TOP
FOR i=1 TO RECC()
      zp=SYS(5)+SYS(2003)+ "\data\photo\"+allt(学号)+".jpg"
      IF !FILE("&zp")
            pdzp=pdzp+1
            zpbh=zpbh+'"'+allt(学号)+'"'+"、"
      ENDIF
      SKIP
      IF EOF()
            EXIT
      ENDIF
NEXT i
ll=LEN(zpbh)
zpbh=LEFT(zpbh,ll-2)
IF pdzp=0
      MESSAGEBOX("学生信息完整，可以进行全部数据的打印！",64+0,"提示信息")
ELSE
      MESSAGEBOX("学生照片信息不完整，不能进行全部数据打印!"+chr(13)+;
"其中学生学号为："+zpbh+"没有照片。",64+0,"警告信息")
ENDIF
```

任务 3 应用 OLE 创建 Excel 工作表

任务情境

在应用 Visual FoxPro 设计报表的过程中，由于报表工具的局限性，因此设计的报表会

存在许多不足。而 Excel 是非常实用的一种报表输出工具，如果巧妙地将二者的优点结合起来，则会大大方便我们的工作。比如，我们可以利用 VFP 进行处理数据，而利用 Excel 的预览打印功能进行报表打印，并且还能够允许用户对报表进行二次编辑。

任务分析

OLE（Object Linking and Embedding，对象链接与嵌入）是 Windows 应用程序间相互传递和共享数据的一种有效方法。Visual FoxPro 借助于 OLE 不仅可以共享其他应用程序的数据，而且还能以对象方式直接控制其他应用程序的运行，从而进一步扩展 Visual FoxPro 的功能。

Visual FoxPro 支持直接在程序中创建、使用和控制 OLE 对象，实现 OLE 自动化。作为 OLE 客户，Visual FoxPro 与作为 OLE 服务器的 Excel 具有良好的编程接口，很容易地控制和使用 Excel 程序，进而提高对 Excel 的使用效率，更好地满足实际工作的需要。Visual FoxPro 控制 Excel 的常用命令，见表 8-2。

表 8-2 Visual FoxPro 控制 Excel 的常用命令

作　用	Visual FoxPro 命令
建立 Excel 对象	Oex1=Createobject(“Excel.Application”)
添加工作簿	Oex1.Workbooks.Add
激活工作表	Oex1.Worksheets(“Sheet1”).Activate
打开指定工作簿	Oex1.Workbooks.Open("d:\abc.xls")
更改 Excel 标题	Oex1.Caption="财务统计报表"
为指定单元格赋值	Oex1.Cells(2，3).Value="职工编号"
合并单元格	Oex1.Activesheet.Range("A1:B1").Merge　&合并列 Oex1.Activesheet.Range("A1:A3").Merge　&合并行
水平居中	*1 为右对齐，2 为左对齐，3 为水平居中 Oex1.Activesheet.Cells(3，1).Horizontalalignment=3
垂直居中	*1 为上对齐，2 为垂直居中，3 为下对齐 Oex1.Activesheet.Cells(3，1).Verticalalignment=2
设置单元格字体	Oex1.Activesheet.Cells(3，1).Font.Name="黑体"
设置单元格字体为斜体	Oex1.Activesheet.Cells(3，1).Font.Italic=.T.
设置整行字体大小	Oex1.Activesheet.Row(3).Font.Size=12　&12 为字号
设置整列字体大小	Oex1.Activesheet.Columns(3).Font.Size=12　&12 为字号
设置页面纸张大小	Oex1.Activesheet.PageSetup.Papersize=9　&9 为 A4
设置页面方向	Oex1.Activesheet.PageSetup.Orientation=2　&1 纵向 2 横向
设置指定区域线型	*1 和 7 为细实线，2 为细虚线，4 为点虚线，9 为双细实线 Oex1.Range("A2:W10").Borders.Linestyle=1
设置页眉	*CenterHeader 为中页眉，LeftHeader 为左页眉，RightHeader 为右页眉 Oex1.Activesheet.PageSetup.CenterHeader="××单位汇总信息"
设置页脚	*CenterHeader 为中页脚，LeftHeader 为左页脚，RightHeader 为右页脚 Oex1.Activesheet.PageSetup.CenterHeader="××单位汇总信息"

在上表中只是给出了一些比较常用的控制 Excel 的命令语句，其他更加详细的信息，可以参考 Visual MSDN 中所提供的帮助功能。

说明：在使用 Excel 的合并单元格 Range 对象时，需要以字母加数字的形式来表示单元格，例如：C8 表示第 8 行第 3 列的单元格，也就是 Cells(8，3)。

任务实施

如果要实现将数据表中的数据转换成 Excel 数据表，需要设计一个表单，并为产生的 Excel 文件提供一个文件名，该文件自动保存在当前系统默认的目录中。设计输出 Excel 表单，如图 8-17 所示。

图 8-17　输出 Excel 表单

此表单设计的关键在于设计“确定”按钮的 Click 事件代码，其代码如下：

```
Excel_name=ALLT(Thisform.Text1.Value)
IF EMPTY(Excel_name)
    =MESSAGEBOX("提示：必须输入 Excle 文件名。",64+0,"警告信息")
    Thisform.Text1.Setfocus
ELSE
    y=MESSAGEBOX('输出的 Excle 文件是否以'+'"'+Excel_name+'.XLS'+'"'+'文件名进行保存吗？',48+1,"提示信息")
    IF y=1
        oex1=Createobject("excel.Application")               &&建立一个 Excel 对象
        oex1.Sheetsinnewworkbook=1                           &&指定建立工作表的数目
        oex1.Workbooks.Add                                   &&添加工作簿
        oex1.Visible=.T.                                     &&显示 Excel 窗口
        Excel_name=SYS(5)+SYS(2003)+'\data\'+Excel_name+".xls"
        oex1.Activeworkbook.Saveas(excel_name)               &&为工作簿命名
        oex1.Worksheets("sheet1").Activate                   &&激活工作表 1
        oex1.Activesheet.Pagesetup.Orientation=1             &&设置页面方向-纵向
        oex1.Activesheet.Pagesetup.Centerheader="学生信息花名册"     &&设置页眉
        oex1.Activesheet.Pagesetup.Leftfooter="制表时间：&D&R"      &&设置页脚
        oex1.Activesheet.pagesetup.Rightfooter="第&P 页共计&N 页"   &&设置页脚
        oex1.Activesheet.range("a1:a2").Merge                &&合并 A1:A2 单元格
        oex1.Activesheet.range("b1:b2").Merge                &&合并 B1:B2 单元格
        oex1.Activesheet.range("c1:c2").Merge                &&合并 C1:C2 单元格
        oex1.Activesheet.Cells(1,1).Value="序号"             &&为单元格（1,1）赋值
        oex1.Activesheet.Cells(1,1).Horizontalalignment=3    &&单元格水平居中
        oex1.Activesheet.Cells(1,1).Verticalalignment=2      &&单元格垂直居中
```

```
oex1.Activesheet.Cells(1,2).Value="班级"
oex1.Activesheet.Cells(1,2).Horizontalalignment=3
oex1.Activesheet.Cells(1,2).Verticalalignment=2
oex1.Activesheet.Cells(1,3).Value="学生总数"
oex1.Activesheet.Cells(1,3).Horizontalalignment=3
oex1.Activesheet.Cells(1,3).Verticalalignment=2
oex1.Activesheet.Range("d1:e1").Merge
oex1.Activesheet.Cells(1,4).Value="其中"
oex1.Activesheet.Cells(1,4).Horizontalalignment=3
oex1.Activesheet.Cells(1,4).Verticalalignment=2
oex1.Activesheet.Cells(2,4).Value="男生"
oex1.Activesheet.Cells(2,4).Horizontalalignment=3
oex1.Activesheet.Cells(2,4).Verticalalignment=2
oex1.Activesheet.Cells(2,5).Value="女生"
oex1.Activesheet.Cells(2,5).Horizontalalignment=3
oex1.Activesheet.Cells(2,5).Verticalalignment=2
oex1.Activesheet.Range("f1:f2").Merge
oex1.Activesheet.Range("g1:g2").Merge
oex1.Activesheet.Range("h1:h2").Merge
oex1.Activesheet.Range("i1:i2").Merge
oex1.Activesheet.Range("j1:j2").Merge
oex1.Activesheet.Range("k1:k2").Merge
oex1.Activesheet.Range("l1:l2").Merge
oex1.Activesheet.Range("m1:m2").Merge
oex1.Activesheet.Cells(1,6).Value="学号"
oex1.Activesheet.Cells(1,6).Horizontalalignment=3
oex1.Activesheet.Cells(1,6).Verticalalignment=2
oex1.Activesheet.Cells(1,7).Value="姓名"
oex1.Activesheet.Cells(1,7).Horizontalalignment=3
oex1.Activesheet.Cells(1,7).Verticalalignment=2
oex1.Activesheet.Cells(1,8).Value="出生日期"
oex1.Activesheet.Cells(1,8).Horizontalalignment=3
oex1.Activesheet.Cells(1,8).Verticalalignment=2
oex1.Activesheet.Cells(1,9).Value="政治面貌"
oex1.Activesheet.Cells(1,9).Horizontalalignment=3
oex1.Activesheet.Cells(1,9).Verticalalignment=2
oex1.Activesheet.Cells(1,10).Value="民族"
oex1.Activesheet.Cells(1,10).Horizontalalignment=3
oex1.Activesheet.Cells(1,10).Verticalalignment=2
oex1.Activesheet.Cells(1,11).Value="身高"
```

```
        oex1.Activesheet.Cells(1,11).Horizontalalignment=3
        oex1.Activesheet.Cells(1,11).Verticalalignment=2
        oex1.Activesheet.Cells(1,12).Value="毕业学校"
        oex1.Activesheet.Cells(1,12).Horizontalalignment=3
        oex1.Activesheet.Cells(1,12).Verticalalignment=2
        oex1.Activesheet.Cells(1,13).Value="联系电话"
        oex1.Activesheet.Cells(1,13).Horizontalalignment=3
        oex1.Activesheet.Cells(1,13).Verticalalignment=2
        SELECT stud_hz
        GO TOP
        FOR i=1 TO RECC()
            oex1.Activesheet.Cells(2+i,1).Value=序号    &&以下均为字段名
            oex1.Activesheet.Cells(2+i,2).Value=班级
            oex1.Activesheet.Cells(2+i,3).Value=学生总数
            oex1.Activesheet.Cells(2+i,4).Value=男生
            oex1.Activesheet.Cells(2+i,5).Value=女生
            oex1.Activesheet.Cells(2+i,6).Value=学号
            oex1.Activesheet.Cells(2+i,7).Value=姓名
            oex1.Activesheet.Cells(2+i,8).Value=DTOC(出生日期)
            oex1.Activesheet.Cells(2+i,9).Value=政治面貌
            oex1.Activesheet.Cells(2+i,10).Value=民族
            oex1.Activesheet.Cells(2+i,11).Value=身高
            oex1.Activesheet.Cells(2+i,12).Value=毕业学校
            oex1.Activesheet.Cells(2+i,13).Value="Tel"+联系电话
            SKIP
            IF EOF()
                EXIT FOR
            ENDIF
        NEXT i
        ww="M"+ALLT(STR(2+RECC()))
        oex1.Range("a1:&ww").Borders.Linestyle=1     &&为选定的区域设置边框线
    ENDIF
ENDIF
```

保存该表单为 sc_excel.scx。

知识拓展

在 Visual FoxPro 应用程序中接收 Excel 表中的数据，这一操作是非常实用的，比如：基层销售单位向总公司上传每月的销售情况，总公司通过接收到的数据进行统计，进行决策。实际上这一工作非常简单，只要统一给基层销售单位一个具有相同格式的 Excel 文档，

总公司就可以接收数据了。需要特别注意：一方面 Excel 工作簿一定要另存为“Microsoft Excel 5.0 和 97（XLS）”格式；另一方面接收数据的 VFP 表的格式必须与 Excel 表格式相同，这样数据才可以进行导入。主要通过以下命令来实现：

格式：IMPORT FROM Excel 工作.xls TYPE XL8 SHEET "Sheet1"

说明：格式中“Sheet1”为要导入的指定工作表名。所得到的 VFP 表的文件名为“Excel 工作.DBF”，之后通过 VFP 相应的命令编写代码便可以将“Excel 工作.xls”中的数据导入到数据总表中了。程序代码如下：

```
dwmc=ALLT(Thisform.Combo1.DisplayValue)        &&通过组合框选择某一基层单位
excel_file="c:\"+dwmc+".xls"
IF FILE("&excel_file")
      IMPORT FROM &excel_file TYPE xl8
        SELECT xsqk_temp
        IF RECC()>0
              ZAP
         ENDIF
         APPEND FROM &dwmc
         DELE RECORD 1
         PACK
         COPY TO lsb
         SELECT xsqk_bak
         APPEND FROM lsb
         COPY TO xsqk
         MESSAGEBOX('已经完成数据导入工作，数据导入成功。',48+0,"提示信息")
ELSE
         MESSAGEBOX('在 C 盘根目录中没有"'+dwmc+'.xls"文件',64+0,"警告信息")
ENDIF
```

以上代码只是基本上能够实现数据导入工作，并不能真正符合应用程序的需要。要满足实际工作的需要，程序员还要多加完善。

触类旁通

Excel 与 Visual FoxPro 都具有强大的数据处理能力及良好的兼容性，充分发挥两种软件各自的优点，进行数据转换与接收，实现数据共享，这在程序设计开发过程中是非常重要的。如何实现 Excel 与 Visual FoxPro 表文件之间实现相互转换，实现数据共享呢？

1. Excel 文件转换成 DBF 文件，实现数据共享

说明：在下面程序段中，首先创建 Excel 对象，在该对象中打开指定的 Excel 文件，同时确定该 Excel 工作表中有数据的行与列数，这为确定 DBF 文件结构和向 DBF 文件中添加数据提供了条件。

```
SET SAFE OFF
```

```
excfilename="e:\bbbb.xls"
oExcel=Createobject("Excel.application")                 &&创建 Excel 对象
oExcel.Workbooks.Open("&excfilename")                    &&打开文件指定 Excel 文件
row_1=oExcel.Sheets(1).Usedrange.Rows.Count              &&有数据的总行数
col_1=oExcel.Sheets(1).Usedrange.Columns.Count           &&有数据的总列数
```

说明：在下面程序段中，由于每个 Excel 工作表由 256 列构成，前 26 列的列号是由 A～Z 单个字母构成；从第 27 列开始，每隔 26 列，其列号是由 AA～AZ、BA～BZ、……构成。因此，ls 变量表示要转换的 Excel 工作表中有数据的最右侧的列号。

```
Do CASE
CASE col_1<=26
    ls=CHR(64+col_1)
CASE col_1>26 AND col_1<=52
    ls="A"+CHR(64+col_1-26)
CASE col_1>52 AND col_1<=78
    ls="B"+CHR(64+col_1-52)
CASE col_1>78 AND col_1<=104
    ls="C"+CHR(64+col_1-78)
CASE col_1>104 AND col_1<=130
    ls="D"+CHR(64+col_1-104)
CASE col_1>130 AND col_1<=156
    ls="E"+CHR(64+col_1-130)
CASE col_1>156 AND col_1<=182
    ls="F"+CHR(64+col_1-156)
CASE col_1>182 AND col_1<=208
    ls="G"+CHR(64+col_1-182)
CASE col_1>208 AND col_1<=234
    ls="H"+CHR(64+col_1-208)
CASE col_1>234 AND col_1<=256
    ls="I"+CHR(64+col_1-234)
ENDCASE
```

说明：在下面的程序段中，首先将 Excel 工作表中有数据区域中各单元格设置为文本格式，同时定义两个数组 a、b，其上限为该 Excel 中有数据的最大列数。a 数组用于 Excel 工作表中第一行的各标题名称，b 数组用于 Excel 工作表中每一列目前存放数据的最大宽度，用于建立表结构时，设置字段的宽度。

```
oExcel.Columns("a:&ls").Select                       &&选中有数据的单元格区域
oExcel.Selection.NumberFormatLocal="@"               &&把被选定的单元格设为文本格式
PUBLIC a(col_1), b(col_1)
```

说明：在下面的程序段中，将 Excel 工作表中第一行中有数据的各单元格内容分别保存在 a 数组中，用以确定 DBF 文件的各字段名。

```
FOR k=1 TO col_1
```

```
        a(k)=ALLT(oExcel.worksheets("sheet1").Cells(1,k).Value)
    ENDFOR
```

说明：在下面的程序段中，用于判断出 Excel 工作表中每一列的单元格的最大宽度，从而确定 DBF 表的字段长度，存储在 b 数组中。

```
    FOR j=1 TO col_1
        kk1=oExcel.worksheets("sheet1").Cells(2,j).Value
        b(j)=LEN(ALLT(kk1))
        FOR i=3 TO row_1
            kk2=ALLT(oExcel.worksheets("sheet1").Cells(i,j).Value)
            IF b(j)<LEN(kk2)
                b(j)=LEN(kk2)
            ENDIF
        NEXT i
    NEXT j
```

说明：在下面的程序段中，通过前面获得的 a 数组（字段名）和 b 数组（字段长度），利用 SQL 结构化查询语言创建 ExcelToDbf 表文件。

```
    stc=""
    FOR k=1 TO col_1
        stc=stc+a(k)+" "+"C"+"("+ALLT(ST(b(k)))+") ,"
    NEXT k
    ll=LEN(stc)
    stc=SUBS(stc,1,ll-1)
    stc="ExcelToDbf"+"("+stc+")"
    CREATE TABLE &stc
```

说明：在下面的程序段中，选择 DBF 文件 ExcelToDbf，将 Excel 工作表中的数据依次添加到 DBF 文件中。

```
    SELECTct ExcelToDbf
    FOR i=2 TO row_1
        APPEND BLANK
        FOR j=1 TO col_1
            pp=oExcel.worksheets("sheet1").Cells(i,j).Value
            REPLACE &a(j) WITH pp
        NEXT j
    NEXT i
```

说明：在下面的程序段中，保存当前工作表中的数据，并关闭、退出 OLE 工作区。

```
    oExcel.ActiveWorkbook.Save
    oExcel.Workbooks.Close
    oExcel.Quit
```

2. DBF 文件转换成 Excel 文件，实现数据共享

利用 OLE 创建 Excel 工作表，DBF 文件中的数据依次存储在 Excel 文件中。下面就如何进行转换进行介绍。

说明： 在下面的程序段中，定义一个 a 数组，用以存储各字段的字段名。

```
SELECT ExcelToDbf
n=FCOUNT()                              &&n 为当前数据表的字段个数
m=RECCOUNT()                            &&m 为当前数据表的记录个数
DIME a(n)
FOR i=1 TO n
   a(i)=FIELD(i)
NEXT i
```

说明： 在下面的程序段中，利用 OLE 对象创建一个 Excel 工作区，将数组 a 各元素分别赋给 Excel 的第一行的各单元格，将字段名称作为各列标题。

```
oExcel=Createobject("Excel.application")
oExcel.Workbooks.Add
oExcel.Worksheets("sheet1").Activate
oExcel.Visible=.t.
oExcel.Caption="VFP 应用程序调用 Microsoft Excel"
oExcel.Columns("a:n").SELECT                &&选中数据
oExcel.Selection.NumberFormatLocal="@"      &&把被选定的单元格设为文本格式
FOR i=1 TO n
     oExcel.Cells(1,i).Value=a(i)
NEXT i
```

说明： 在下面的程序段中，将 DBF 文件中数据存储在 Excel 工作表从第 2 行开始的各个单元格格式中，并设置各列为最适合的列宽。

```
FOR i=2 TO m+1
    FOR j=1 TO n
       oExcel.Cells(i,j).Value=&a(j)
    NEXT j
    SKIP
NEXT i
oExcel.Columns.AutoFit                          &&设置各列为最合适的列宽
```

小结

报表是最常用的文档打印工具，为显示并总结数据提供了灵活的途径。打印报表往往是系统运行的最终结果，是各种应用系统中必不可少的。打印报表的前提是先创建并设计好报表，这是设计一个完整系统必须掌握的知识。

本项目通过不同的任务，介绍了不同报表和标签的常用设计思路与方法及涉及的理论知识，包括“报表设计器”、“标签设计器”的构成。通过本项目的学习，可以使读者了解报表、标签设计的基本方法及报表功能的扩展 OLE 使用方法。希望读者结合例题和练习举一反三，多练习，牢固掌握报表、标签设计的内涵。

实战强化

1. 根据“学生信息管理系统”中的数据，设计一张学生的信息报表，设计页面为 A4、纵向。在报表中包括学生照片及学生的详细信息，每张报表打印一名学生信息。

2. 根据“学生信息管理系统”中的数据，制作学生考试用的准考证，设计纸张为 A4，每页打印 10 个准考证。

3. 根据“学生信息管理系统”中的数据，编制一个表单，设计一个 Excel 工作簿，将学生信息自动填充到 Sheet1 工作表中，并设置文档的标题等信息。

4. 创建“职工工资管理系统”中的“工资条”模块。

5. 创建“职工工资管理系统”中的“工资汇总表”，同时需要汇总表的下部包括职工工资各项的本页合计及总合计等信息。

项目 9　设计系统辅助功能模块

职业能力目标

1）能够依据用户及应用系统需求创建用户管理模块。
2）能够依据用户及应用系统需求创建数据备份与恢复模块。
3）能够依据用户及应用系统需求创建数据字典模块。
4）能够依据用户及应用系统需求创建系统帮助文件模块。

为了更好地提高应用管理系统的功能，除了必备的功能模块之外，还必须要对应用系统创建辅助功能模块，使系统的功能更加完善。本项目主要介绍用户管理模块、数据备份与恢复模块、数据字典模块、系统帮助文件模块等内容。

任务 1　创建用户管理模块

任务情境

在一个应用系统中，为了使系统更加安全，需要创建用户管理模块，对系统的操作人员进行管理，使不具备管理功能的操作人员不能随意操作。该模块具有两项功能：一方面，可以添加用户，用于增加新的用户。添加用户表单的运行界面，如图 9-1 所示；另一方面，对于不在操作系统的用户可以将其删除，删除用户表单的运行界面，如图 9-2 所示。

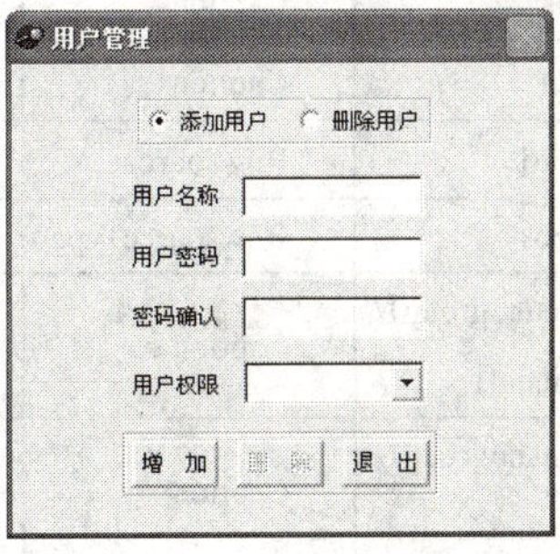

图 9-1　添加用户

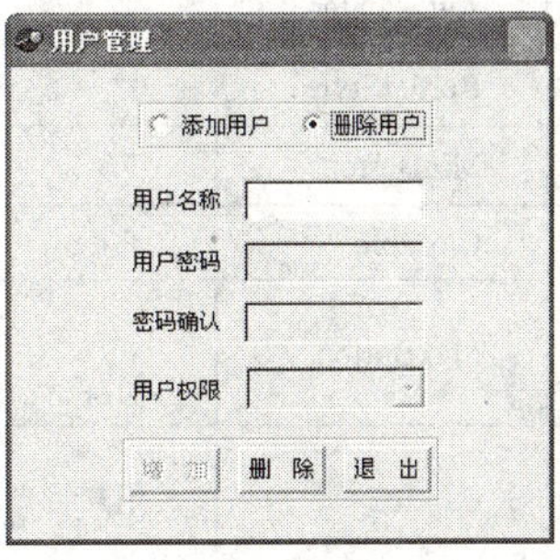

图 9-2　删除用户

任务分析

为了使“用户管理”表单中具有“添加用户”和“删除用户”两项功能，可以在表单中设置选项组控件，进行功能的区分。当选择“添加用户”时，“删除”按钮无效；当选择“删除用户”时，“增加”按钮无效，同时“用户密码”、“密码确认”和“用户权限”等项目无效。

在设计“增加”按钮时，要从以下几个方面进行考虑：

1）判断“用户名称”、“用户密码”、“密码确认”和“用户权限”等控件是否为空。

2）判断“用户名称”是否存在。

3）判断“用户密码”和“密码确认”是否一致。

在设计“删除”按钮时，要从以下几个方面进行考虑：

1）判断“用户名称”控件是否为空。

2）判断“用户名称”是否存在。

3）确定是否删除该“用户名称”。

在代码设计过程中，利用 SQL 语言的数据操作命令完成设计，同时在对不同情况进行判断时，系统提供相应的提示信息。

任务实施

1. 创建表单、数据环境及添加控件

1）创建空白表单，并将 userb_temp.dbf 添加到数据环境中，设置其 Exclusive 属性值为.T.。

2）在表单上添加 1 个选项组按钮 Optiongroup1、4 个标签 Label1～Label4、3 个文本框 Text1～Text3、1 个组合框 Combo1 和 1 个命令按钮组 Commandgroup1。

2. 设置表单及控件属性

表单及控件属性的设置，见表 9-1。

表 9-1　表单及控件属性的设置

控件名称	属性名	属性值	控件名称	属性名	属性值
Form1	AutoCenter	.T.	Label3	Caption	密码确认
Form1	BorderStyle	0	Label4	Caption	用户权限
Form1	MinButton	.F.	Combo1	Rowsource	1，2
Form1	Closable	.F.	Combo1	RowsourceType	1
Form1	MaxButton	.F.	Commandgroup1/Command1	Caption	添加
Form1	Caption	用户管理	Commandgroup1/Command2	Caption	删除
Label1	Caption	用户名称	Commandgroup1/Command3	Caption	退出
Label2	Caption	用户密码			

利用布局控件使表单美观。“用户管理”的表单设计，如图 9-3 所示。

图 9-3　设计“用户管理”表单

3. 编写代码

（1）设置表单初始环境

设置 Form1.Activate 事件代码如下：

```
Thisform.Commandgroup1.Command2.Enabled=.T.
```

设置 Form1.Init 事件代码如下：

```
dd=SYS(5)+SYS(2003) +"\data\userb.dbf"
SELECT userb_temp
IF RECC()>0
    ZAP
ENDIF
APPEND FROM &dd
```

设置 Form1.Load 事件代码如下：

```
PUBLIC dd
SET DELE OFF
```

（2）设置不同控件的事件代码

设置 Optiongroup1.Option1.Click 事件代码如下：

```
Thisform.Text2.Enabled=.T.
Thisform.Text3.Enabled=.T.
Thisform.Combo1.Enabled=.T.
Thisform.Commandgroup1.Command1.Enabled=.T.
Thisform.Commandgroup1.Command2.Enabled=.F.
```

设置 Optiongroup1.Option2.Click 事件代码如下：

```
Thisform.Text2.Enabled=.F.
Thisform.Text3.Enabled=.F.
Thisform.Combo1.Enabled=.F.
Thisform.Commandgroup1.Command1.Enabled=.F.
Thisform.Commandgroup1.Command2.Enabled=.T.
```

设置 Commandgroup1.Command1.Click 事件代码如下：

```
use1=ALLT(Thisform.Text1.Value)
pw=ALLT(Thisform.Text2.Value)
pw1=ALLT(Thisform.Text3.Value)
```

```
gr=ALLT(Thisform.Combo1.Value)
shuru=.T.
IF EMPTY(use1) OR EMPTY(pw) OR EMPTY(pw1) OR EMPTY(gr)
    shuru=.F.
    MESSAGEBOX("用户名称及密码等信息不能为空！",16+0,"警告信息")
    Thisform.Text1.Setfocus
ELSE
    SELECT userb_temp
    LOCATE all for ALLT(username) ==use1
    IF FOUND()
        shuru=.F.
        MESSAGEBOX("用户名已经存在，请重新输入",16+0,"警告信息")
        Thisform.Text1.Setfocus
    ENDIF
    IF pw==pw1
        ELSE
        shuru=.F.
        MESSAGEBOX("两次密码不一致，请重新输入！",16+0,"警告信息")
        Thisform.Text2.Value=""
        Thisform.Text3.Value=""
        Thisform.Text2.Setfocus
    ENDIF
    IF LEN(pw)<4 or LEN(pw)>8
        shuru=.F.
        MESSAGEBOX("密码位数应在 4～8 位之间！",32+0,"提示信息")
    ENDIF
     IF shuru=.T.
         SELECT userb_temp
         APPEND BLANK
         REPLACE username WITH use1
         REPLACE pwc WITH pw
         REPLACE qx WITH gr
         COPY TO &dd
         MESSAGEBOX("用户添加成功",32+0,"提示信息")
     ENDIF
ENDIF
```

设置 Commandgroup1.Command2.Click 事件代码如下：

```
use1=ALLT(Thisform.Text1.Value)
IF EMPTY(use1)
     =MESSAGEBOX("您没有输入所要删除的用户名，请重新输入！",16+0,"警告信息")
     Thisform.Text1.Setfocus
ELSE
     SELECT userb_temp
```

```
        LOCATE ALL FOR ALLT(username) ==use1
        IF NOT FOUND()
            =MESSAGEBOX("对不起，在用户信息中没有此记录！",16+0,"警告信息")
            Thisform.Text1.Setfocus
            Thisform.Text1.Value=""
        ELSE
            v=MESSAGEBOX("确实要删除此用户吗？",4+32+256,"警告信息")
                IF v=6
                    SELECT userb_temp
                    DELE FOR ALLT(username) ==use1
                    PACK
                    COPY TO &dd
                  =MESSAGEBOX("删除用户信息成功！",32+0,"系统提示")
                ENDIF
        ENDIF
ENDIF
```

设置 Commandgroup1.Command3.Click 事件代码如下：

```
Thisform.Release
```

4. 保存文件

保存表单为 usergl.scx。

5. 测试表单

1）当选择选项组中的“添加用户”按钮时，如果用户名称、用户密码、确认密码及权限等项有一项为空，则出现相应的错误提示信息；如果用户名称已经存在，则出现相应的错误提示信息；如果用户密码、确认密码不一致，则出现相应的错误提示信息；如果密码位数不在 4～8 位之间，则出现相应的错误提示信息。

如果一切正确，则出现添加用户成功信息。

2）当选择选项组中的“删除用户”按钮，如果用户名称为空，则出现相应的错误提示信息；如果用户名称不存在，则出现相应的错误提示信息。

如果一切正确，则出现提示信息，再次询问是否删除该用户，如果单击“确定”按钮，则删除该用户。

知识拓展

在 Visual FoxPro 的系统内部函数中，有许多低级函数可以操作。

（1）FOPEN(<文件名>)[,<读/写权限数字>])

功能：打开一个低级文件。

返回：数字，表示打开文件的句柄数，句柄数>0，表示文件打开成功。

（2）FCLOSE(<句柄>)

功能：关闭一个低级文件。

返回：逻辑值，.T.表示关闭成功，否则为.F.。

（3）FSEEK(<句柄>,<字节数>[,<移动属性>])

功能：在低级文件中移动文件的指针。

返回：字符。

（4）FPUTS(<句柄>)[,<表达式数字>])

功能：读低级文件的字节。

（5）FPUTS(<句柄>,<要输出的字符串>[,<字节数>])

功能：将指定的字符表达式的内容写到低级文件中。

返回：数字，表示写入文件的字节数，若 FPUTS()写失败，则返回值为 0。

（6）FEOF(<句柄>)

功能：测定文件指针是否到尾

返回：逻辑值，.T.表示到尾,否则为.F.。

（7）FREAD(句柄，字节数)

功能：从低级文件函数打开的文件读取指定字节数的数据。

返回：字符。

例 应用低级函数，实现对 DBF 文件进行加密和解密。

应用 Visual FoxPro 提供的低级函数对数据表的结构进行修改，以达到对数据表进行加密与解密的操作。数据表文件（.DBF）的数据结构分为 3 个部分：文件头部分、字段描述部分和记录部分。文件头部分的第一个字节是 CHR(3)，根据这种思想，通过修改文件头的第一个字节后，使用正常的方法无法打开该数据表，进而达到对数据表进行加密的目的；解密是将已加密后的数据表文件文件头的第一个字节修改为正常数据表文件头的第一个字节 CHR(3)，可以通过正常方式打开数据表。

现以 stud_jbxx.dbf 为例，对加密与解密进行操作。

加密程序代码如下：

```
dbf_name=UPPER("stud_jbxx.dbf")
hle=FOPEN(dbf_name,2)
fbyte=fread(hle,1)
=FSEEK(hle,0)
=FWRITE(hle,chr(0))
=FCLOSE(hle)
```

运行该加密程序后，再重新打开 stud_jbxx.dbf，出现错误提示信息，如图 9-4 所示。

图 9-4 错误提示信息

解密程序代码如下：

```
dbf_name=UPPER("stud_jbxx.dbf")
hle=FOPEN(dbf_name,2)
fbyte=fread(hle,1)
=FSEEK(hle,0)
IF fbyte=chr(0) OR fbyte=CHR(26)
 =FWRITE(hle,chr(3))
ENDIF
=FCLOSE(hle)
```

运行该解密程序后，就可以通过正常方式打开 stud_jbxx.dbf 数据表了。

触类旁通

用户在使用应用系统的过程中，对所使用的密码进行更改，是一种很常见的情况。现以“学生信息管理系统”为例，说明如何设计修改用户密码模块。

1. 设计思路

首先输入用户的用户名称以及该用户的原始密码，然后输入该用户要设置的新密码并再次输入新密码进行确认。可以通过 3 种方式进行确认：①通过用户名称是否存在进行判断；②通过用户名和原始密码是否相符进行判断；③再次输入的新密码与输入过的新密码是否一致进行判断。通过以上设计思路，来实现密码更改的操作。

2. 创建表单及添加控件

创建空白表单，添加 4 个 Label、4 个 Text 及 1 个命令按钮组 Commandgroup 控件。

3. 表单及控件属性设置

设置表单及控件属性，见表 9-2。

表 9-2　表单及控件属性的设置

控件名称	属性名	属性值	控件名称	属性名	属性值
Form1	AutoCenter	.T.	Form1	Icon	自定
Form1	BorderStyle	0	Label1	Caption	用户名称
Form1	MinButton	.F.	Label2	Caption	用户密码
Form1	Closable	.F.	Label3	Caption	新的密码
Form1	MaxButton	.F.	Label4	Caption	密码确认
Form1	Caption	密码修改	Text1～Text4	PassWordChart	*
Commandgroup1/Command1	Caption	修改	Commandgroup1/Command2	Caption	退出

利用布局控件使表单美观。设计的密码修改表单，如图 9-5 所示。

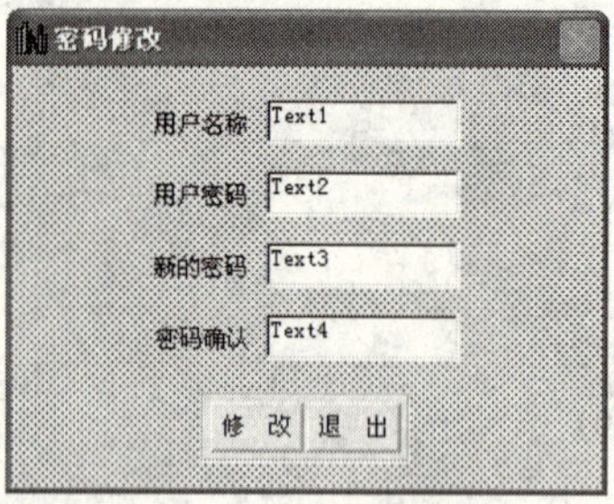

图 9-5　设计的密码修改表单

4. 编写代码

（1）设置表单初始环境

设置 Form1.Activate 事件代码如下：

```
dd=SYS(5)+SYS(2003)+"\data\useb.dbf"
Thisform.Text1.Setfocus
```

设置 Form1.Load 事件代码如下：

```
PUBLIC dd
```

设置“修改”按钮 Commandgroup1.Command1.Click 事件代码如下：

```
user1=ALLT(Thisform.Text1.Value)        &&用户名称
pw=ALLT(Thisform.Text2.Value)           &&原密码
pw1=ALLT(Thisform.Text3.Value)          &&新密码
pw2=ALLT(Thisform.Text4.Value)          &&密码确认
shuru=.T.                               &&控制是否进行修改
x=0
SELECT * FROM &dd INTO CURSOR tep1
COUNT ALL FOR ALLT(username) ==user1 AND ALLT(pwc) ==pw TO x
IF EMPTY(user1) OR EMPTY(pw) OR EMPTY(pw1) OR EMPTY(pw2)
    shuru=.F.
    MESSAGEBOX("用户名称及密码等信息不能为空！",16+0,"警告信息")
    Thisform.Text1.Setfocus
ELSE
 IF x=0
    shuru=.F.
    MESSAGEBOX("用户名称及密码等信息不存在！",16+0,"警告信息")
    Thisform.Text1.Setfocus
 ENDIF
 IF pw1==pw2
    ELSE
    shuru=.F.
    MESSAGEBOX("两次密码不一致，请重新输入！",16+0,"警告信息")
    Thisform.Text2.Value=""
       Thisform.Text3.Value=""
       Thisform.Text2.Setfocus
```

```
        ENDIF
      IF LEN(pw1)<4 OR LEN(pw1)>8 OR LEN(pw2)<4 OR LEN(pw2)>8
          shuru=.F.
          MESSAGEBOX("密码位数应在 4～8 位之间！",32+0,"提示信息")
        ENDIF
    ENDIF
    IF shuru=.T.
        UPDATE &dd SET pwc=pw1 WHERE username==user1
        MESSAGEBOX("密码修改成功！",32+0,"提示信息")
    ENDIF
```

设置“退出”按钮 Commandgroup1.Command2.Click 事件代码如下：

```
Thisform.Release
```

5. 保存文件

保存表单为 mmxg.scx。

6. 测试表单

运行表单时，如果输入的用户名、密码、新密码和确认密码有一项不符，则出现相应的错误信息；如果用户名和密码输入错误，则出现相应的错误信息；如果新密码和确认密码不一致，则出现相应的错误信息；如果密码位数不在 4～8 位，则出现相应的错误信息。

如果一切正确，则出现密码修改成功提示信息。

任务 2　创建数据备份与恢复模块

任务情境

数据备份与数据恢复是任何一个应用系统中必不可少的一项功能。在“学生信息管理系统”中的所有数据都保存在当前应用系统所在目录的 Data 文件夹中，一旦数据出现异常情况，造成数据丢失，就会给使用“学生信息管理系统”的用户带来不可估量的损失。而对数据进行备份后，就可以使用数据备份功能将“学生信息管理系统”中的数据恢复到发生异常情况前的某个时间点，以减小损失。

任务分析

数据备份不但要考虑所备份的数据的完整性，而且要考虑数据备份的时效性。在设计该表单时，需要从以下几个方面考虑：

1）考虑到备份的目标位置，通过 Getdir()函数，获取保存的位置，同时判断是否选择了该位置，即文本框不能为空。

2）为了保证备份的信息具有时效性，在选定备份位置的文件夹中再建立一个以当前日期为文件名的文件夹，将 Data 目录中的所有数据备份到日期文件夹中，从而保证备份数据的时效性。

3）在“学生信息管理系统”中，所有数据均保存在 Data 文件夹中，学生照片文件保存在 Data 文件夹中的 Photo 文件夹中。因此，备份的日期目录要建立相应的保存照片的文件夹 Photo，为后面进行设计数据恢复表单做准备。

4）利用计时器控件和进程条控件模拟一个文件备份的过程，当文件备份完成后，提供相应的信息。

数据备份表单的运行界面，如图 9-6 所示。

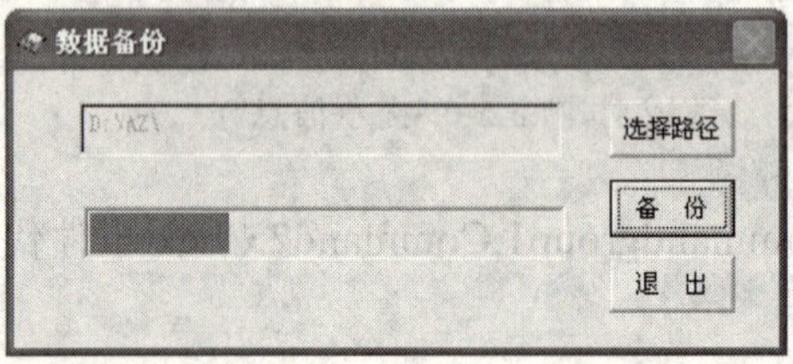

图 9-6 数据备份表单

任务实施

1. 创建统计表单

创建空白表单，在表单上添加 1 个文本框控件 Text1、1 个计时器控件 Timer1、1 个进程条控件 Olecontrol1 和 3 个命令按钮 Command1～Command3。

2. 表单及控件属性设置

表单及相应的控件属性，见表 9-3。

表 9-3 表单及控件属性设置

控件名称	属性名	属性值	控件名称	属性名	属性值
Form1	AutoCenter	.T.	Text1	Enabled	.F.
Form1	BorderStyle	0	Timer1	默认	默认
Form1	MinButton	.F.	Command1	Caption	选择路径
Form1	Closable	.F.	Command2	Caption	备份
Form1	MaxButton	.F.	Command3	Caption	退出
Form1	Caption	数据备份			

利用布局控件使表单美观。表单设计界面如图 9-7 所示。

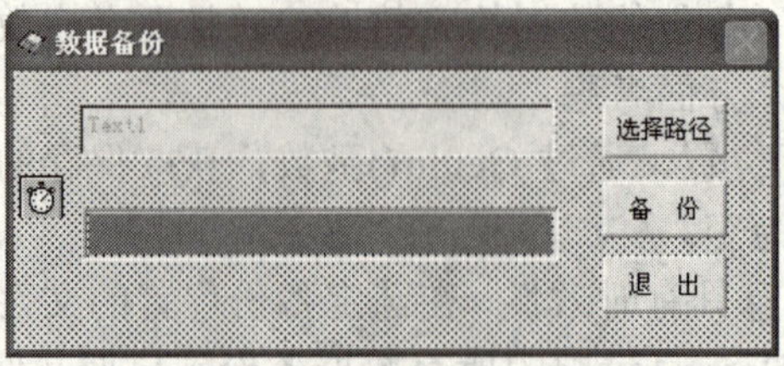

图 9-7 设计数据备份表单

3. 编写代码

（1）设置表单初始环境

设置 Form1.Load 事件代码如下：

```
SET CENT ON
SET DATE TO ANSI
```

（2）设置不同控件的事件代码

设置 Timer1.Timer 事件代码如下：

```
IF Thisform.Olecontrol1.Value<Thisform.Olecontrol1.Max
    Thisform.Olecontrol1.Value=Thisform.Olecontrol1.Value+1
ELSE
    This.Interval=0
    MESSAGEBOX("成功备份完成当前系统中的所有数据！",48+0,"提示信息")
ENDIF
```

设置 Command1.Click 事件代码如下：

```
Thisform.Text1.Value=GETDIR(SYS(5)+SYS(2003)+"\BAK\","数据备份路径")
```

设置 Command2.Click 事件代码如下：

```
ml=ALLT(Thisform.Text1.Value)
IF EMPTY(ml)
    MESSAGEBOX("请选择数据备份的路径，备份路径不能为空！",16+0,"警告信息")
    Thisform.Command1.Setfocus
ELSE
    rq=DTOC(DATE())
    y=MESSAGEBOX("是否真的要备份当前系统中的所有数据吗？",4+32+256,"提示信息")
    IF y=6
        Thisform.Olecontrol1.Max=100
        Thisform.Olecontrol1.Min=0
        Thisform.Timer1.Interval=100
        rq=SUBS(rq,1,4)+SUBS(rq,6,2)+RIGHT(rq,2)
        mlrq=ml+"\"+rq
        IF NOT DIRECTORY("&mlrq")
            MD &mlrq    &&d 在选定的目录下建立一个当前日期的文件夹
        ENDIF
        mlz=mlrq+"\photo"
        IF NOT DIRECTORY("&mlz")
            MD &mlz    &&在选定目录中的当前日期文件夹下再建立一个 Photo 文件夹
        ENDIF
        COPY FILE data\*.dbf TO mlrq+"\*.dbf"
        COPY FILE data\*.fpt TO mlrq+"\*.fpt"
        COPY FILE data\photo\*.jpg TO mlrq+"\photo\*.jpg"
    ENDIF
ENDIF
```

设置 Command3.Click 事件代码如下：

```
Thisform.Release
```

4. 保存文件

保存表单为 sjbf.scx。

5. 测试表单

运行 sjbf.scx，单击“选择路径”按钮，选择准备要备份的盘符或某一个文件夹，单击“备份”按钮，系统自动建立一个以当前系统日期为名称的文件夹，同时将数据表文件及照片等自动复制到该文件夹中。

知识拓展

在 Visual FoxPro 中，除了工具箱中的标准控件之外，还可以添加其他类型的控件，用于扩展 Visual FoxPro 的功能。在 Visual FoxPro 中，进程条控件用于显示一个进程条的状态。

1. 进程条控件添加方法

1）执行“工具”→“选项”命令，打开“选项”对话框，选择“控件”选项卡，如图 9-8 所示。

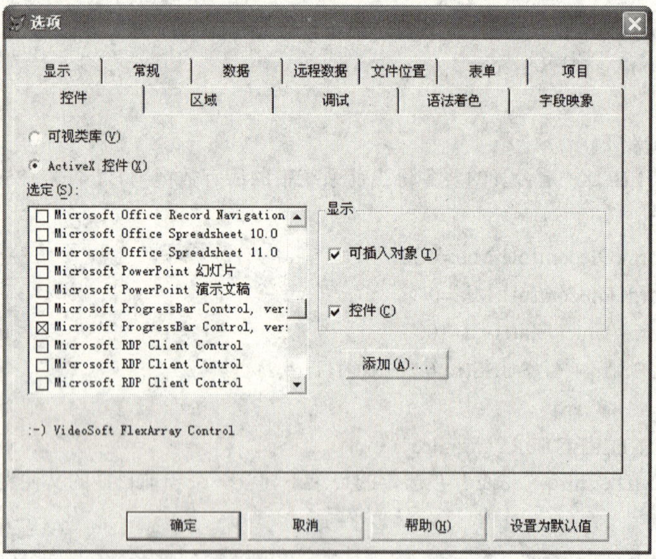

图 9-8 选择“控件”选项卡

2）选择 ActiveX 单选按钮，从列表框中选择“Microsoft ProgressBar Control, Version 6.0”进程条控件，单击“添加”按钮，再次单击“设为默认值”按钮和“确定”按钮。

3）通过选择工具箱中的查看类按钮，选择 ActiveX 控件，从中选择进程条控件，将其添加到表单中，即可使用进程条控件。

2. 常用属性

进程条控件与工具箱中的其他标准一样，也有自身的属性，其常用属性见表 9-4。

表 9-4 进程条控件的常用属性

属性	说明
Max	全部要执行操作的最大值
Min	全部要执行操作的最小值
Value	控件当前位置的数值
BorderStyle	用来设置控件的边框形状。0—无边框；1—单线边框
Appearance	用来设置控件的外观形状。0—平面；1—3D
Orientation	用来设置控件的方向。0—水平方向；1—垂直方向
Scrolling	用来设置控件已完成进度的形状。0—标准卷动，即块状进度；1—平滑卷动

触类旁通

对于数据恢复表单的设计与数据备份表单的设计，它们的设计思路是相同的，只需将数据备份表单进行适当的修改，就可修改数据恢复的表单。数据恢复表单的设计，如图 9-9 所示。

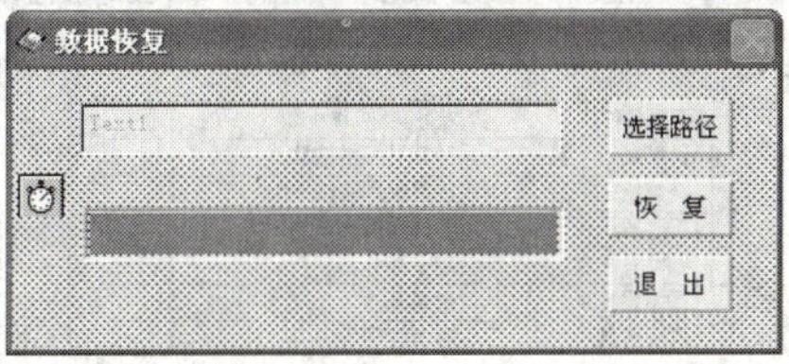

图 9-9 设计数据恢复表单

在数据恢复表单中各事件的提示信息应进行修改，将数据备份的提示信息修改为数据恢复的提示信息。同时在设计时主要考虑选择要恢复的数据和目标数据这两点上，该表单的设计关键在于“恢复”按钮的 Click 事件代码，其代码如下：

```
ml=ALLT(Thisform.Text1.Value)
IF EMPTY(ml)
    MESSAGEBOX("请选择数据恢复路径，恢复数据路径不能为空！",16+0,"警告信息")
    Thisform.Command1.Setfocus
ELSE
    rq=DTOC(DATE())
    y=MESSAGEBOX("是否真的要恢复当前系统中的所有数据吗？"+CHR(13)+"如果恢复数据，当前系统中的所有数据将被覆盖！",4+32+256,"提示信息")
    IF y=6
        Thisform.Olecontrol1.Max=100
        Thisform.Olecontrol1.Min=0
        Thisform.Timer1.Interval=100
        COPY FILE ml+"\*.dbf" TO data\*.dbf
        COPY FILE ml+"\*.fpt" TO data\*.fpt
        COPY FILE ml+"\photo\*.jpg" TO data\photo\*.jpg
    ENDIF
ENDIF
```

保存表单为 sjhf.scx。

任务 3　创建数据字典维护模块

任务情境

在信息管理系统中，数据字典是一个比较稳定的数据表，但也不是永远不需要变更。例如，在“学生信息管理系统”中，如果学校新开设了某一个专业，那么就要在字典中增加新专业的信息；如果某专业不进行招生，则需要将该专业删除。

由于数据字典对系统的安全性有着非常重要的作用，所以数据字典的维护必须严格管理，应由具有系统维护权限的用户完成。

现以“院系专业”设置为例，对数据字典设置进行说明。运行数据字典维护的表单，如图 9-10 所示。

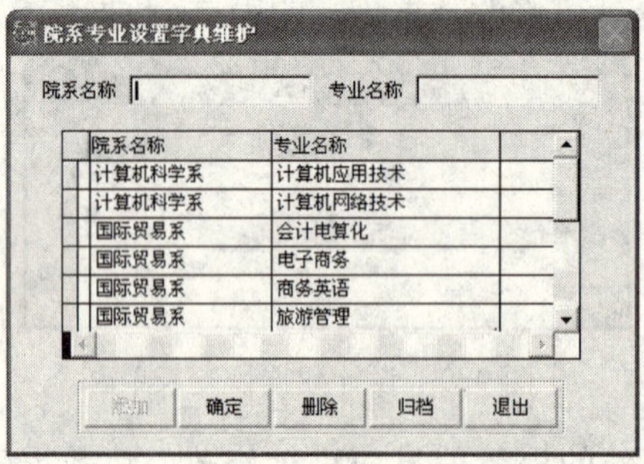

图 9-10　运行数据字典维护的表单

任务分析

为了提高输入数据的速度和准确度，常常引用到下拉列表框或组合框。为组合框提供数据的方式有多种形式，比如在组合框数据源类型设置为“值”时，其数据源的值即为固定不变的，在程序运行过程中是不能改变的；如果在组合框数据源类型设置为“字段”，其数据源即为某一个数据表，数据表中的数据可以进行“添加”、“删除”等操作。

在“学生信息管理系统”中，yxzy.DBF 表存放不同院系所开设的不同专业名称。如果某一院系开设了一个新的专业，就需要在该数据表中添加一条新的信息；如果某一专业常年不开，为了提高选择数据的速度，则可以将其删除。

任务实施

1. 前期准备

应用“临时表”的设计思想，复制 yxzy.dbf 表结构，其文件名为 yxzy_temp.dbf。

2. 创建表单、数据环境及添加控件

1）创建空白表单，并将 yxzy_temp.dbf 添加到数据环境中，分别设置其 Exclusive 属性值为.T.。

2）在表单上添加 2 个标签 Label1、Label2，2 个文本框 Text1、Text2，1 个表格控件 Grid1 和 1 个命令按钮组 Commandgroup1。

3. 表单及控件属性设置

设置表单及各控件的属性，见表 9-5。

表 9-5　表单及控件属性设置

控件名称	属性名	属性值	控件名称	属性名	属性值
Form1	AutoCenter	.T.	Grid1	Rowsource	yxzy_temp
Form1	BorderStyle	0	Grid1	RowsourceType	1
Form1	MinButton	.F.	Text1	默认	默认
Form1	Closable	.F.	Text2	默认	默认
Form1	MaxButton	.F.	Commandgroup1 / Command1	Caption	添加
Form1	Caption	院系专业字典维护	Commandgroup1 / Command2	Caption	确定
Form1	Icon	自定	Commandgroup1 / Command3	Caption	恢复
Label1	Caption	院系名称	Commandgroup1 / Command4	Caption	归档
Label2	Caption	专业名称	Commandgroup1 / Command5	Caption	退出

利用布局控件使表单美观。设计数据字典维护的表单界面，如图 9-11 所示。

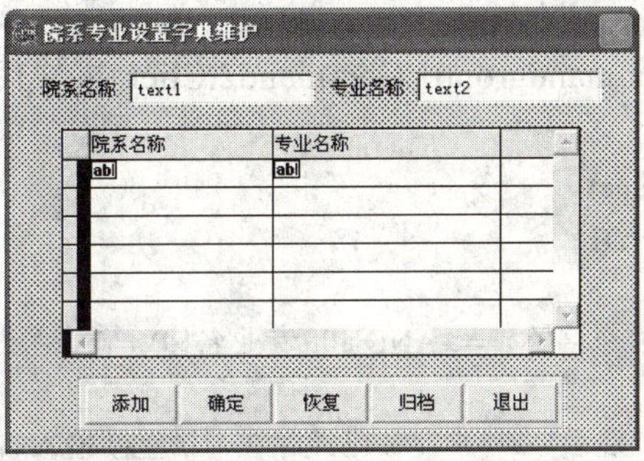

图 9-11　设计数据字典维护表单

4. 编写代码

（1）设置表单初始环境　设置 Form1 的 Activate 事件代码如下：

```
Thisform.Text1.Setfocus
Thisform.Commandgroup1.Command1.Enabled=.F.
```

设置 Form1 的 Init 事件代码如下：

```
dd=SYS(5)+SYS(2003)+"\data\yxzy.dbf"
SELECT yxzy_temp
IF RECC()>0
    ZAP
ENDIF
APPEND FROM &dd
```

设置 Form1 的 Load 事件代码如下：

```
SET DELE OFF
PUBLIC dd
```

（2）设置 Grid1.AfterRowColChange 的事件代码

```
IF This.Activerow=RECN()
  Thisform.Commandgroup1.Command3.Caption="删除"
ELSE
  Thisform.Commandgroup1.Command3.Caption="恢复"
ENDIF
IF This.Activerow=RECN() and DELE()
  Thisform.Commandgroup1.Command3.Caption="恢复"
ELSE
  Thisform.Commandgroup1.Command3.Caption="删除"
ENDIF
```

（3）命令按钮组 Commandgroup1 中各命令按钮的 Click 事件代码　设置“添加”按钮 Commandgroup1.Command1.Click 事件代码如下：

```
Thisform.Text1.Value=""
Thisform.Text2.Value=""
Thisform.Text1.Setfocus
Thisform.grid1.refresh
Thisform.Commandgroup1.Command1.Enabled=.f.
Thisform.Commandgroup1.Command2.Enabled=.t.
```

设置“确定”按钮 Commandgroup1.Command2.Click 事件代码如下：

```
a=ALLT(Thisform.Text1.Value)
b=ALLT(Thisform.Text2.Value)
IF !EMPTY(a) AND !EMPTY(b)
    SELECT yxzy_temp
    LOCATE FOR ALLT(院系名称) ==a AND allt(专业名称) ==b
    IF FOUND()
        MESSAGEBOX("院系"+a+b+"专业已经存在，请重新输入！",64+0,"提示信息")
        Thisform.Text1.Value=""
        Thisform.Text2.Value=""
        Thisform.Text1.Setfocus
    ELSE
        APPEND BLANK
        REPLACE  院系名称  WITH a
        REPLACE  专业名称  WITH b
        Thisform.Grid1.Refresh
        Thisform.Commandgroup1.Command1.Enabled=.T.
        Thisform.Commandgroup1.Command2.Enabled=.F.
    ENDIF
ELSE
    MESSAGEBOX("院系名称与专业名称不能为空，请重新输入！",64+0,"提示信息")
    Thisform.Text1.Value=""
```

```
    Thisform.Text2.Value=""
    Thisform.Text1.Setfocus
ENDIF
```

设置“恢复”按钮 Commandgroup1.Command3.Click 事件代码如下：

```
  IF This.Caption="删除"
    This.Caption="恢复"
 DELE
ELSE
    This.Caption="删除"
    RECALL
ENDIF
```

设置“归档”按钮 Commandgroup1.Command4.Click 事件代码如下：

```
SELECT yxzy_temp
COPY TO lsb FOR NOT DELETED()
ZAP
APPEND FROM lsb
ERASE lsb.dbf
dd=SYS(5)+SYS(2003)+"\data\yxzy.dbf"
COPY TO &dd
Thisform.Grid1.Refresh
Thisform.Text1.Enabled=.F.
Thisform.Text2.Enabled=.F.
Thisform.grid1.Enabled=.F.
Thisform.Commandgroup1.Command1.Enabled=.F.
Thisform.Commandgroup1.Command2.Enabled=.F.
Thisform.Commandgroup1.Command3.Enabled=.F.
Thisform.Commandgroup1.Command4.Enabled=.Ff.
```

设置“退出”按钮 Commandgroup1.Command5.Click 事件代码如下：

```
Thisform.Release
```

5. 保存表单

保存表单为 yxzy_zdwh.scx。

6. 测试表单

运行 yxzy_zdwh.scx 表单，单击“添加”按钮，输入院系名称和对应的专业名称。单击“确定”按钮，系统对所输入的内容进行检测，如果输入的内容为空或信息存在，则出现相应的提示信息，同时提供删除和恢复的操作；如果一切操作完成，单击“归档”按钮，则完成对修改的保存操作。

知识拓展

在 Visual FoxPro 中允许用户像定义变量一样自定义各种类型的属性。在可视化编程中，自定义属性只能依附于表单对象，对于由控件创建的对象，无法增加新的属性。

1. 创建新属性

创建新属性，并且指定该属性的描述以及可视性。创建新属性的方法如下：

1）新建一个空白表单，执行“表单”→“新建属性”命令，打开“新建属性”对话框，如图 9-12 所示。

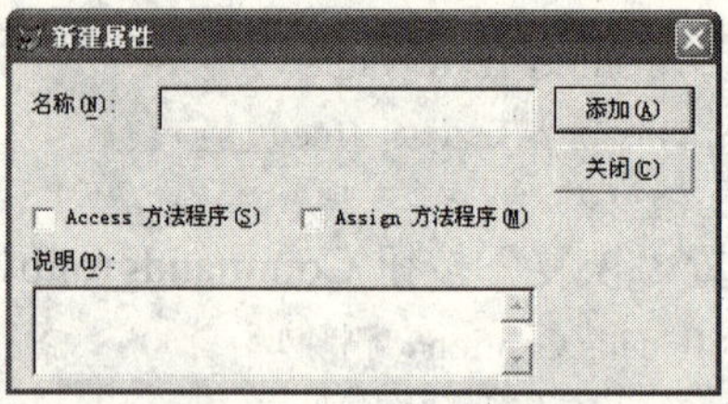

图 9-12 “新建属性”对话框

2）在“名称”文本框中输入新建属性的名称，单击“添加”按钮，则将该属性添加到表单中，在表单中新建立的属性默认值为.F.，可以通过属性窗口来修改该属性的属性值。

“新建属性”对话框中各选项的含义如下：

Access 方法程序：指定是否为新属性创建了 Access 方法程序。如果为属性创建了 Access 方法程序，则只要查询该属性，就会执行 Access 方法程序中的代码。选中该复选框即可为属性创建一个 Access 方法程序。

Assign 方法程序：指定是否为新属性创建了 Assign 方法程序。如果为属性创建了 Assign 方法程序，则只要试图更改该属性的值，就会执行 Assign 方法程序中的代码。选中该复选框即可为属性创建一个 Assign 方法程序。

说明：“说明”文本框包含了显示在“类设计器”中“属性”窗口底部的方法程序说明。若该属性不受保护，则显示于“表单设计器”中。

2. 新建属性应用

在 Visual FoxPro 中，Grid 的默认控件都是 TextBox，形成了一个表格。但是，在这个二维表里进行操作时，每次按回车键都是往后一个单元格跳转。当到最后一列时，则继续跳到第一列，进而循环，使操作很不方便。在实际操作中，如果按回车键，想移动到下一个单元格，或在最后一列回车时回到第一列，这种操作应如何处理呢？

1）为表格 Grid 对象所在的表单新增加两个属性。

Cur_recn 表示记录当前记录号。

Cur_recc 表示记录最大记录号。

2）为了一次得到当前 Grid 表中的记录总数，在表单初始化，或给 Grid 表格提供数据源时，计算出 Grid 表格的最大记录数。设置 Form1.Init 事件代码如下：

```
Thisform.Cur_recc=recc()
```

3）为了得到当前的 Grid 表中的记录号，设置 Grid1.AfterRowColChange 事件代码如下：

```
Thisform.Cur_recn=recn()
```

4）如果希望 Grid 的 Text1 列可以按回车键，自动进行移动，则设置 Text1.Keypress 事件代码如下：

```
IF nKeyCode=13                    &&当按键为回车键时
    IF Thisform.Cur_recn<=Thisform.Cur_recc
        Thisform.Cur_recn=RECN()
        Nodefault                 && 不做任何响应
        Keyboard "{Dnarrow}"      && 模拟键盘下箭头，使记录指针下移一个
    ENDIF
ENDIF
```

触类旁通

在使用 Grid 表格进行数据浏览的过程中，如果发现某个数据有误，则可以直接进行修改，但在修改完成后，并不出现是否对修改进行保存等提示，这对数据的安全是非常不利的。现在通过对 Grid 表中记录修改后自动提示对修改的结果是否进行保存，这对程序设计是很有意义的。具体设计步骤如下：

1. 创建表单并添加数据环境

创建一个新表单，添加 Stud_jbxx 到表单的数据环境中。

2. 设置表单及数据环境中的数据表属性

设置 Form1.BufferMode 属性值为“2 - 开放式”，设置数据环境中的 cursor 的 BufferModeOverride 属性值为“5 - 开放式表缓冲”。

3. 在表单中添加两个新的属性

在表单中分别添加 nRecNum 和 nWhatRow 属性，设置它们的值为 0。

4. 在表单中添加一个表格控件 Grid1，并设置表格的属性

RecordSource = Customer

RecordSourceType = 1 - 别名

5. 设置事件代码

设置 Form1.Init 事件代码如下：

```
Thisform.nRecNum = RECNO()
```

设置 Grid1.BeforeRowColChange 事件代码如下：

```
Thisform.nRecNum = RECNO()
```

设置 Grid1.AfterRowColChange 事件代码如下：

```
lMov = .F.
IF Thisform.nWhatRow#This.ActiveRow
    Thisform.nWhatRow=This.ActiveRow
    nHold=RECNO()
    GO Thisform.nRecNum
    cChange=GetFldState(-1,'stud_jbxx')
    IF AT('2',cChange)>0
        This.Refresh
        lMov = .T.
        IF MESSAGEBOX("是否要更新记录？",4+32+256,"提示信息")= 6
            =TableUpdate(.T.)
        ELSE
            =TableRevert(.T.)
        ENDIF
    ENDIF
    GO nHold
    IF lMov
```

```
            This.Refresh
            lMov =.F.
        ENDIF
    ENDIF
```

6. 保存表单

保存表单为 Grid_xg.scx。

7. 测试表单

运行 Grid_xg.scx 表单，当用户在表格中修改了记录并移动指针到另一行时，会被提示是否保存修改。如果用户选择“是”，将激发 TableUpdate（更新）事件；若选择“否”，则激发 TableRevert（恢复）事件。

任务 4　创建系统帮助文件

任务情境

目前，我们所使用的所有软件几乎都具有帮助功能，比如我们正在学习的 Visual FoxPro 也为使用者提供了一套完整的帮助文件 MSDN，为进一步地学习提供了丰富的资源。

作为一套完整的应用系统，除了要具备用户所提出的全部要求之外，还必须为用户提供一套方便实用的帮助系统。对于我们来说，如何制作应用系统的帮助文件，是一项重要的工作。现以制作“学生信息管理系统”的帮助文件为例进行说明。所制作的帮助文件运行界面，如图 9-13 所示。

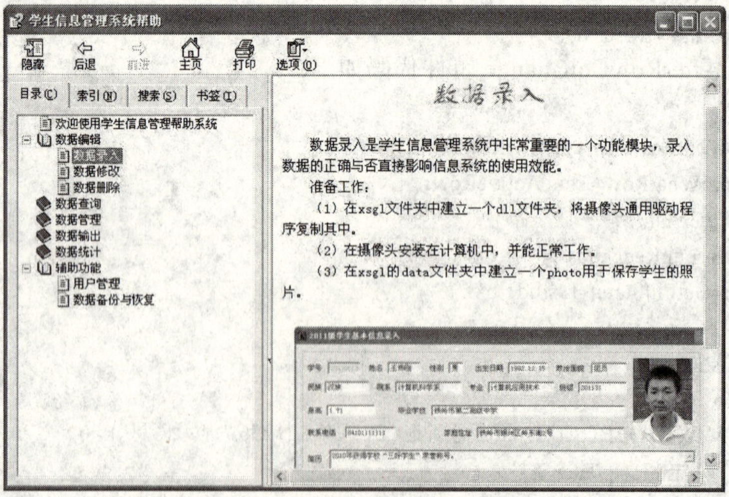

图 9-13　学生信息管理系统帮助文件

任务分析

在许多应用软件中都有系统帮助文件，为用户进一步了解软件的使用提供了更多的帮助。系统帮助文件通常都是以 CHM 形式存在的。下面我们就使用共享软件 EasyCHM 来制作系统帮助文件。

1. 认识 EasyCHM 软件

EasyCHM 是国华软件推出的一款强大的 CHM 电子书或 CHM 帮助文件的快速制作工具，非常适合个人和单位制作高压缩比的有目录、索引，同时具有全文检索及高亮显示搜索结果的网页集锦、CHM 格式的帮助文件、专业的产品说明书、公司介绍、文章集锦、CHM 电子书等。EasyCHM 具有以下特点：

1）全自动的目录及文件导入（可以包括子目录）。

2）支持导入任意的文件类型。

3）程序操作速度快，性能稳定。

4）自动生成 CHM 的目录列表并自动生成所有目录项。

5）为 CHM 的目录列表自动添加多级编号。

6）批量更换 CHM 目录各项的图标。

7）在移动、拖拽、替换等操作中完全支持多选操作，减少用户手工。

8）支持批量查找替换多级目录各项的标题文字内容。

9）允许用户指定从文本文件的第 N 行自动截取标题。

10）易用的目录编辑器。

11）丰富实用的 CHM 制作选项，帮助用户制作更加个性化的专业 CHM 电子书或 CHM 帮助文件。

12）内嵌 CHM 反编译工具。

13）自动生成输出 Alias 和 Map 头文件。

14）自动生成上下文相关的帮助文件。

15）程序可以保存工程文件，方便用户编辑维护文档。

EasyCHM 软件下载地址：http://www.xiazaiba.com/html/1040.html。

2. EasyCHM 软件界面构成

启动 EasyCHM 软件之后，出现 EasyCHM 工作界面，如图 9-14 所示。

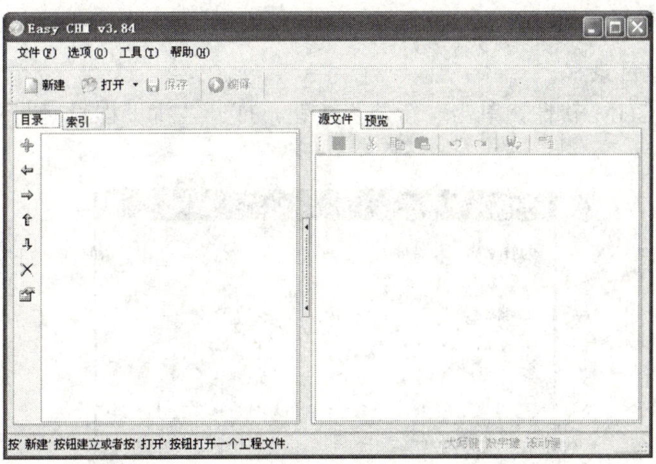

图 9-14　EasyCHM 工作界面

在图 9-14 中，左侧目录区域用于显示当前工程中所添加的所有网页文件，在该区域中最左侧的工具栏按钮，用于对各目录项进行操作。工具栏按钮的说明，见表 9-6。

表 9-6 工具栏按钮

图标	说明	图标	说明	图标	说明	图标	说明
	添加目录项		左移目录项		右移目录项		上移目录项
	下移目录项		删除目录项		目录项属性		

在图 9-14 中，右侧源文件区域用于显示左侧目录项的源代码以及所预览的效果。

3. 网页的制作

网页的制作方法可以采用比较专业的 DW 软件来完成，也可以采用其他网页制作软件实现。对于普通用户来说，虽然制作网页可能是一件非常难的事情，但是，使用 Office 所提供的 Word 软件可能对很多人来说是一件很简单的事情，只要将所制作的 Word 文档另存为网页 Html 类型即可。

任务实施

1. 设计系统帮助文件

任何软件都具有自己的设计风格，我们一定要做到使自己设计的页面既美观大方，又风格独特。同时各页面标题的显示位置、字体大小等也一定要一致。

系统帮助文件也是一个软件。在制作系统帮助文件之前，必须对所要制作的帮助文件的结构做到心中有数。也就是说，哪些是一级条目、哪些是二级条目、哪些是三级条目。任何级别之间一定要明确之间的层次关系。

2. 制作各条目的网页 Html 文件

建立一个文件夹，命名为“系统帮助文件”。利用 Word 或其他网页编辑器将各级项目进行编辑，并将其保存在该文件夹中，具体方法此处不再详述。

3. 制作系统帮助文件

（1）制作工程目录

1）启动 EasyCHM 软件，单击“新建”按钮，打开“新工程目录”对话框，如图 9-15 所示。

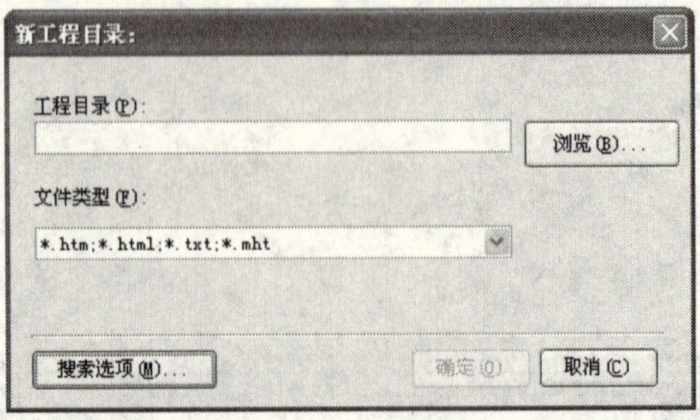

图 9-15 “新工程目录”对话框

2）单击图 9-15 中的“浏览”按钮，选择“系统帮助文件”文件夹，单击“确定”按钮，则完成工程目录的建立，打开“系统帮助文件.ecp”窗口，如图 9-16 所示。

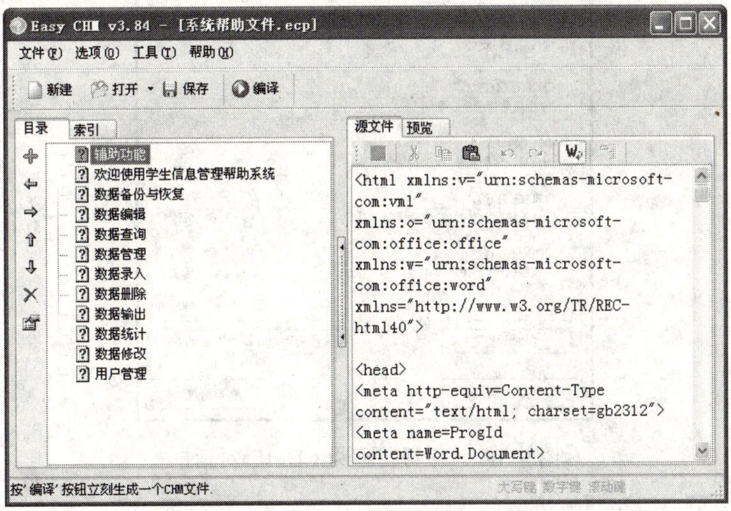

图 9-16 “系统帮助文件.ecp”窗口

（2）调整各项目的顺序和层次　按照系统帮助文件的构思，哪些是一级条目、哪些是二级条目，明确各条目之间的次序和层次关系。通过图 9-16 左侧各工具按钮，调整各条目的次序和层次，同时，通过单击“目录属性项”按钮，设置各条目在系统帮助文件中显示时所显示的图标，调整后的各条目次序，如图 9-17 所示。

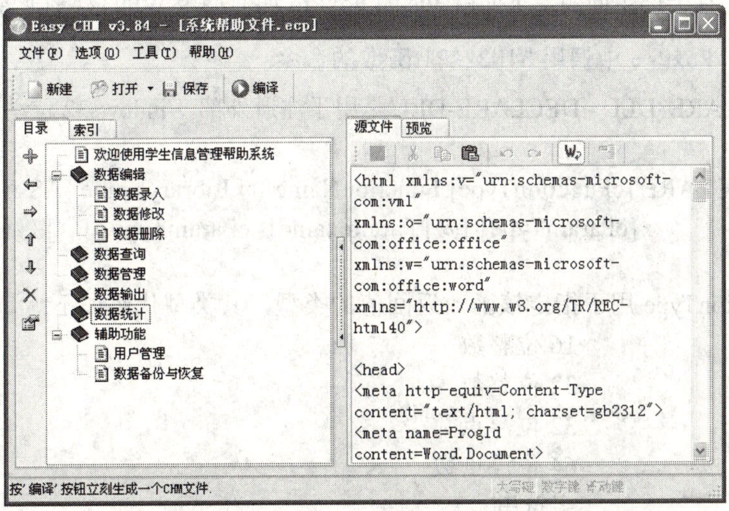

图 9-17　调整项目层次、次序及图标后的界面

（3）编译工程　单击常用工具栏中的“编译”按钮，对系统帮助文件进行编译，打开“编译工程为 CHM”对话框，如图 9-18 所示。

在对话框中，可以设置 CHM 的标题、CHM 的第一页、CHM 的主页以及保存 CHM 文件的名称，单击“生成 CHM”按钮，则开始对系统帮助文件进行编译，生成 CHM 文件的时间长短与工程项目中所包含的条目有关。

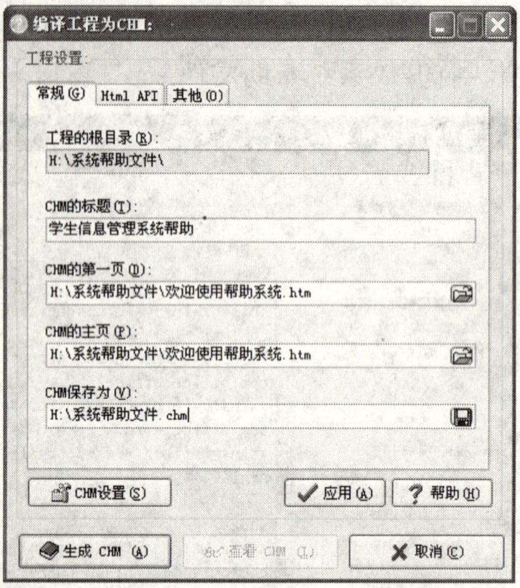

图 9-18 “编译工程为 CHM”对话框

知识拓展

在使用 Visual FoxPro 编程时，为了弥补本身功能的不足，常常会用到 WIN32API 函数来对 Visual FoxPro 的功能进行扩展，例如取得系统信息、对注册表进行操作等。但是，由于 WIN32API 函数是 C++的数据结构形式，在调用时与 Visual FoxPro 的数据格式有所不同，因此，在调用时往往会产生问题。下面就 Visual FoxPro 如何调用 WIN32API 函数作简单介绍。

1. Visual FoxPro 中调用 WIN32API 函数的命令

（1）DECLARE–DLL　DECLARE-DLL 是用于注册外部 Windows32 位动态链接库(.DLL)中的一个函数。

格式： DECLARE [cFunctionType] FunctionName IN LibraryName [AS AliasName]
[cParamType1 [@] ParamName1, cParamType2 [@] ParamName2, ...]

说明：

1）cFunctionType 用于指定该函数返回值的类型，其类型代码如下：

SHORT	16 位整数
INTEGER	32 位整数
SINGLE	32 位浮点数
DOUBLE	64 位浮点数
STRING	字符串

2）FunctionName 用于指定要注册使用的 32 位函数名。注意 FunctionName 区分大小写。如果该函数名与 Visual FoxPro 的保留字相同，应使用 AS 参数另起别名。

3）IN LibraryName 用于指定该函数所在的外部动态链接库文件名。如果 LibraryName 为 WIN32API 时，VFP 将依次查找 KERNEL32.DLL、GDI32.DLL、USER32.DLL、MPR.DLL 及 ADVAPI32.DLL 等动态链接库文件名。

4）AS AliasName 是当 API 函数的名称与 Visual FoxPro 的保留字相同时，另取

AliasName 别名，另取的别名是不区分大小写的。

5）cParameterType1 [@] ParamName1, cParameterType2 [@] ParamName2, ...指定传递给被调用的 32 位.DLL 函数的参数类型及参数名称。其类型代码如 FunctionType，如果要以传址方法传递参数则应在参数名前加上@。

（2）CLEAR DLLS　CLEAR DLLS 释放所有利用 DECLARE-DLL 命令所装入的动态链接库。

2. WIN32API 函数应用

应用 WIN32API 函数，编写一个调用系统帮助文件的程序代码如下：

```
DECLARE INTEGER ShellExecute IN shell32.DLL INTEGER HWND, STRING,;
        STRING lpszFile,STRING ,STRING ,INTEGER        &&声明 ShellExecute 函数
lpszFile='系统帮助文件.chm '                            &&lpszFile 设定为系统帮助文件
=ShellExecute(0,0,lpszFile,0,0,1)                      &&调用 ShellExecute 函数
```

触类旁通

在 Visual FoxPro 中使用 Set Help 命令，可在用户应用程序中提供可编程的联机帮助文件。如何调用刚刚建立的系统帮助文件呢？可以编写一个命令文件来调用系统帮助文件，其代码如下：

```
SET HELP ON
SET HELP TO 系统帮助文件.chm
HELP
```

如果在应用系统中使用 Html 格式的帮助文件，在进行软件发布时，必须连同 Html 帮助引擎一起放入安装包中，否则，即使使用了上述语句，Visual FoxPro 也会没有任何反应，无法打开帮助文件。

小结

本项目以设计“学生信息管理系统”的辅助功能的 4 个功能模块，即用户管理模块、数据备份与恢复模块、数据字典模块、系统帮助文件模块为例，说明了如何进行创建不同的功能模块以及各模块的扩展功能，使读者更加透彻地掌握了应用系统的开发方法和开发思路。

实战强化

1. 创建“职工工资管理系统”的用户管理模块以及用户密码管理模块。
2. 创建“职工工资管理系统”的数据备份与恢复模块。
3. 创建“职工工资管理系统”的数据字典模块，包括科室字典和职称字典。
4. 创建“职工工资管理系统”的系统帮助文件。

项目 10　设计应用系统的安装模块

职业能力目标

1）掌握设置主文件的基本方法。
2）能够使用项目管理器对应用系统中所涉及的文件进行管理。
3）能够使用项目管理器对应用系统进行设置与编译。
4）能够使用向导对应用系统进行发布。

建立数据库应用系统是学习 Visual FoxPro 的最终目的。通过前面各项目的学习，读者对应用系统的各个功能模块的设计已经基本掌握，并能够自己动手设计制作。本项目首先通过项目对应用系统各模块进行管理，进行编译，生成一个可执行文件，同时进行调试，然后制作应用系统的安装包。

任务 1　应用程序的集成

任务情境

在开发数据库应用系统过程中，会设计出许多功能不同的模块，包括数据结构、用户界面、查询选项、报表等。当设计者完成应用程序各个模块的设计后，需要将这些模块进行集成，组织到统一的项目中，对应用程序做集中式的管理。

项目管理器是 Visual FoxPro 提供的一种有效的管理工具。在应用程序的开发过程中，无论程序、表单、菜单、报表以及数据库和数据库表，都可以在项目管理器中来完成。因此，在 Visual FoxPro 中，可以通过项目管理器对应用程序进行集成和管理。

本书所设计的“学生信息管理系统”就是通过项目管理器进行集中管理的。下面介绍如何通过项目管理器对系统进行集成管理。

任务分析

1. 利用项目管理器组织应用系统结构

在项目管理器中创建项目之后，应用程序已具备一个开发框架。在这个框架下，利用项目管理器所提供的强大功能，将已经开发好的各个模块通过项目管理器添加到项目中。

2. 创建主文件

在 Visual FoxPro 开发的应用系统中，包括大量的功能模块，可通过项目管理器对它们进行有效的管理。但仅仅将各个模块放在一起，并不能形成一个可执行应用程序，还需要为应用程序设置一个主文件。当运行应用程序时，系统首先启动项目的主文件，然后再依次调用所需要的其他模块。

每个项目中，只有一个文件可设置为主文件。默认情况下，将添加到项目管理器中的第一个程序、菜单或表单作为主文件。

为了保证应用程序的正常运行，需要对应用程序运行的系统环境进行设置。对于不同的应用程序，所需要的系统环境的设置也有所不同。如控制显示程序命令运行结果、设置日期表达方式、设置操作对话框的显示形式和标题等，对于这些更加具体的环境设置，一般在应用程序的主文件中通过编程来实现。

3. 连编应用程序

连编应用程序，首先要让系统对项目进行整体的测试，此过程的最终结果会将所有在项目中的文件（除了标记为排除的文件之外）合成一个应用程序文件，最后将应用程序、数据文件以及其他项目文件一起提交给最终用户使用。系统的最后一步就是“连编”，连编后的结果是生成一个包含项目中所有文件的程序文件。

任务实施

1. 在项目中添加各种信息

打开项目文件 xsgl.jpx，如图 10-1 所示。选择“自由表”选项，同时单击对话框右侧的“添加”按钮，将“学生信息管理系统”中所需要的数据表，如 stud_jbxx.dbf、stud_jbxx_temp.dbf、mz.db 等数据表，添加到项目中。按照同样的方法，将管理系统中的其他功能模块，如各种表单、报表、标签、代码等添加到项目中。

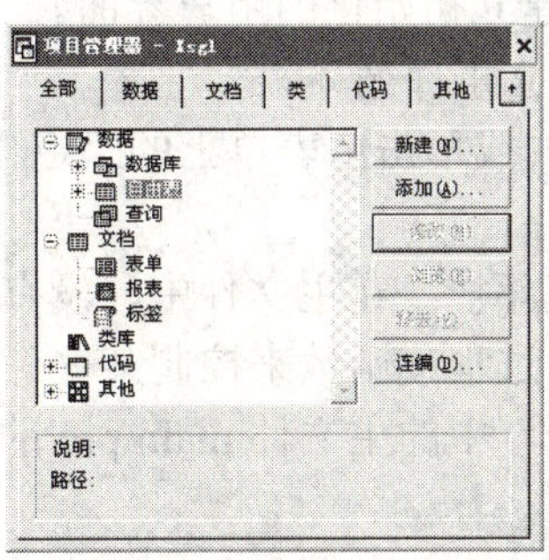

图 10-1 在项目中添加各种信息

2. 创建主文件

（1）设置初始化环境 主文件对于应用程序来说最重要的是对应用程序环境进行初始化。当打开 Visual FoxPro 时，将建立 Set 命令和系统变量的值。对于应用程序来说，环境初始化的理想方法是将开发系统的初始环境保存起来，在启动程序时为程序建立特定的初始化环境。

从当前环境中获取命令的方法如下：

执行“工具”→“选项”命令，按<Shift>键的同时单击“添加”按钮，则可在命令窗口中显示环境的 Set 命令，可以将其复制到程序中。除初始化环境之外，在应用程序中通常需要初始化变量、建立默认路径和打开需要的数据库、表及索引等。如在 main.prg 中还可以包含如下语句：

```
SET DEFAULT TO c:\abc
SET CENTURY ON
CLEAR ALL
OPEN DATABASE XSDA
```

（2）显示初始的用户界面　初始化的用户界面可以是一个菜单，也可以是一个表单或其他用户模块。通常，在显示菜单或表单之前，应用程序会出现一个启动屏幕或注册对话框。

在主文件中，可以使用 Do 命令运行一个菜单，或使用 Do form 命令运行一个表单以初始化用户界面，例如：

```
DO menu.mpr                    &执行菜单 menu.mpr
DO FORM login                  &执行登录表单 login
```

（3）控制事件循环　应用程序环境建立之后，将显示初始的用户界面。这时，需要建立一个事件循环来等待用户的交互式操作。控制事件循环的方法是执行 Read events 命令，该命令使 Visual FoxPro 开始处理如键入或鼠标单击等用户事件。

如果在主文件中没有包含 Read events 命令，虽然在原开发环境中可以正确运行应用程序，但是如果脱离开发环境直接运行应用程序，程序会显示片刻，然后退出。

（4）组织主文件　如果在应用程序中使用一个程序文件 main.prg 作为主文件，则必须保证该程序可以完全控制应用程序。主文件应完成的基本任务如下：

1）通过打开数据库、声明变量等初始化应用环境。

2）调用一个菜单或表单来建立初始化的用户界面。

3）执行 Read events 命令建立事件循环。

4）从“退出系统”菜单中，或单击主表单上的“退出”按钮，执行 Clear event 命令，而不是由主文件执行该命令。

（5）应用程序退出时，恢复环境　在主文件中，没有必要直接包含所执行的所有任务的命令。常用的办法是通过调用过程或函数来控制某些任务，如环境初始化和清除等。下面的程序为“学生信息管理系统”中的主文件 main.prg 的代码清单，供参考。

```
CLEAR ALL
CLEAR
CLOASE DATA ALL
PUBLIC rjdw,zp,fn, sm,sm2,zchqz, dd,dd1,mcmc,a(2),b(3)
SET SYSM TO
SET TALK OFF
SET BELL ON
SET CENT ON
SET DATE TO ANSI
SET STATUS BAR OFF
```

```
SET SYSM OFF
SET MARK TO "-"
SET TALK OFF
SET SAFETY OFF
CLOSE DATABASES ALL
_Screen.Windowstate=0
_Screen.AutoCenter=.t.
_Screen.Caption = '学生信息管理系统'
DO CASE
CASE SYSMETRIC(1)=1440 AND SYSMETRIC(2)=900
    zp=SYS(5)+SYS(2003)+'\picture\a1.jpg'
CASE SYSMETRIC(1)=1280 AND SYSMETRIC(2)=800
    zp=SYS(5)+SYS(2003)+'\picture\a2.jpg'
CASE SYSMETRIC(1)=1024 AND SYSMETRIC(2)=768
     zp=SYS(5)+SYS(2003)+'\picture\a3.jpg'
CASE SYSMETRIC(1)=800 AND SYSMETRIC(2)=600
    zp=SYS(5)+SYS(2003)+'\picture\a4.jpg'
ENDCASE
_Screen.Picture = '&zp'
_SCREEN.Closeable = .F.
ico=SYS(5)+SYS(2003)+"\ico\CLOCK+.ICO"
_Screen.Icon="&ico"
DO Form login
READ EVENTS
SET SYSMENU TO DEFAULT
CLOSE DATABASES ALL
SET SAFETY ON
SET TALK ON
RETURN
```

（6）设置主文件　在项目管理器中，选择“代码”选项卡，单击“程序”左侧的“＋”号，使用鼠标右键单击 main.prg 文件，在弹出的快捷菜单中选择“设置主文件”。项目管理器将应用程序的主文件设置为“包含”，在编译完应用程序之后，该文件作为只读文件处理。在项目管理器中主文件以黑体显示其文件名。

3．连编应用程序

（1）加入项目信息　打开项目文件 xsgl.pjx，执行“项目”→“项目信息”命令，或使用鼠标右键单击项目管理器，在弹出的快捷菜单中选择“项目信息”选项，在“项目信息”对话框中可以设置各种项目信息，可以选择应用系统的图标，如图 10-2 所示。

（2）连编应用程序　连编应用程序首先是让系统对项目的整体进行测试，此过程的最终结果是将所有在项目中引用的文件（除标记为排除的文件之外）合成为一个应用程序文件。最后需要将应用程序文件、数据文件以及其他项目文件提交给最终用户。

在连编应用程序之前可以运行该项目，并对其进行整体测试。在项目管理器的“代码”选项卡中选择已定义的作为“主文件”的文件，如 main.prg，单击“运行”按钮。

具体连编应用程序的使用方法如下：

在项目管理器上，单击“连编”按钮，弹出“连编选项”对话框，选择“连编可执行文件”选项，再选择“重新编译全部文件”和“显示错误”复选框，如图 10-3 所示，单击“确定”按钮，弹出“另存为”对话框，要求输入可执行文件的文件名，如 xsgl.exe，再单击“确定”按钮，则完成连编操作。

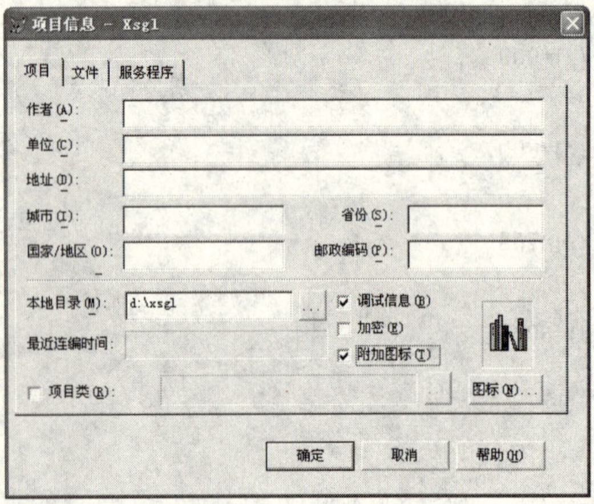

图 10-2　项目信息

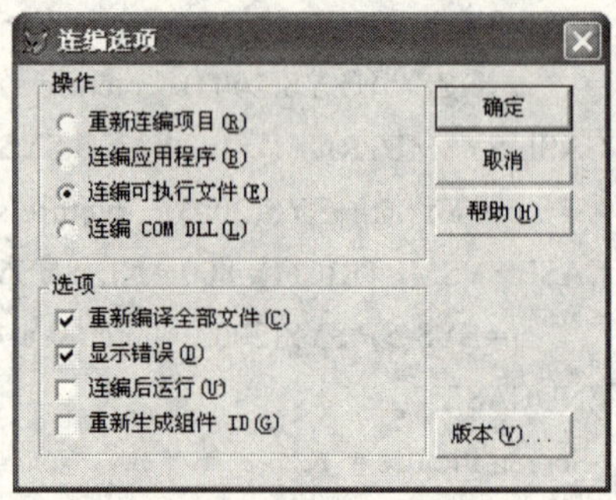

图 10-3　“连编选项”对话框

4. 运行应用程序

在 Windows 环境下，双击 xsgl.exe 的文件图标，即可运行该文件。

知识拓展

在“连编选项”对话框中，其操作有不同的选项，各操作选项的不同对编译后的结果是完全不同的。

1. 重新连编项目

重新编译整个项目。在上一次编译后，若又更改过项目中的内容，则需要重新对其进行编译。

2. 连编应用程序

生成一个.app 程序文件。要执行该程序文件，必须先进入 Visual FoxPro 环境中。

3. 连编可执行文件

生成一个.exe 程序文件，可脱离 Visual FoxPro 环境独立运行。

4. 连编 COM DLL

生成动态链接库.dll。

触类旁通

1．防止程序多次运行

在使用 Visual FoxPro 编写的单用户程序时，由于一些表已经以独占方式打开，因此重复打开后，就会发生 1705 错误。根据这个思想，可以建立一个空表，程序启动的时候要以独占方式打开该表。如果错误发生，则说明这个表已经被事先打开了，表明已经有一个程序在运行。防止程序多次运行，参考代码如下：

```
ON ERROR DO yxpd WITH ERROR()
IF !FILE("test1.dbf")
 CREATE TABLE test1 FREE(tempfield c(1))
ELSE
 USE test1 EXCLUSIVE
ENDIF
PROCEDURE yxpd
 LPARAMETERS nerror
 IF nerror=1705
      =MESSAGEBOX("此系统已经运行！",0+64,"警告信息")
      QUIT
 ENDIF
ENDPROC
ON ERROR
```

说明：如果要测试这段代码，需要先运行此段代码，然后在另一个 Visual FoxPro 窗口中再次运行此代码，才能出现错误提示。

在主文件中可以将此段代码放置在文件的开始处，在编译之后，就可以防止应用系统多次被重复执行。

2．让应用系统自动适应的分辨率

在 Visual FoxPro 中有两个系统内部函数 SYSMETRIC(1)和 SYSMETRIC(2)，它们分别取得当前 Windows 系统所设计的分辨率的列数和行数。在不同的分辨率情况下，设置不同分辨率下的应用系统背景图片。根据此原理，可以在主程序中设置代码如下：

```
DO CASE
 CASE SYSMETRIC(1)=1440 AND SYSMETRIC(2)=900
      zp=SYS(5)+SYS(2003)+'\picture\a1.jpg'      &&a1 为 1440×900 分辨率图片
 CASE SYSMETRIC(1)=1280 AND SYSMETRIC(2)=800
      zp=SYS(5)+SYS(2003)+'\picture\a2.jpg'      &&a1 为 1280×800 分辨率图片
 CASE SYSMETRIC(1)=1024 AND SYSMETRIC(2)=768
      zp=SYS(5)+SYS(2003)+'\picture\a3.jpg'      &&a1 为 1024×768 分辨率图片
 CASE SYSMETRIC(1)=800 ANS SYSMETRIC(2)=600
```

```
    zp=SYS(5)+SYS(2003)+'\picture\a4.jpg'        &&a1 为 800×600 分辨率图片
ENDCASE
```

说明：变量 zp 是应用系统中所引用的照片的变量名。

任务 2 发布应用程序

任务情境

现在我们设计的“学生信息管理系统”的编制工作已经接近尾声，那么就有这样一个问题摆在我们面前：用户如何能够在他们的计算机上使用我们已经编制好的软件呢？许多软件都有自己的安装程序，例如 Office 系列软件提供了自己的安装程序，能够让我们在自己的计算机上拥有 Word、Excel 和 PowerPoint 等软件。对于我们所应用 Visual FoxPro 编制的应用程序来说，同样可以制作出相应的安装程序。

下面就来制作关于“学生信息管理系统”的安装程序。

任务分析

在发布“学生信息管理系统”时，需要将所有的应用程序和文件复制到一张光盘上，然后为用户提供安装应用程序的方法。如果仅仅向用户提供该文件，则应用程序可能无法正常运行（尤其是在新安装操作系统的环境下或未安装 Visual FoxPro 的情况下），这是由于应用程序在运行过程中需要其他动态链接库支持，为此软件设计者必须为用户提供一个完整的运行环境，或向用户提供应用程序的安装文件。安装文件在安装过程中会进行版本检查，检查运行时所需要的支持库，并注册多个 DLL 和 ActiveX 文件。

在连编应用程序时，已生成了可执行文件，还需要三个动态链接库 VFP6RCHS.DLL、VFP6R.DLL 和 VFP6ENU.DLL 与 Visual FoxPro 连接，这三个库文件和应用程序一起构成了 Visual FoxPro 所需的完整运行环境。

任务实施

1. 准备工作

1）将已经生成的可执行文件及用户运行应用程序所需要的全部文件复制到发布目录下，为应用程序的发布做好准备。

2）为了保护所编制应用系统的知识产权，将发布目录中所有的表单文件、程序文件、报表文件、标签文件、菜单文件等文件删除，只保留连编之后产生的可执行文件和其他目录中的文件，并将该目录设置为默认的工作目录。

2. 系统发布

1）执行命令“工具”→“向导”→“安装”命令，弹出“安装向导”对话框（首次使用安装向导时），如图 10-4 所示。要求用户指定安装向导自用的工作目录。若选择“创建目录”按钮，安装向导就会自动在 Visual FoxPro 系统目录中建立一个 DISTRIB.SRC 的子目录；若选择“定位目录”按钮，则安装向导将自动选择发布目录，并且显示“安装向导”对话框，引导用户逐步操作。

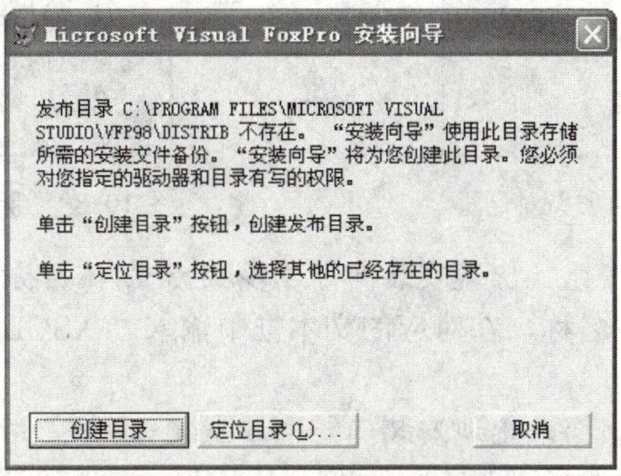

图 10-4 “安装向导”对话框

2）单击“定位目录”按钮，出现安装向导“步骤 1-定位文件”对话框，选择应用程序所在的目录，此处选择“D:\XSGL”子目录，如图 10-5 所示。

3）单击“下一步”按钮，出现安装向导“步骤 2-指定组件”对话框，可以选择在应用程序中所涉及的组件。在“学生信息管理系统”所设计的表单中使用了 ActiveX 控件和 Html 制作的帮助文件，因此，此处复选“ActiveX 控件”和“Html 帮助引擎”两个选项，如图 10-6 所示。

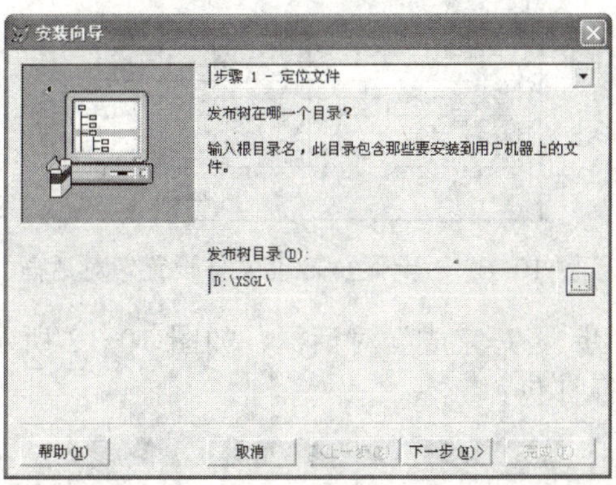

图 10-5 “步骤 1-定位文件”对话框

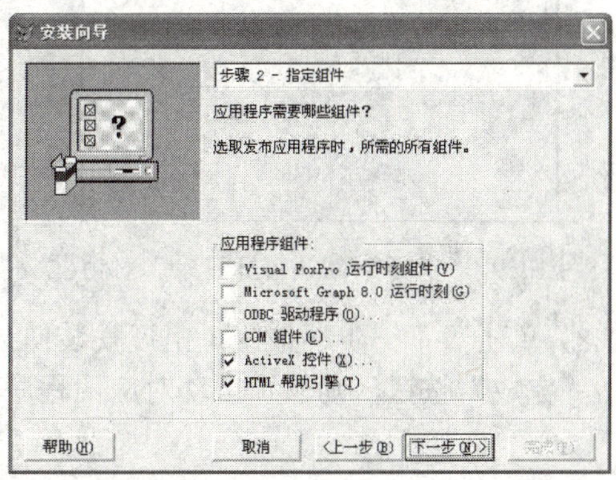

图 10-6 “步骤 2-指定组件”对话框

4）单击“下一步”按钮，出现安装向导“步骤 3-磁盘映象”对话框，指定创建哪个安装盘以及将安装包放置在哪个位置上。安装磁盘可以放在若干张 1.44MB 3.5in 的软盘中，也可以放在硬盘内，即“Web 安装（压缩）”和“网络安装（非压缩）”；此处选择“D:\安装”目录及“网络安装（非压缩）”选项，如图 10-7 所示。

5）单击“下一步”按钮，出现安装向导“步骤 4-安装选项”对话框，要求输入安装对话框标题、版权信息等内容，如图 10-8 所示，这些内容将在运行 Setup 安装应用程序时会作为安装对话框的标题显示出来。

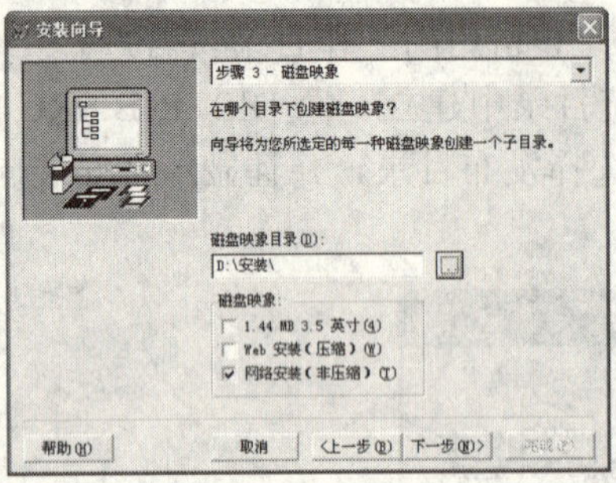

图 10-7 “步骤 3-磁盘映象”对话框

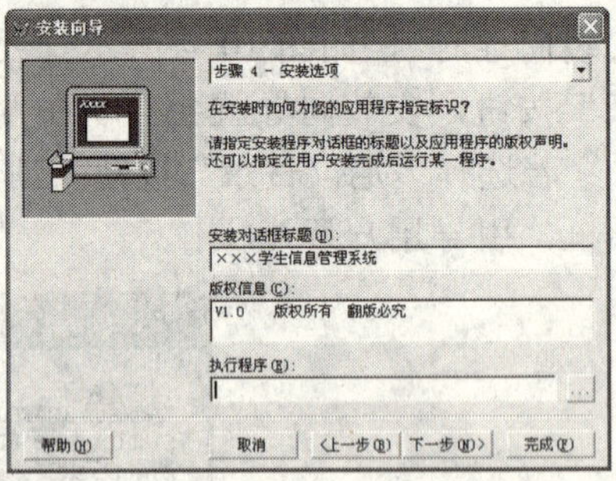

图 10-8 “步骤 4-安装选项”对话框

6）单击“下一步”按钮，出现安装向导“步骤 5-默认目标目录”对话框，设置系统默认的安装路径及程序组名称，在对应的文本框中输入“\XSGL”和“学生信息管理”内容，如图 10-9 所示。

7）单击“下一步”按钮，出现安装向导“步骤 6-改变文件设置”对话框，设置默认安装文件，从文件列表中选择可执行文件“xsgl.exe”，如图 10-10 所示。选择可执行文件的程序管理器列中的复选框，弹出“程序组菜单项”对话框，如图 10-11 所示，在“说明”文本框中输入程序组的说明信息，如“学生信息管理”；在“命令行”文本框中输入需要执行的可执行文件名，如“%sxsgl.exe”。注意：“%s”必须在半角状态下输入，字母 s 必须为小写字母。

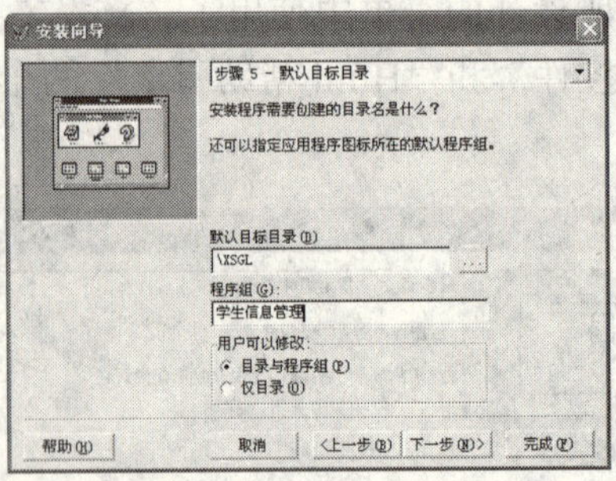

图 10-9 “步骤 5-默认目标目录”对话框

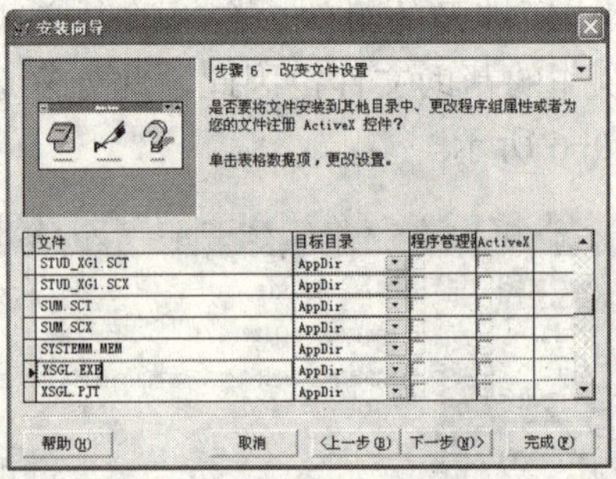

图 10-10 “步骤 6-改变文件设置”对话框

8）单击“下一步”按钮，出现安装向导“步骤 7-完成”对话框，如图 10-12 所示，单击“完成”按钮，则系统自动对应用程序进行打包。

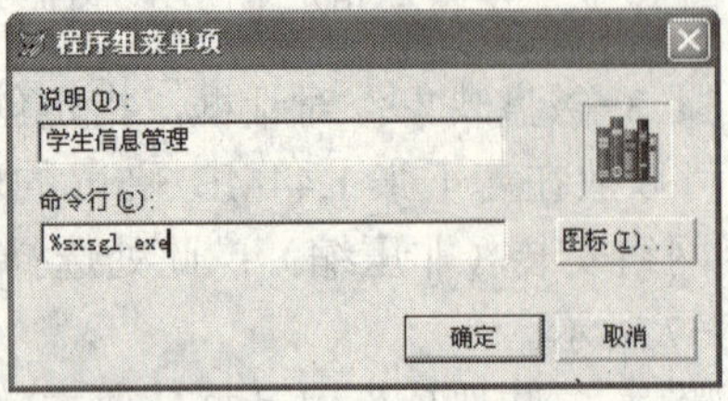

图 10-11 “程序组菜单项”对话框

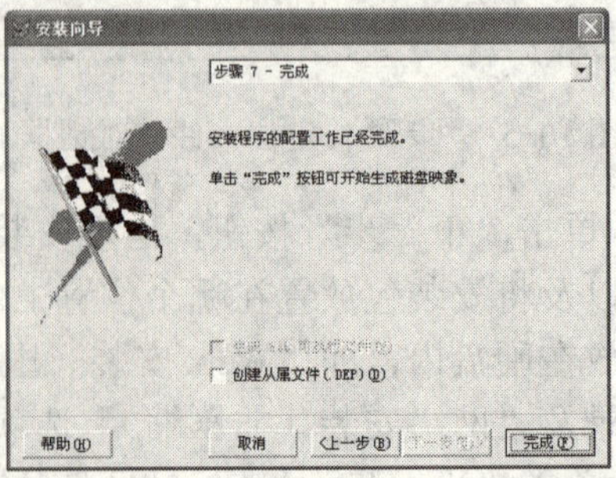

图 10-12 “步骤 7-完成”对话框

当系统完成应用程序打包工作之后，将出现“安装向导磁盘统计信息”对话框，显示当前应用系统的安装程序所产生的磁盘空间等信息，这时系统发布的全部工作到此结束。

3. 应用软件的安装与测试

打开 D 盘的“安装”文件夹中的“Netsetup”文件夹，双击 Setup.exe 文件，按照屏幕提示对“学生信息管理系统”应用软件进行安装，安装完毕后，将自动在程序组中增加一个菜单项——“学生信息管理”。

执行“学生信息管理”菜单，运行该软件，再次测试软件的不同功能。

知识拓展

在程序连编后，单击 Visual FoxPro 主窗口的关闭按钮，出现“不能退出 FoxPro”错误提示信息。其主要原因是由于在 Visual FoxPro 中，当要开始事务处理时，需要加入一个 READ EVENTS 语句，在想退出 Visual FoxPro 前，必须首先使用 CLEAR EVENTS 来结束事务处理，否则提示“不能退出 FoxPro”。

在普通表单中，CLEAR EVENTS 可以放在表单的 Unload 事件中执行，但对于 Visual FoxPro 主窗口（_Screen），系统一般是不允许用户修改其事件过程的，为此，Visual FoxPro 提供了 ON SHUTDOWN 命令。该命令用于指定试图退出 Visual FoxPro 时所执行的命令。

编写一个 Quitprog.prg 文件，用于退出 Visual FoxPro，其代码如下：

```
y=MESSAGEBOX("确实要退出 Visual FoxPro 程序吗？",4+32,"提示信息")
IF y=6
    CLEAR EVENTS
    QUIT
ENDIF
```

在 Visual FoxPro 的命令窗口中输入：ON SHUTDOWN DO Quitprog.prg

单击主窗口的关闭按钮，将出现如图 10-13 所示的提示信息窗口，用于询问是否退出 Visual FoxPro 程序。

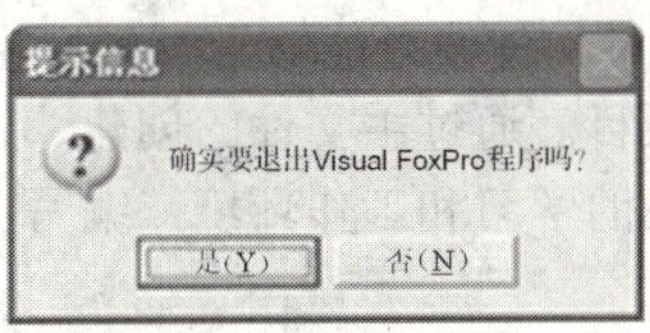

图 10-13 关闭 Visual FoxPro 时的提示画面

触类旁通

Setup.exe 具有一系列不同的 Quiet 模式安装选项开关，要使用 Setup.exe 来达到用户干预 Visual FoxPro 应用程序，可以在 Setup.exe 命令后使用/ QT 开关，使用该开关后，不会显示任何案卷对话框，也不会提示用户安装已经完成。

同时，也可以使用以下 Setup.exe 开关。

① /Q[0|1|T]Quiet 安装模式（0 表示显示安装完成对话框，1 表示隐藏安装完成对话框，

T 表示隐藏所有显示）。

② /QN[1|T]不重新启动的 Quiet 安装模式。

③ Quiet 安装模式的所有开关组合，见表 10-1。

表 10-1 Quiet 安装模式开关组合

开关组合	说明
Setup.exe /Q 或/Q0	Setup 显示一个“正在初始化安装...”对话框，并且用户可以看到当前文件的复制情况和进度条，在安装完成时，显示另一个对话框说明安装是否成功，该对话框要求用户单击“确定”按钮来关闭对话框并完成安装
Setup.exe /Q1 或/QN1	使用这些选项时显示“正在初始化安装...”对话框，然后显示进度条，但不显示完成对话框
Setup.exe /QT	不显示对话框，无论安装是否成功
Setup.exe /QNT	只显示“正在初始化安装…”对话框

如果需要查看 Setup.exe 的语法帮助，可以在 DOS 命令提示符下输入：Setup.exe/，将打开一个命令参数提示窗口，如图 10-14 所示。

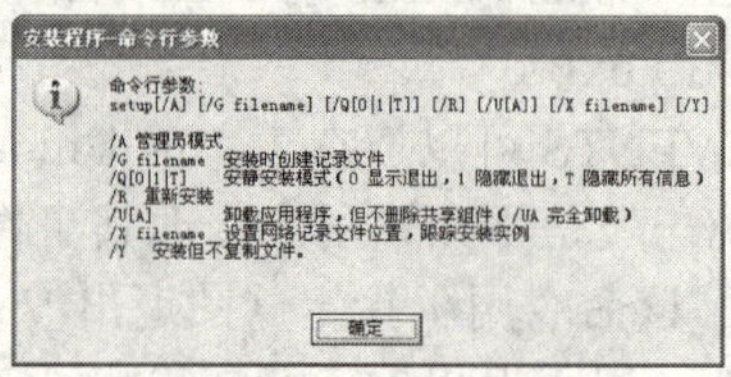

图 10-14 Setup.exe 命令参数提示窗口

小结

本项目以设计“学生信息管理系统”的安装程序的制作为范例，阐述了如何进行应用程序的集成以及如何进行系统的发布等各个过程，使读者更加透彻地掌握管理信息系统的开发方法和开发思路。

通过将实例贯穿在整个项目中，使读者能够了解如何将 Visual FoxPro 所编写的所有功能模块整合成一个完整的应用项目。通过主文件的创建、系统的编译和应用系统的发布等内容的学习，读者可以根据自己的学习和工作环境，编写出满足自己需要的应用软件。

实战强化

1．创建项目文件 Gzgl.pjx，将各项目“实践强化”中所完成的职工工资管理系统中的各功能模块添加到项目中，创建并设置主文件，连编应用系统各功能模块，将系统编译成可执行文件。

2．将所设计的职工工资管理系统，通过调试，将整个应用系统进行系统的发布，将其打包成一个应用程序安装包。

项目 11　设计应用系统文档模块

职业能力目标

1）能够依据软件工程原理制作应用系统文档。
2）能够依据《计算机软件产品开发文件编制指南》的要求制作相关文件。
3）能够使用“屏幕抓图”软件及 Word 制作应用系统用户手册。
4）通过用户手册的编写，培养学生的语言表达能力和文字书写水平。

为了更好地规范软件的开发流程，在软件开发的每个阶段，都必须编写相关的文档作为这段工作成果和结束标志。本项目主要介绍软件用户手册的构成、书写的形式及利用 Word 和“屏幕抓图”软件 HyperSnap 制作软件用户手册等内容。

任务　创建软件用户手册

任务情境

在现实生活中，比如新购置一台电视机，在包装箱中都有一本关于电视机的使用说明书或称为用户手册，作为日常使用的参考。

作为一套应用软件，它本身也是一种产品，同样需要有用户手册，为用户在使用软件过程中提供帮助。因此，为用户提供一套完整的用户手册是非常必要的，同时用户手册要符合《计算机软件文档编制规范（GB/T8567—2006)》的要求，从软件工程的角度出发，也是对软件设计团队提出的一项要求。

任务分析

1. 用户手册构成

创建用户手册就如同写一篇文章，对书写的文章要进行整体构思，先写什么，后写什么，做到心中有数。对于编写计算机应用软件的用户手册，要按照以下几个方面进行书写。

（1）软件简介　通过软件的使用范围、软件产生的背景、开发的目的、软件的功能、使用该软件有什么益处等方面进行描述，使用户通过手册可以对该应用软件有一个初步的了解。

（2）运行环境　为了保证用户在实际工作中可以正常使用应用软件，发挥软件的功能，必须对软件的运行环境有所了解。从硬件环境和软件环境两个方面进行描述，同时说明对应用软件的最低要求。

（3）系统安装　介绍应用软件安装的具体过程，配有插图进行辅助说明，同时说明安装过程中的注意事项。

（4）功能介绍　详细介绍各个功能模块的具体使用方法和步骤，配有插图进行辅助说明，这部分内容是用户手册的重点内容。

（5）故障排除　介绍一些可能出现的故障现象及处理方法，同时可以附上软件开发公司的联系方式。

除此之外，用户手册实际上是一本书，它必须要有封面和封底，为了阅读方便，还必须要有各章节的目录，这样才能构成一部完整的用户手册。

2. 制作方法

对于我们非专业印刷者来说，并不需要使用专业的印刷系统来制作用户手册，只要使用大家所熟悉的 Word 软件就可以制作。但在实际使用的过程中可能有一种困惑，如何将系统在运行过程中所显示的图形界面插入到 Word 文档中呢？图片如何获取呢？其实很简单，只要使用“屏幕抓图”软件 HyperSnap 6.0 截取软件运行时的画面，将其保存起来，然后再插入到 Word 文档中就可以制作出图文并茂的用户手册了。

3. “屏幕抓图”软件 HyperSnap 的介绍

HyperSnap 是“屏幕抓图”软件，不仅能抓取标准桌面程序还能抓取 DirectX，3Dfx Glide 游戏和视频或 DVD 屏幕图。该软件能以 20 多种图形格式（包括 BMP，GIF，JPEG，TIFF，PCX 等）保存并阅读图片。用户可以用热键或自动计时器从屏幕上抓图。功能还包括在所抓取的图像中显示鼠标轨迹，收集工具，有调色板功能并能设置分辨率，还能选择从 TWAIN 装置中（扫描仪和数码相机）抓图。HyperSnap 是一款共享软件，可以通过网络进行下载。

HyperSnap 软件安装非常简单，按照提示进行安装，启动运行界面，如图 11-1 所示。

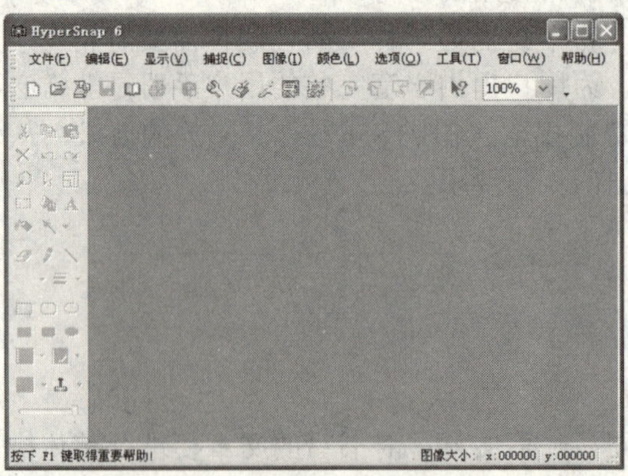

图 11-1　HyperSnap 软件启动界面

4. HyperSnap 常用热键及操作

（1）常用热键　HyperSnap 启动后，除了常用工具按钮外，左侧的按钮主要是用于作图，在“捕捉”菜单中提供了主要抓取对象和热键。抓取对象和默认热键，见表 11-1。

表 11-1　抓取对象和默认热键

抓取对象	默认热键
全屏幕	Ctrl+Shift+F
抓取对象	默认热键
窗口或控件（比如工具条/滚动条）	Ctrl+Shift+W
按钮（包括命令按钮和工具栏上的各个按钮）	Ctrl+Shift+B
活动窗口	Ctrl+Shift+A
不带边框的活动窗口（使抓取的对象不包含边框）	Ctrl+Shift+C
选区（由用户指定要抓取的任意方形区域）	Ctrl+Shift+R
多区域捕捉	Ctrl+Shift+M

（2）常用操作方法

1）抓取全屏幕。按下热键<Ctrl +Shift+F>，或者使用鼠标单击“捕捉”菜单下的“全屏幕”菜单项，之后会听到类似照相的“咔嚓”声，操作成功，即获取图像。

2）抓取活动窗口。首先使要抓取的窗口成为活动窗口，然后按下热键<Ctrl+Shift+A>。

3）抓取下拉菜单。当需要抓取某个窗口中的下拉菜单时，有多种方法可以实现：先让 HyperSnap 最小化到任务栏上，再单击要抓取的菜单使之展开，然后按下热键<Ctrl+Shift+R>，屏幕上将出现一个十字形光标，移动此光标到起始位置并用鼠标左键单击，再移动到菜单右下方再次单击；或者当菜单出现后直接按下窗口抓取热键<Ctrl+Shift+W>，会看到一个闪动的矩形框，单击左键即可抓取该菜单；如果希望抓取多级子菜单中的某一级，应依次打开该级联菜单，按下热键<Ctrl+Shift+W>，当矩形框闪动时移动到希望抓取的子菜单上单击左键；如希望抓取级联菜单的全部，则要用到其“多区域捕捉”功能，按下热键<Ctrl+Shift+M>，当屏幕上出现闪动矩形框时单击左键增加要抓取的区域，以便让各级菜单都被选中（选中的区域会用黑色覆盖），然后按下回车键完成抓取。

4）多区域抓图。抓取级联菜单仅仅是多区域抓图的一个简单应用，实际上这个功能相当强大，可以将它和“Region Capture”（区域抓图）结合使用以完成更复杂的抓取任务。例如：要在资源管理器中同时抓取某个文件（夹）的右键快捷菜单和该文件（夹）的图标，可以这样操作：首先使用鼠标右键单击该文件（夹）并弹出其快捷菜单，然后按下抓取热键<Ctrl+Shift+M>，点取菜单区域使它被选中，再按下鼠标右键不放手，会马上出现一个子菜单，从中单击“重启区域方式”后放开，此时出现十字形光标，用该光标单击文件图标的左上角和右下角各一次，使文件图标被选中（原来选中的菜单仍处于选中状态），最后按下回车键完成抓取。

5）抓取对话框中的按钮。如果希望抓取某个对话框中的命令按钮，当对话框出现后，把光标移到要抓取的按钮上，然后按下热键<Ctrl+Shift+B>，便会看到这个按钮被自动“按”了一下，抓取完成。

在实际操作过程中，还有许多应用的技巧，读者应在使用过程中逐渐摸索。

注意：在抓取图像的过程中，只要还没有完成抓取，随时可按下<Esc>键放弃当前操作。

任务实施

1. 制作用户手册封面

用户手册封面就是所要设计文档的第一页，它的设计必须简单明了、美观大方，能够充分说明主题。它通常包括软件的名称、软件制作单位、软件制作单位的 Logo 等信息，可以适当放置一些图片，使封面美观。

2. 制作用户手册正文

制作用户手册正文时一般要遵守如下格式：

（1）页面设置　A4 纸打印，上边距：3cm，下边距：3cm，左边距：3cm，右边距：2cm，页眉边距为 2cm，页脚边距为 1.8cm，左侧装订。

（2）正文格式及图表说明　正文层次标题应简短明确，以不超过 15 字为宜，题末不加标点符号。各层次一律用阿拉伯数字连续编号，如："1"，"1.1"，"1.1.1"，后空一字距写标题。一级标题一律用黑体三号字，居中对齐。二级标题用黑体四号字，左顶格。三级标题用黑体小四号字，左顶格。正文其他部分全部用宋体小四号字，1.25 倍行距。各级标题与段落之间不留空行。图、表与正文之间上下各空一行。

图应有图题，放于图下方居中的位置，用阿拉伯数字编号，如图 1，图号后不加任何符号，空 1 个字距写图题。表应有表题，放表上方居中位置，用阿拉伯数字编号，如表 1，表号后不加任何符号，空 1 个字距写表题。表一律采用三线表。图题、表题与图、表之间不留空行。图题、表题用宋体五号字。

3. 用户手册样例

设计用户手册封面，如图 11-2 所示；设计用户手册三级标题，如图 11-3 所示；设计用户手册图片及图题，如图 11-4 所示。

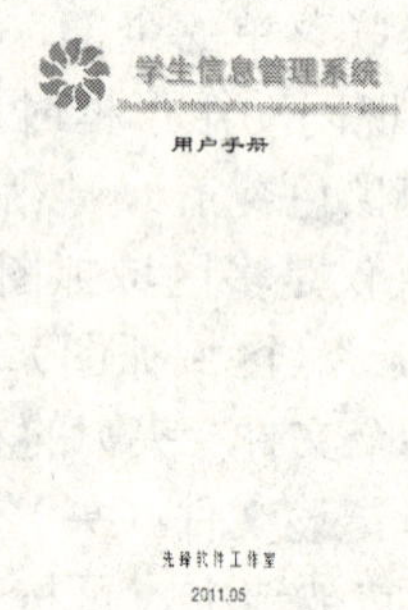

图 11-2　设计用户手册封面

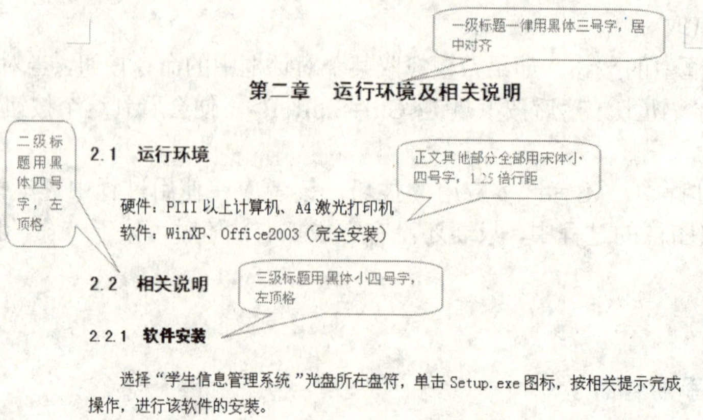

图 11-3　设计用户手册三级标题

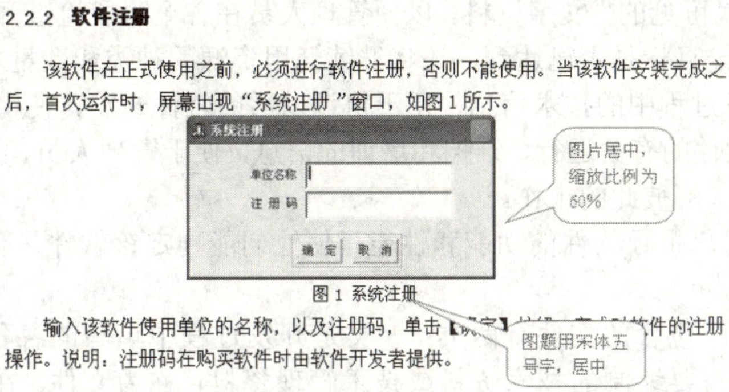

图 11-4　设计用户手册图片及图题

4. 生成文档目录

由于在文档中各章节均设置了不同级别的标题，因此可以利用 Word 的目录自动生成功能来完成，具体方法如下：

1）执行“插入”→“引用”→“索引和目录”命令，弹出“索引和目录”对话框，选择“目录”选项卡，如图 11-5 所示。

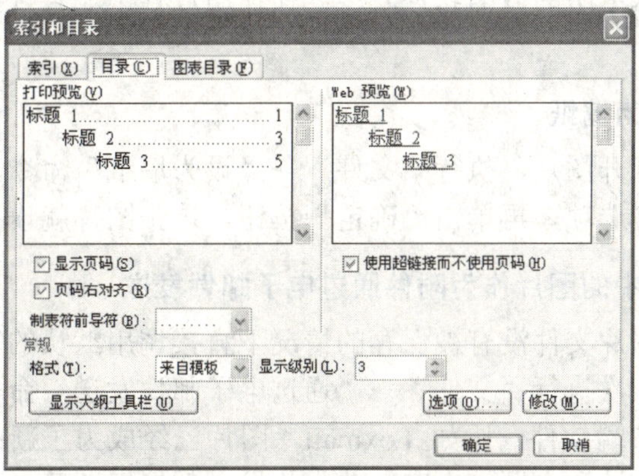

图 11-5　“索引和目录”对话框

2）在“目录”选项卡中，可以对页码对齐方式、显示级别及格式等进行设置，单击“确定”按钮后，所编辑的用户手册的各章节目录就自动生成了。

知识拓展

通过计算机软件的筹划、研制及实现，构成了一个软件开发项目。一个软件开发项目的进行，一般需要在人力和自动化资源等方面作重大的投资。为了保证项目开发的成功，节省投资、便于运行和维护，在开发工作的每一阶段，都需要编制一定的文件。这些文件连同计算机程序及数据一起，构成为计算机软件。文件是计算机软件中不可缺少的组成部分，其作用表现在以下几个方面：

1）作为开发人员在一定阶段内的工作成果和结束标志。

2）向管理人员提供软件开发过程中的进展和情况，把软件开发过程中的一些“不可见的”事物转换成“可见的”文字资料。以便管理人员在各个阶段检查开发计划的实施进展，使之能够判断原定目标是否已达到，还将继续耗用资源的种类和数量。

3）记录开发过程中的技术信息，便于协调以后的软件开发、使用和修改。

4）提供对软件的有关运行、维护和培训的信息，便于管理人员、开发人员、操作人员和用户之间相互了解彼此的工作。

5）向潜在用户报导软件的功能和性能，使他们能判定该软件是否可以服务于自己的需求。

计算机软件所包含的文件有两类：一类是开发过程中填写的各种图表，称为工作表格；另一类则是需要编制的技术资料或技术管理资料，称为文件。在一项计算机软件的开发过程中，一般应该包括 14 种文件：可行性研究报告、项目开发计划、软件需求说明书、数据要求说明书、概要设计说明书、详细设计说明书、数据库设计说明书、用户手册、操作手册、模块开发卷宗、测试计划、测试分析报告、开发进度月报和项目开发总结报告。

触类旁通

HyperSnap 是大家常用的截图软件之一。在使用过程中还有许多技巧和经验可供用户更好地使用。

1. 快速设置图片为墙纸

在 HyperSnap 中打开图片，执行“文件”→“设为墙纸”命令，在弹出的对话框中选择“拉伸”，“平铺”等选项，再单击“确定”按钮，这张图片就设置成了桌面墙纸。

2. 将 HyperSnap 中的图片作为附件通过电子邮件发送

这个功能可以在图片文件没有被保存的情况下直接调用默认的客户端软件发送出去，截下一张图片之后，依次执行“文件”→“通过电子邮件发送”命令，这时软件会调出本机默认的电子邮件客户端软件，比如 Foxmail，图片已经成为了新邮件的附件，只要填写好收件人的电子邮箱地址和主题等内容，单击“发送”按钮即可。

3. 快速对多张图片进行浏览

如果在 HyperSnap 中打开了多张图片，可以按<Page up>或<Page down>键对图片进行浏览。

4. 去除截图中的光标

如果截图中有光标指针，则可执行“捕捉”→“捕捉设置”命令，打开“捕捉设置”对话框，选择“捕捉”选项卡，把“包括光标指针”选项前的对勾去掉。

5. 使用新的捕捉图像替换当前窗口的图像

在截取了一张图片之后，后面截取的图像就会一个个创建新的窗口，使新窗口不停地增加，可以使新截取的图片替换当前的图像。操作方法：执行“捕捉”→“捕捉设置”命令，打开“捕捉设置”对话框，选择“查看和编辑”选项卡，在“使用新的捕捉替换当前窗口的图像”选项前打上对勾即可。

6. 自动保存图片

依次执行“捕捉”→“捕捉设置”命令，打开“捕捉设置”对话框，选择“快速保存”选项卡，选中“自动将每次捕捉的图像保存到文件中”。每次捕捉好图片后，HyperSnap 主窗口就不会再弹出来，而是自动把捕捉到的图片保存到指定文件夹中。

小结

本项目主要讲解了应用软件用户手册的构成形式及各部分的书写内容要求，同时介绍了屏幕抓图软件 HyperSnap 的使用方法，通过编写软件用户手册，使学生进一步明确了应用软件的各部分功能，同时锻炼了语言表达能力和文字书写能力。

实战强化

利用屏幕抓图软件 HyperSnap 和 Word 制作“职工工资管理系统”的用户使用手册。

附 录

附录 A Visual FoxPro 常用函数

1. 数值函数

函数名	功能	举例	结果
ABS (x)	求绝对值	ABS (-8.6)	8.6
SQRT (x)	求平方根	SQRT (9)	3.00
INT (x)	取整数	INT (2.6)	2
ROUND (x1，x2)	按指定位数四舍五入	ROUND (3.14159，3) ROUND (314.25，-2)	3.142 300
RAND (x)	产生 0～1 之间的伪随机数	RAND (1)	0.05
MOD (x1，x2)	求 x1 除以 x2 的余数	MOD (36，6) MOD (25.2，5)	6 0.2
MAX (x1，x2，…)	求 x1，x2，…中的最大值	MAX (36，6，100)	100
MIN (x1，x2，…)	求 x1，x2，…中的最小值	MIN (36，6，100)	6

2. 字符函数

函数名	功能	举例	结果
AT (s1，s2，n)	测试 s1 在 s2 中第 n 次出现的位置	AT ("A"，"ABCDA") AT ("A"，"ABCDA"，2)	1 5
LEN (s1)	测试 s1 字符串的长度	LEN ("abCDEF") LEN ("信息中心")	6 8
ISALPHA (s1)	测试 s1 是否是字符	ISALPHA ("信息") ISALPHA ("ab") ISALPHA ("12") ISALPHA ("12")	.T. .T. .F. .T.
SUBSTR (s1，n1，n2)	在 s1 中从 n1 开始截取 n2 长度子串	SUBSTR ("abcdef"，2，3)	bcd
LEFT (s1，n1)	从 s1 左边第一个字符开始截取长度为 n1 的子串	LEFT ("abcdef"，3)	abc
RIGHT (s1，n1)	从 s1 右边第一个字符开始截取长度为 n1 的子串	RIGHT ("abcdef"，3)	def
TRIM (s1)	将 s1 尾部空格删除	TRIM ("abcd ")	abcd
LTRIM (s1)	将 s1 从左边开始的空格删除	LTRIM (" abcd")	abcd
ALLTRIM (s1)	将 s1 首尾空格删除	ALLTRIM (" abcd ")	abcd
REPLICATE (s1，n)	生成 n 个数的 s1 的字符串	REPLICATE ("A"，3) REPLICATE ("AB"，3)	AAA ABABAB
STUFF (s1，n1，n2，s2)	用字符串 s2 替换 s1 中第 n1 个字符起的 n2 个字符	STUFF ("now"，2，1，e")	new

3. 日期与时间函数

函数名	功能	举例	结果
DATE ()	返回当前计算机系统的日期	DATE ()	03/22/2011
YEAR (s1)	返回 s1 对应的年份	YEAR (DATE ())	2011
MONTH (s1)	返回 s1 对应的月份	MONTH (DATE ())	03
DAY (s1)	返回 s1 对应的天	DAY (DATE ())	22
TIME ()	返回计算机系统对应的当前时间	TIME ()	10:15:18
DATETIME ()	返回计算机系统对应的当前日期和时间	DATETIME ()	03/22/2011 10:18:58 AM
CMONTH (s1)	返回 s1 对应的英文字符格式月份	CMONTH (DATE ())	March
CDOW (s1)	返回 s1 对应的英文星期几	CDOW (DATE ())	Tuesday
SECOND ()	返回当前计算机系统时间对应的秒数	SECOND ()	38031.986

4. 数据类型转换函数

函数名	功能	举例	结果
CTOD (s1)	将 s1 转换为日期	A=CTOD ("07/22/2006") ?TYPE ("A")	D
DTOC (s1)	将 s1 转换为字符串	A=DTOC ({07/22/2006}) ?TYPE ("A")	C
STR (x1，x2，x3)	将 x1 转换为长度为 x2 位，具有 x3 位小数的字符串	STR (3.1415926，6，4)	3.1416
VAL (s1)	将 s1 转换为数值	VAL ("3.1415926") VAL ("3")+3 "3"+3	3.1415926 6.00 错误信息
ASC (s1)	转换 s1 中第一个字符对应的 ASCII 码	ASC ("ABC")	65
CHR (n)	转换 n 表示的 ASCII 码为对应的字符	CHR (65)	A
UPPER (s1)	转换 s1 中小写字母为大写字母	UPPER ("abc")	ABC
LOWER (s1)	转换 s1 中大写字母为小写字母	LOWER ("abcEF")	abcef
&	宏替换	P="stud_bak" USE &P	USE stud_bak

5. 测试函数

函数名	功能	举例	结果
TYPE ("s1")	测试 s1 的数据类型，数值型返回 N，字符型返回 C，日期型返回 D，逻辑型返回 L，未确定返回 U	A="ABC" B=123 C=.T. D=DATE() TYPE ("A") TYPE ("B") TYPE ("C") TYPE ("D") TYPE ("E")	C N L D U
ISLOWER (s1)	测试 s1 中第一个字符是否小写	ISLOWER ("Prg") ISLOWER ("prg")	.F. .T.
ISUPPER (s1)	测试 s1 中第一个字符是否大写	ISUPPER ("Prg") ISUPPER ("prg")	.T. .F.
RECNO ()	检测当前数据表的记录位置	RECNO ()	1
RECCOUNT ()	检测当前数据表的记录数	RECCOUNT ()	20
BOF ()	测试文件处于开始位置	BOF ()	.T.
EOF ()	测试文件处于结束位置	EOF ()	.F.
FOUND ()	返回查找结果	FOUND ()	.T.
DELETE ()	检测记录是否处于逻辑删除状态	DELETE ()	.T.
FILE ()	检测指定的磁盘文件是否存在	FILE ("stud.dbf")	.F.

附录 B　Visual FoxPro 常用命令

命　　令	功　　能
?	在下一行显示表达式串
??	在当前行显示表达式串
@...	将数据按用户设定的格式显示在屏幕上或在打印机上打印、
ACCEPT	把一个字符串赋给内存变量
APPEND	给数据库文件追加记录
APPEND FROM	从其他库文件将记录添加到数据库文件中
AVERAGE	计算数值表达式的算术平均值
BROWSE	全屏幕显示和编辑数据库记录
CALL	运行内存中的二进制文件
CANCEL	终止程序执行，返回圆点提示符
CASE	在多重选择语句中，指定一个条件
CHANGE	对数据库中的指定字段和记录进行编辑
CLEAR	清洁屏幕，将光标移动到屏幕左上角
CLEAR ALL	关闭所有打开的文件，释放所有内存变量，选择 1 号工作区
CLEAR FIELDS	清除用 SET FIELDS TO 命令建立的字段名表
CLEAR GETS	从全屏幕 READ 中释放任何当前 GET 语句的变量
CLEAR MEMORY	清除当前所有内存变量
CLEAR PROGRAM	清除程序缓冲区
CLEAR TYPEAHEAD	清除键盘缓冲区
CLOSE	关闭指定类型文件
CONTINUE	把记录指针指到下一个满足 LOCATE 命令给定条件的记录，在 LOCATE 命令后出现。无 LOCATE 则出错
COPY TO	将使用的数据库文件复制到另一个库文件或文本文件
COPY FILE	复制任何类型的文件
COPY STRUCTURE EXTENED TO	当前库文件的结构作为记录，建立一个新的库文件
COPY STRUCTURE TO	将正在使用的库文件的结构复制到目的库文件中
COUNT	计算给定范围内指定记录的个数
CREATE	定义一个新数据库文件结构并将其登记到目录中
CREATE FROM	根据库结构文件建立一个新的库文件
CREATE LABEL	建立并编辑一个标签格式文件
CREATE REPORT	建立并编辑一个报表格式文件
DELETE	给指定的记录加上删除标记
DELETE FILE	删除一个未打开的文件
DIMENSION	定义内存变量数组
DIR 或 DIRECTORY	列出指定磁盘上的文件目录
DISPLAY	显示一个打开的库文件的记录和字段
DISPLAY FILES	查阅磁盘上的文件

（续）

命　令	功　能
DISPLAY HISTORY	查阅执行过的命令
DISPLAY MEMORY	分页显示当前的内存变量
DISPLAY STATUS	显示系统状态和系统参数
DISPLAY STRUCTURE	显示当前书库文件的结构
DO	执行 Visual FoxPro 程序
DO CASE	程序中多重判断开始的标志
DO WHILE	程序中一个循环开始的标志
EDIT	编辑数据库字段的内容
EJECT	使打印机换页的命令，将 PROW()函数和 PCOL()函数值置为 0
ELSE	在 IF...ENDIF 结构中提供另一个条件选择路线
ENDCASE	终止多重判断
ENDDO	程序中一个循环体结束的标志
ENDIF	判断体 IF...ENDIF 结构结束标志
ERASE	从目录中删除指定文件
EXIT	在循环体内执行退出循环的命令
FIND	将记录指针移动到第一个含有与给定字符串一致的索引关键字的记录上
FLUSH	清除所有的磁盘存取缓冲区
GATHER FROM	将数组元素的值赋予数据库的当前记录中
GO/GOTO	将记录指针移动到指定的记录号
HELP	激活帮助菜单，解释 Visual FoxPro 的命令
IF	在 IF...ENDIF 结构中指定判断条件
INDEX	根据指定的关键词生成索引文件
INPUT	接受键盘键入的一个表达式并赋予指定的内存变量
INSERT	在指定的位置插入一个记录
JOIN	从两个数据库文件中把指定的记录和字段组合成另一个库文件
KEYBOARD	将字符串填入键盘缓冲区
LABEL FROM	用指定的标签格式文件打印标签
LIST	列出数据库文件的记录和字段
LIST FILES	列出磁盘当前目录下的文件
LIST HISTORY	列出执行过的命令
LIST MEMORY	列出当前内存变量及其值
LIST STATUS	列出当前系统状态和系统参数
LIST STRUCTURE	列出当前使用的数据库的库结构
LOAD	将汇编语言程序从磁盘上调入内存
LOCATE	将记录指针移动到对给定条件为真的记录上
LOOP	跳过循环体内 LOOP 与 ENDDO 之间的所有语句，返回到循环体首行
MENU TO	激活一组@...PROMPT 命令定义的菜单
MODIFY COMMAND	进入 Visual FoxPro 系统的字处理状态，并编辑一个 ASCII 码文本文件（如果指定文件名以.PRG 为后缀，则编辑一个 Visual FoxPro 命令文件）
MODIFY FILE	编辑一个一般的 ASCII 码文本文件
MODIFY LABEL	建立并编辑一个标签（.LBL）文件
MODIFY REPORT	建立并编辑一个报表格式文件（.FRM）文件
MODIFY STRUCTURE	修改当前使用的库文件结构
NOTE/*	在命令文件（程序）中插入以行注释（本行不被执行）
ON	根据指定条件转移程序执行
OTHERWISE	在多重判断（DO CASE）中指定除给定条件外的其他情况
PACK	彻底删除加有删除标记的记录

（续）

命　令	功　能
PARAMETERS	指定子过程接受主过程传递来的参数所存放的内存变量
PRIVATE	定义内存变量的属性为局部性质
PROCEDURE	一个子过程开始的标志
PUBLIC	定义内存变量为全局性质
`QUIT	关闭所有文件并退出 Visual FoxPro
READ	激活 GET 语句，并正是接受在 GET 语句中输入的数据
RECALL	恢复用 DELETE 加上删除标记的记录
REINDEX	重新建立正在使用的原有索引文件
RELEASE	清除当前内存变量和汇编语言子程序
RENAME	修改文件名
REPLACE	用指定的数据替换数据库字段中原有的内容
REPORT FORM	显示数据报表
RESTORE FROM	从内存变量文件（.MEM）中恢复内存变量
RESTORE SCREEN	装载原来存储过的屏幕映象
RESUME	使暂停的程序从暂停的断点继续执行
RETRY	从当前执行的子程序返回调用程序，并从原调用行重新执行
RETURN	结束子程序，返回调用程序
RUN/ !	在 Visual FoxPro 中执行一个操作系统程序
SAVE TO	把当前内存变量及其值存入指定的磁盘文件（.MEM）
SAVE SCREEN	将当前屏幕显示内容存储在指定的内存变量中
SCATTER	将当前数据库文件中的数据移到指定的数组中
SEEK	将记录指针移到第一个含有与指定表达式相符的索引关键字的记录
SELECT	选择一个工作区
SET	设置 Visual FoxPro 控制参数
SET ALTERNATE ON/OFF	设置传送/不传送输出到一个文件中
SET ALTERNATE TO	建立一个存放输出的文件
SET BELL ON/OFF	设置输入数据时响铃/不响铃
SET CARRY ON/OFF	设置最后一个记录复制/不复制到添加的记录中
SET CENTURY ON/OFF	设置日期型变量要/不要世纪前缀
SET CLEAR ON/OFF	设置屏幕信息能/不能被清除
SET COLOR ON/OFF	设置彩色/单色显示
SET COLOR TO	设置屏幕显示色彩
SET CONFIRM ON/OFF	设置在全屏幕编辑方式中，要求/不要求自动跳到下一个字段
SET CONSOLE ON/OFF	设置将输出传送/不传送到屏幕
SET DATE	设置日期表达式的格式
SET DEBUG ON/OFF	设置传送/不传送 ECHO 的输出到打印机上
SET DECIMALS TO	设置计算结果需要显示的小数位数
SET DEFAULT TO	设置默认的驱动器
SET DELETED ON/OFF	设置隐藏/显示有删除标记的记录
SET DELIMITER TO	为全屏幕显示字段和变量设置定界符
SET DELIMITER ON/OFF	选择可选的定界符
SET DEVICE TO SCREEN/PRINT	将@...SAY 命令的结果传送到屏幕/打印机
SET DOHISTORY ON/OFF	设置存/不存命令文件中的命令到历史记录中
SET ECHO ON/OFF	命令行回送到屏幕或打印机
SET ESCAPE ON/OFF	允许 ESCAPE 退出/继续命令文件的执行
SET EXACT ON/OFF	在字符串的比较中，要求/不要求准确一致

（续）

命　令	功　能
SET EXACLUSIVE ON/OFF	设置数据库文件的共享
SET FIELDS ON/OFF	设置当前打开的数据库中部分/全部字段为可用
SET FIELDS TO	指定打开的数据库中可被访问的字段
SET FILTER TO	在操作中将数据库中所有不满足给定条件的记录排除
SET FIXED ON/OFF	固定/不固定显示的小数位数
SET FORMAT TO	打开指定的格式文件
SET FUNCTION	设置 F1～F9 功能键值
SET HEADING ON/OFF	设置 LIST 或 DISPLAY 时，显示/不显示字段名
SET HELP ON/OFF	确定在出现错误时，是否给用户提示
SET HISTORY ON/OFF	决定是/否把命令存储起来以便重新调用
SET HISTORY TO	决定显示历史命令的数目
SET INDEX TO	打开指定的索引文件
SET INTENSITY ON/OFF	对全屏幕操作实行/不实行反转显示
SET MARGIN TO	设置打印机左页边
SET MEMOWIDTH TO	定义备注型字段输出宽度和 REPORT 命令隐含宽度
SET MENU ON/OFF	确定在全屏幕操作中是否显示菜单
SET MESSAGE TO	定义菜单中屏幕底行显示的字符串
SET ODOMETER TO	改变 TALK 命令响应间隔时间
SET ORDER TO	指定索引文件列表中的索引文件
SET PATH TO	为文件检索指定路径
SET PRINT ON/OFF	传送/不传送输出数据到打印机
SET PRINTER TO	把打印的数据输送到另一种设备或一个文件中
SET PROCEDURE TO	打开指定的过程文件
SET RELATION TO	根据一个关键字表达式连接两个数据库文件
SET SAFETY ON/OFF	设置保护，在重写文件时提示用户确认
SET SCOREBORAD ON/OFF	设置是/否在屏幕的第 0 行上显示 Visual FoxPro 的状态信息
SET STATUS ON/OFF	控制是/否显示状态行
SET STEP ON/OFF	每当执行完一条命令后，暂停/不暂停程序的执行
SET TALK ON/OFF	是否将命令执行的结果传送到屏幕上
SET TYPEAHEAD TO	设置键盘缓冲区的大小
SET UNIQUE ON/OFF	在索引文件中出现相同关键字的第一个/所有记录
SKIP	以当前记录指针为准，前后移动指针
SORT TO	根据数据库文件的一个字段或多个字段产生一个排序的库文件
STORE	赋值语句
SUM	计算并显示数据库记录的一个表达式在某范围内的和
SUSPEND	暂停（挂起）程序的执行
TEXT...ENDTEXT	在屏幕上当前光标位置显示...的文本数据块
TOTAL TO	对预先已排序的文件产生一个具有总计的摘要文件
TYPE	显示 ASCII 码文件的内容
UNLOCK	解除当前库文件对记录和文件的加锁操作
UPDATE	允许对一个数据库进行成批修改
USE	带文件名的 USE 命令打开这个数据库文件。无文件名时，关闭当前操作的数据库文件
WAIT	暂停程序执行，按任意键继续执行
ZAP	删除当前数据库文件的所有记录（不可恢复）

附录C VFP常用对象属性事件方法

1. Visual FoxPro常用对象及功能

对象名称	功能
Application	远程启动或操纵 Visual FoxPro 实例
Column	在网格中创建一列
Container	创建可以包含其他对象的容器对象
Control	创建可以包含其他受保护对象的控件对象
Cursor	创建游标对象
Custom	创建定制的、用户自定义的对象
Data	Environment 在创建表单、表单集或者报表时，创建数据环境对象
Form	创建表单
FromSet	创建表单集
Header	为网格中的列创建一个标题
Objects collection	确定 Application 对象中的当前对象
Page	在页框中创建一页
Relation	在创建表单、表单集或者报表数据环境时，建立表间关联
Separator	创建在工具栏的控件之间插入空格字符的 Separator 对象
This	在事件代码或类定义中提供对当前对象的引用
ThisForm	在表单事件代码或类定义中提供对当前表单的引用
ThisFormset	在事件代码或类定义中提供对当前表单集的引用
ToolBar	创建一个工具栏
Application	远程启动或操纵 Visual FoxPro 实例

2. Visual FoxPro常用属性及功能

属性名	功能
ActiveColumn	返回 Grid 控件中包含活动单元的列
ActiveControl	引用对象中的活动控件
ActiveForm	引用表单集中的活动 Form 对象或_Screen 对象
ActivePage	返回 Page Frame 对象中活动 Page 号
ActiveRow	指定 Grid 控件中包含活动单元的行
Alias	指定与 Cursor 对象相关的每个表或视图的别名
Align	指定表单中 Active X 控件的对齐方式
Alignment	指定与控件有关的文本对齐方式
Allow AddNew	指定是否从网格中添加新记录到表中
Allow HeaderSizing	指定网格标头的高度是否可以在运行时更改
Allow RowSizing	指定网格中记录的高度是否可以在运行时更改

（续）

属性名	功能
Allow Tabs	指定 EditBox 控件中是否允许使用制表符
Always On Top	防止其他窗口覆盖表单窗口
Application	引用 Application 对象
AutoActivate	确定 OLE Container 控件任何才能被激活
AutoCenter	确定第一次显示表单对象时是否将空表单对象自动居中
AutoCloseTables	释放表单集、表单或报表时，是否关闭数据表或视图
AutoOpenTables	与表单集、表单数据环境有关的表和视图是否自动装载
AutoRelease	当表单集中最后一个表单释放时，是否释放表单集
AutoSize	确定控件是否根据内容自动改变大小
AutoVerbMenu	指定鼠标右键单击 OLE 对象时，是否显示 OLE 对象快捷菜单
Auto Yield	指定在程序代码每次执行之间，VFP 的一个实例是否处理 Windows 事件
BackColor/ForeColor	指定对象中显示文本和图形时的背景或前景颜色
Backstyle	确定对象的背景是否透明
BaseClass	指定被引用对象的 VFP 基类名
BorderColor	指定对象的边界颜色
BorderStyle	指定对象的边界风格
BorderWidth	指定控件边界的宽度
Bound	确定 Column 对象中的控件是否被绑定到 Column 的控件源中
BoundColumn	确定多列列表框或组合框中哪一列被绑定为控件的 Value 属性
BoundTo	列表或组合框的 Value 属性是否由 List、ListIndex 属性确定
BufferMode	记录更改的缓冲锁定方式是悲观缓冲方式还是乐观缓冲方式
BufferModeOverride	在表单或表单集中是否可以覆盖 BufferMode 属性的设置
ButtonCount	指定 CommandGroup 或 OptionGroup 中的按钮数
Buttons	用于访问按钮组中每一按钮的数组
Cancel	CommandButton 或 OLEContainer 控件是否为 Cancel 按钮
Caption	指定显示在对象提要中的文本内容
Century	指定是否在文本框中显示日期的纪元部分
ChildAlias	指定子表的别名
ChildOrder	为 Grid 控件的记录源或 Relation 对象指定索引标记
Class	返回对象的基类名
ClassLibrary	指定包含对象类的用户自定义类库的文件名
ClipControls	确定 Paint 事件中的图形方法是否重新绘制整个对象或者只绘制新的被暴露（Exposed）区域。此外，这个属性还用于确定图形操作环境是否创建排斥对象所包含的非图形空间的剪裁区域
Closable	是否通过双击控件菜单框或者从菜单选择 Close 来关闭表单
Colorscheme	指定控件中所使用的调色盘类型
ColorSource	确定如何设置控件的颜色
ColumnCount	指定 Grid、ComboBox 和 ListBox 控件中 Column 对象的数目
ColumnLines	显示或隐藏列之间的行
ColumnOrder	指定 Grid 控件中 Column 对象之间的相对顺序
Columns	是否通过列号来访问每个 Column 对象的数组

（续）

属　性　名	功　　能
ColumnWidths	指定 ComboBox 和 ListBox 控件中的列宽度
Comment	保存与对象有关的信息
ControlBox	确定在运行时是否在表单的左上角显示控制菜单框
ControlCount	指定容器（Container）对象中的控件数
Controls	访问容器（Container）对象中的控件的数组
ControlSource	确定绑定对象的数据源
CurrentControl	指定包含在 Column 对象中用于显示活动单元值的控件
CurrentX	为下一绘制方法指定水平（X）方向的坐标
Currenty	为下一绘制方法指定水平（Y）方向的坐标
CursorSource	指定与 Cursor 对象有关的表或视图的名称
Curvature	指定 Shape 控件的拐角曲率
Database	指定路径给包含与 Cursor 对象有关的表或视图的数据库
DataSession	指定表单、表单集或工具栏是否可以在数据会话期间运行，以及是否有独自的数据环境
DataSessionID	返回标识表单、表单集或工具栏的私有数据会话的数据会话标识符，当 DatasessionID 属性为 1，则返回默认的数据对话标识符
Dateformat	指定显示在文本框中的 Data 和 Datetime 型数值的格式
DateMark	指定显示在文本框中的 Data 和 Datetime 型数值的定界符
Default	指定默认的命令按钮或 OLEcontainer 控件
Defaultfilepath	指定由 Application 对象使用的默认驱动器和目录
DeFOLECID	指定表单或 VisualFoxPro 主窗口的默认 OLE LOCAL ID
DeleteMark	确定删除标志列是否在 Grid 控件中显示
Desktop	FORM 是否出现在 Windows 桌面或 Visual FoxPro 主窗口中
DisabledBackcolor	指定不可用控件的背景
DisabledForecolor	指定不可控件的前景颜色
Disableditembackcolor	为 Combobox 和 Listbox 中不可用项指定背景颜色
Disableditemforecolor	为 Combobox 和 Listbox 中不可用项指定前景颜色
Disabledpicture	当控件不可用时，该属性用于确定是否显示图形
Displayvalue	确定 Listbox 或 Combobox 控件中所选择项的第一列的内容
Docked	用以指明用户自定义工具栏对象是否停放的一个逻辑值
Dockposition	指定用户自定义工具栏停放的位置
Documentfile	返回被链接对象的文件名
Downpicture	确定当选择控件时是否显示图形
Dragicon	确定拖放操作期间图标是否显示为指针形
Dragmode	为拖放操作确定手动或自动方式
Drawmode	与颜色属性一起确定 Shape 和 Line 对象在屏幕上的显示方式
Drawstyle	确定当用图形方式绘制图形时的线型
Drawwidth	确定用图形方法进行输出时的线宽度
Dynamicalignment	确定 Column 对象中的文本和控件的对齐方式
Dynamicbackcolor	指定 Column 对象的背景颜色
Dynamicforecolor	指定 Column 对象的前景颜色

（续）

属性名	功能
DynamicCurrentcontrol	确定 Column 对象中所包含的哪个控件用于显示活动单元的值
DynamicFontname	确定显示文本时所使用字体的名称
DynamicFontbold	确定是否将 Column 对象中的文本显示为粗体（Bold）
DynamicFontitalic	确定是否将 Column 对象中的文本显示为斜体（Italic）
DynamicFontstrikethru	确定是否将 Column 对象中的文本显示删除线（Strikethru）
DynamicFontunderline	确定是否将 Column 对象中的文本显示下划线（Underline）
DynamicFontoutline	确定与 Column 对象有关的文本是否带轮廓
DynamicFontshadow	确定与 Column 对象有关的文本是否带阴影
DynamicFontsize	确定 Column 对象中文本显示的字体大小
DynamicinputMask	确定如何在 Column 对象中显示和输入数据
Enabled	确定对象是否响应用户产生的事件
Exclusive	确定与 Cursor 对象有关的表是否按互斥方式打开
Fillcolor	指定用于填充图形的颜色，图形通过图形例程绘制好轮廓
Fillstyle	指定形状以及用 Circle 与 Box 图形方法创建的图形填充模式
Filter	排斥不满足指定表达式条件的记录
FirstElement	指定数组中第一个显示在 Combobox 或 Listbox 控件中的元素
FontBold	指定文本是否采用一种粗体或多种风格
FontItalic	指定文本是否采用一种斜体或多种风格
FontstrikeThru	指定文本是否采用一种删除线或多种风格
FontUnderline	指定文本是否采用一种下划线或多种风格
FontCondense	指定文本是否具有压缩（Condense）风格
FontExtend	指定文本是否具有扩展风格
FontName	确定文本显示时所使用的字体名
FontOutline	确定控件所支持的文本是否有轮廓
FontShadow	确定控件所支持的文本是否有阴影
FontSize	确定对象中文本显示时的字体大小
Format	指定控件中 Value 属性的输入和输出格式
FormCount	确定表单集中的表单数
Forms	访问表单集中每个表单的数组
FullName	确定启动 Visual FoxPro 实例的目录和文件名
GridLineColor	指定 Grid 控件中分隔各单元的线的颜色
GridLines	确定 Grid 控件中是否显示水平和垂直线
GridLineWidth	确定 Grid 控件中分隔各单元的线宽度
HalfHeightCaption	确定表单提要是否为正常高度一半
HeaderHeight	确定 Grid 控件中列标头的高度
Height	确定屏幕上对象的垂直方向高度
HelpContextID	确定在帮助文件中为某个对象提供上下文帮助信息
HideSelection	控件失去焦点时，该属性指定选中的文本是否出现选择标记
HighLight	确定 Grid 控件中具有焦点的单元是否出现选择标记
HighLightrow	确定 Grid 控件中当前行和单元是否高亮显示
Hours	指定 Datetime 型数值，按 12 或 24 小时时间显示

（续）

属性名	功能
HostName	返回或设置 Visual FoxPro 应用程序的宿主名
Icon	指定表单最小化时显示的图标
Increment	确定单击 Spinner 控件的上箭头或下箭头时递增的步长
Incrementalsearch	确定键盘操纵时，控件是否支持增量式搜索
InitialSelectedalias	装载数据环境时，把与 Cursor 对象有关的别名作为当前别名
InputMask	确定如何在控件中输入和显示数据
IntegralHeight	指定 Editbox，Listbox，Textbox 控件高度是否能自动调整
Interval	指定调用 Timer 控件的 Timer 事件之间的毫秒数
IMEMode	指定单个控件的 IME 窗口设置
ItemBackColor	指定 Combobox 和 Listbox 控件中显示项的背景颜色
ItemForecolor	指定 Combobox 和 Listbox 控件中显示项的前景颜色
ItemData	使用索引来引用一维数组
ItemIDData	用来引用一维数组
ItemTips	指定是否显示组合框或列表框中的提示信息
Keyboardhighvalue	指定用键盘可以输入 Spinner 控件中的最大值
Keyboardlowvalue	指定用键盘可以输入 Spinner 控件中的最小值
Keypreview	确定表单的 Keypress 事件是否监听控件的 Keypress 事件
Left	确定控件或表单左边界与其容器对象左边界之间的距离
LeftColumn	确定 grid 控件中显示在最左边列的列号
Lineslant	指定线的倾斜方式，从左上角到右下角或者从左下角到右上角
LinkMaster	指定与 grid 控件中显示的子表链接的父表
List	字符串数组用于存取 Combobox 或 Listbox 控件中的项
Listcount	确定 Combobox 或 Listbox 控件的列表部分的项数
Listindex	确定 Combobox 或 Listbox 控件中所选中项的索引号
Listitem	字符串数组，通过项标识 Combobox 或 Listbox 控件中的项
Listitemid	为 Combobox 或 Listbox 控件中所选择的选项，指定唯一的标识号
LockScreen	确定表单是否批处理所包含对象的所有属性值的变化
Margin	指定控件文本部分创建的页边宽度
MaxButton	指定表单是否具有 Maximize 按钮
MaxHeight	指定可改变大小的表单的最大高度
MaxLeft	指定表单与 VisualFoxPro 主窗口左边界之间的最大距离
MaxLength	指定 Editbox 或 Textbox 中可以输入字符的最大长度
MaxTop	表单与 VisualFoxPro 主窗口上边界的最大距离
MaxWidth	指定可改变大小的表单的最大宽度
Mdiform	指定哪个表单响应 Maximize 按钮
MemoWindow	当 Textbox 控件的数据源识别备注字段时，确定所使用的用户自定义窗口名称
Minbutton	指定窗体是否具有 Minimize 按钮
Minheitht	指定可变大小的表单的最小高度
Minwidth	指定可变大小的表单的最小宽度
MouseIcon	当鼠标指针位于某一对象上时，指定要显示的鼠标指针图标
MousePointer	鼠标置于对象的某一特定部分时，指定鼠标指针的形状

（续）

属 性 名	功 能
Movable	指定对象在运行时是否可移动
Moverbars	指定 Listbox 控件是否显示移动条
MultiSelect	指定用户是否可以在 Listbox 控件中进行多重选择以及如何进行多重选择
Name	指定在程序代码中用于引用对象的名称
Newindex	确定最近添加到 Combobox 或 Listbox 控件中的项的索引号
Newitemid	确定最近添加到 Combobox 或 Listbox 控件中的项的标识号
NodataOnload	导致与 Cursor 对象有关的视图在没有卸载数据时就激活
NullDisplay	指定显示为空值文本
NumberOfElements	指定表明数组中有多少项用于填充 Combobox 或 Listbox 控件的列表部分
Object	访问 OLE 服务器的属性和方法
OLEClass	返回 OLE 对象的类标识号
OLECID	指示 OLEBound 或 OLEContainer 控件的 localid 的数值型数值
OLErequestpendingTimeout	用于指定自动化请求之后显示忙消息之前要消耗多少毫秒
OLEserverbusyraiseerror	用于指定当自动化请求被拒绝时是否发出错误消息
OLEserverbusytimeout	指定当服务器忙时自动化请求要重试多长时间
OLEtypeallowed	返回包含在控件中的 OLE 对象的类型
OnetoMany	在父表中移动记录指针时，指定记录指针是否保持在同一父记录上，直到子表中的记录指针移动通过所有的关联记录为止
OpenViews	确定要自动打开与表单集、表单或报表数据环境有关的视图类型
OpenWindow	当局限于备注字段的 Textbox 控件接收到焦点时，确定是否自动打开窗口
Order	为 Cursor 对象指定控制索引标记
PageCount	确定页框中所包含页的数量
PageHeight	指定页的高度
PageOrder	指定页框中页之间的相对顺序
Pages	选取页框中某一页的数组
PageWidth	指定页的宽度
Panel	确定 Grid 控件中的活动面板
PanelLink	确定 Grid 控件的左面板和右面板是否链接
Parent	引用控件的容器对象
ParentAlias	确定父表的别名
ParentClass	返回对象类的父类名
Partition	确定是否将 Grid 控件分割成两个面板，并指定分割相对于 Grid 控件左边界的位置
PasswordChar	确定是否在 Textbox 控件显示用户输入的字符或占位符，并确定所使用的字符为占位符
Picture	确定显示在控件中的位图文件或图标文件
ReadCycle	确定焦点移出表单集的最后一个对象时，是否移到表单集的第一个对象中
ReadLock	确定表单集中任意一个表单所引用的全部记录是否被锁定
ReadMouse	确定是否可以用鼠标在表单集的表单中的控件之间进行移动
ReadObject	确定激活表单集具有焦点的对象
ReadOnly	指定能否编辑控件或能否更改与 Cursor 对象有关的表或视图

（续）

属 性 名	功 能
ReadSave	确定 Read 命令能否用于激活对象
ReadTimeout	确定在没有用户输入时，表单集将保持活动状态的时间
RecordMark	确定 Grid 控件中是否显示记录选择标记列
RecordSource	确定 Grid 控件绑定的数据源
RecordSourcetype	确定如何打开 Grid 控件的数据源
RelationalExpr	是一个关联表达式，通过在父表字段与子表中的索引建立关联关系来连接这两个表
RelativeColumn	确定 Grid 控件中可视部分的活动列
RelativeRow	确定 Grid 控件中可视部分的活动行
ReleaseType	返回用于确定如何释放 Form 对象的整数值
Resizable	运行时，确定 Column 对象是否可以由用户改变大小
Rowheight	确定 Grid 控件的行高度
RowSource	确定 Combobox 或 Listbox 控件中值的数据源
RowSourceType	确定控件中数据源的类型
ScaleMode	当使用图形方法或定位控件时，指定对象坐标的计量单位
ScrollBars	确定控件的滚动条类型
Seconds	确定是否在文本框中显示 Datetime 型数值的秒部分
Selected	确定列表框或组合框中的某一项是否被选择
SelectedBackcolor	确定被选中文本的背景颜色
SelectedForecolor	确定被选中文本的前景颜色
SelectedID	确定组合框或列表框中的某一项是否被选择
Selecteditembackcolor	确定组合框或列表框中被选择项的背景颜色
Selecteditemforecolor	确定组合框或列表框中被选择项的前景颜色
Selectonentry	当用户移动到列单元、编辑框或文本框中的文本时，确定是否选择该文本
Sellength	返回用户在控件的文本输入区中选择的字符数，或者指定选择的字符数
Selstart	返回用户在控件的文本输入区中所选择文本的起始位置，或者指定文本插入点的位置
Seltext	返回用户在控件的文本输入区中所选择的文本内容，或空串
ShowTips	确定是否显示 Form 对象或 Toolbar 对象中指定控件工具提示
ShowWindow	确定工具栏是否为顶层表单或子表单
Sizable	确定对象是否可以改变大小
Sizebox	确定表单是否有大小框
Sorted	确定 Combobox 或 Listbox 控件中列表部分的项是否自动按字母顺序排列
Sparse	确定 Currentcontrol 属性是影响 Column 对象中的所有单元还是只影响活动单元
SpecialEffect	确定控件的不同格式选项
SpinnerhighValue	确定单击鼠标上下箭头键，可以输入到 Spinner 控件的最大值
SpinnerlowValue	确定单击鼠标上下箭头键，可以输入到 Spinner 控件的最小值
SpiltBar	确定是否在 Grid 控件中显示分隔条
StartMode	包含指示 VisualFoxPro 如何启动数值型数值
Statusbar	指定在 VisualFoxPro 状态栏中显示的文本

（续）

属 性 名	功　能
StatusBarText	指定控件获得焦点时，在状态栏中显示的文本内容
Stretch	确定如何调整图像的大小来适应控件
StrictDateEntry	确定是否在文本框中按特定的静态格式显示 Date，Datetime 型数据
Style	确定控件的风格
Tabindex	指定页中控件的制表顺序和表单集中表单的制表顺序
Tabs	指定页框是否有标记
Tabstop	确定用户是否可以用<Tab>键来移动焦点到对象中
TabStretch	当标记不适合于页框时，指定要选取的动作
Tag	存储程序中需要的任何额外数据
TerminateRead	单击控件时，确定表单或表单集是否失去活动性
Text	包含输入到控件文本框部分的未格式化文本
Tooltiptext	为控件的工具提示指定文本内容
Top	确定对象上边界与其容器对象上边界之间的距离
TopIndex	确定列表中出现在最顶端的项
TopItemID	确定列表中出现在最顶端的项标识号
Value	确定控件的当前状态
Version	按字符串返回 Visual FoxPro 的版本号
Visible	确定对象是可见的还是隐藏的
WhatsThisButton	确定 what's this 按钮是否出现在表单标题栏中
WhatsThisHelp	确定上下文帮助是否使用 What's this help 技术来打开 Set help 指定的帮助文件
Width	Width 属性用于确定对象的宽度
WindowList	确定可以参与当前表单的 Read 处理的一组表单
WindowState	在运行时，确定表单窗口的可视状态
WindowType	显示或用 Do 命令运行表单集或表单时，确定其类型
WordWrap	当控件调整大小时，确定 Label 控件是否进行垂直或水平扩充
ZoomBox	确定表单是否有缩放框（ZoomBox）

3. Visual FoxPro 常用事件及功能

事 件 名	功　能
Activate	当 FormSet，Form 或 Page 对象变成活动的或者 Toolbar 对象显示时将发生 Activate 事件
AfterCloseTables	表单、表单集或报表的数据环境中指定的表或视图释放时，将产生 Afterclosetables 事件
AfterDock	在停放工具栏对象之后发生
AfterRowColChange	当用户移动到 Grid 控件中的另一行或列时，新单元获得焦点且新行或列中对象的 When 事件发生后将发生 AfterRowcolChange 事件。除非新行或列中对象的 When 事件返回真，否则 AfterRowcolChange 事件不会发生
BeforeDock	在停放工具栏对象之前发生
BeforeOpenTables	当与表单，表单集或报表的数据环境有关的表和视图刚打开之前，将发生 Beforeopentables 事件
BeforeRowColChange	在用户改变行或列时，新单元获得焦点之前，将发生 BeforeRowcolChange 事件，此外，网格列中当前对象的 Valid 事件发生之前，也将发生 BeforeRowcolChange 事件
Click	Click 事件是在以下情况之一时发生：1.鼠标指针指向控件时，如果用户按下并释放左键，或者改变某个控件的值，或者单击表单的空白区域；2.在程序中包含触发该事件的代码
DblClick	短时间内，如果用户连续按下 2 次鼠标左键并释放 2 次，则产生 DblClick 事件;此外，如果选择列表框或组合框中的项并按回车，也将产生 DblClick 事件
Deactibate	当容器对象由于所包含的对象没有一个焦点而不再活动时，将产生 Deactibate 事件
Deleted	当用户给某一记录做删除标记、取消为删除而做的标记或者发出 Delete 命令时，将产生 Deleted 事件

（续）

事件名	功能
Destroy	释放对象时，将产生 Destroy 事件
Docmd	执行 Visual FoxPro 自动化服务器的一条 VisualFoxPro 命令时，将触发 Docmd 事件
Downclick	单击用户的下箭头时，将产生 Downclick 事件
Dragdrop	当拖放操作完成时，将产生 Dragdrop 事件
Dragover	当控件被拖到目标对象上时，将产生 Dragover 事件
Dropdown	单击下拉箭头后，ComboBox 控件的列表部分即将下拉时，将产生 Dropdown 事件
Error	当发送中有一个运行错误时将产生 Error 事件
ErrorMessage	当 Valid 事件返回假时将发生 ErrorMessage 事件，并且提供错误信息
GotFocus	无论是用户动作或通过程序使对象接收到焦点，都将产生 GotFocus 事件
Init	当创建对象时，将产生 Init 事件
Interactivechange	使用键盘或鼠标改变控件的值时，将发生 InterActiveChange 事件
Keypress	当用户按下并释放一个键时，将发生 KeyPress 事件
Load	在创建对象之前产生 Load 事件
Lostfocus	当对象失去焦点时，将发生 LostFocus 事件
Message	Message 事件将在屏幕底部状态栏中显示信息
Middleclick	当用户用中间的鼠标键单击控键时，将发生 MiddleClick 事件
Mousedown	当用户按下鼠标键时，将发生 MouseDown 事件
Mousemove	当用户移动鼠标到对象上时，将发生 MouseMove 事件
Mouseup	当用户释放鼠标键时，将发生 Mouseup 事件
Mousewheel	对于有轮子的鼠标，当用户旋转鼠标轮子的时候，将发生 Mousewheel 事件
Moved	当对象移动到新的位置或者在程序代码中改变容器对象的 top 或 left 属性设置值时，将产生 Moved 事件
Paint	当重新绘制表单或工具栏时，将发生 Paint 事件
Programmaticchange	程序代码中改变控件的值时，将产生 ProgrammaticChange 事件
Queryunload	表单卸载之前，将发生 Queryunload 事件
Rangehigh	当控件失去焦点时，对于 Spinner 或 TextBox 控件将发生 RangeHigh 事件；当控件接收焦点时，对于 ComboBox 或 ListBox 控件将发生 RangeHigh 事件
Rangelow	当控件接收焦点时，对于 Spinner 或 TextBox 控件将发生 Rangelow 事件；当控件失去焦点时，对于 ComboBox 或 ListBox 控件将发生 Rangelow 事件
Readactivate	当表单集中的表单变为活动表单时，将发生 Readactivate 事件，支持对 Read 的向下兼容
ReadDeactivate	当表单集中的表单失去活动性时，将产生 ReaddeActivate 事件
Readshow	当在活动表单集中键入 Readshow 命令时，将发生 Readshow 事件
ReadValid	当表单集失去活动性时，将立刻发生 ReadValid 事件
Readwhen	在加载表单集后，将产生 Readwhen 事件
Resize	当对象重新确定大小时，将发生 Resize 事件
RightClick	当用户在控件中按下并释放鼠标右键时，将产生 RightClick 事件
Scrolled	在 Grid 控件中，当用户单击水平或垂直滚动框时，将产生 Scrolled 事件
Timer	当消耗完 Interval 属性指定的时间时，将发生 Timer 事件
Uienable	无论何时，只要页激活或失去活动性，对于页中所有包含的对象都将发生 Uienable 事件
Undock	将工具栏脱离停放位置时发生
Unload	释放对象时，将发生 Unload 事件
Upclick	当用户单击控件的上箭头时，将发生 Upclick 事件
Valid	在控件失去焦点之前，将发生 Valid 事件
When	在控件接收到焦点之前，将发生 When 事件

4. Visual FoxPro常用方法及功能

方 法 名	功 能
ActivateCell	激活 Grid 控件的某一单元
AddColumn	添加 Column 对象到 Grid 控件中
AddItem	添加新项到 Combo box 或 List box 控件中
AddListItem	添加新项到 Combo box 或 List box 控件中
AddObject	在运行时添加对象到容器对象中
Box	在表单中画一个矩形
Circle	在表单中绘制圆或椭圆
Clear	清除 Combo box 或 List box 控件的内容
CloneObject	复制对象，包括对象的所有属性、事件和方法
CloseTables	关闭与数据环境有关的表和视图.
Cls	清除表单中的图形和文本
DataToClip	将记录集作为文本复制到剪贴板中
DeleteColumn	从 Grid 控件中删除 Column 对象
Dock	将 Tool bar 对象停放或移出 Visual FoxPro 主窗口或桌面的边界
DoScroll	滚动 Grid 控件
DoVerb	执行指定对象上的动词（Verb）
Drag/Draw	开始、结束或中断一次拖放操作重新绘制表单
Eval	计算表达式并将结果返回给 Visual FoxPro 自动化服务器
Help	打开帮助窗口
Hide	通过设置 Visible 属性来隐藏表单、表单集或工具栏
IndexToItemId	返回给定项索引号的标识号
ItemIDToIndex	返回给定项标识号的索引号
Line/Move	在表单中绘制线条\移动对象
Point/Print	返回表单中指定点的红绿蓝（RGB）颜色\在表单中打印字符串
Pset	将表单或 Visual FoxPro 主窗口中的点设置为前景色
Quit	结束 Visual FoxPro
ReadExpression	返回属性窗口中输入的属性表达式的值
ReadMethod	返回指定方法的文本
Refresh/Release	重新绘制表单或控件，并刷新所有值\从内存中释放表单集或表单
RemoveItem	从 Combo box 或 List box 控件中删除一项
RemoveListItem	从 Combo box 或 List box 控件中删除一项
RemoveObject	从容器对象中删除指定的对象
Requery	重新查询 List box 或 Combo box 控件的数据源
RequstData	在 Visual FoxPro 实例中，创建包含所打开表数据的数组
Reset	重新设置 Timer 控件，以便从 0 开始计数
SaveAs	将对象保存为．SCX 文件
SaveAsClass	将对象的实例作为类定义保存到类库中
SetAll	为容器对象中的所有控件或者某个控件类赋予属性设置值
SetFocus	给控件设置焦点
SetVal	为 Visual FoxPro 自动化服务器的实例创建变量并给变量存储值
Show	显示表单并确定该表单是模态的还是非模态的
ShowWhatsThis	显示由对象的 WHAT' S THIS HELP 属性指定的帮助主题
TextHeight	返回文本串按当前字体显示时的高度
TextWidth	返回文本串按当前字体显示时的宽度
WhatsThisMode	显示 WHAT'S THIS HELP 问号标记
WriteExpression	将表达式写到属性中
WriteMethod	将指定的文本写入指定的方法中
Zorder	在 Z-Order 图形层中将指定表单或控件放置到 Z-Order 的前面或后面

参考文献

[1] 刘甫迎，党晋蓉．Visual FoxPro 程序设计与应用[M]．北京：高等教育出版社，2008．

[2] 刘瑞新，汪远征．Visual FoxPro 中文版教程[M]．北京：电子工业出版社，2002．

[3] 郝锋，何曙光．Visual FoxPro 6.0/7.0 命令与函数大全[M]．北京：电子工业出版社，2002．

[4] 谢荣传，王永国．Visual FoxPro 程序设计[M]．北京：清华大学出版社，2003．

[5] 张洪举．专家门诊——Visual FoxPro 开发答疑[M]．北京：人民邮电出版社，2003．

[6] 罗颂，詹斌，余健．Visual FoxPro 课程设计案例精编[M]．北京：清华大学出版社，2008．

[7] 刘稻，骆娟．Visual Basic 数据库系统开发实例导航[M]．北京：电子工业出版社，2002．

[8] 吴文庆，李洪升．数据库系统及应用[M]．大连：大连理工大学出版社，2008．

[9] 沈大林．Visual FoxPro 数据库开发案例教程[M]．北京：中国铁道出版社，2007．

[10] 何晓蓉．软件工程与 UML 案例解析[M]．北京：中国铁道出版社，2010．